第十九辑

陈思和　王德威　主编

世纪之交的风景与记忆

復旦大學出版社

目录

评论

·类型：跨越媒介与边界·　　主持 / 战玉冰　　　　　　　…3

论"女性向"网络小说的侦探流变与悬疑复兴　文 / 肖映萱　　…5

网络小说类型史脉络考察　文 / 贺予飞　　　　　　　　　…18

"我喜欢钱德勒"

——《漫长的季节》中的《漫长的告别》　文 / 战玉冰　　…33

模式失衡与夫权重张：无处安放的"赘婿"　文 / 史建文　　…45

郭敬明、青春文学与"纯文学"的梦　文 / 梁钺皓　　　　…56

电子游戏世代的想象力　文 / 刘天宇　　　　　　　　　　…69

重玩与反思

——跨媒介的"时间循环"类型及其中国演变　文 / 徐天逸　…85

讲坛

断了线的人，说不的人　文 / 贾行家　　　　　　　　　　…101

谈艺录

《维罗纳二绅士》："一部轻松愉快的意大利式喜剧"　文 / 傅光明　…113

I

对话

世纪之交的风景与记忆：关于周嘉宁小说集《浪的景观》的研讨
    文 / 张新颖等 ···151

著述

《献给德墨特尔的荷马颂诗》导读　文 / 吴雅凌 ···181
献给德墨特尔的荷马颂诗　译 / 注 吴雅凌 ···199

书评与回应

·《美妆帝国蝴蝶牌：一部近代中国民间工业史》·

重释"工业主义"的意义与可能　文 / 李煜哲 ···249
捣鼓"实验"　文 / 汪炀 ···258
对两篇书评的回应　文 / 林郁沁　译 / 张婧易 ···265

作者简介 ···269

评论

·类型：跨越媒介与边界·

论"女性向"网络小说的侦探流变与悬疑复兴

网络小说类型史脉络考察

"我喜欢钱德勒"
——《漫长的季节》中的《漫长的告别》

模式失衡与夫权重张：无处安放的"赘婿"

郭敬明、青春文学与"纯文学"的梦

电子游戏世代的想象力

重玩与反思
——跨媒介的"时间循环"类型及其中国演变

类型：跨越媒介与边界

主持 / 战玉冰

【主持人按】

这是一个类型文学的时代。这句话虽有独断的嫌疑，但也绝非毫无根据。比如日益发展壮大的网络小说，在作家数量、作品规模、读者受众、影视改编与海外传播等方面，都构成一种不容忽视的巨大存在。中南大学贺予飞的《网络小说类型史脉络考察》对网络小说类型演变的历史进行了系统性梳理，其中既有"前互联网时代"传统小说类型的延续，也有网络媒介、付费阅读机制、IP开发等新时代要素的影响。在此基础上，山东大学肖映萱的《论"女性向"网络小说的侦探流变与悬疑复兴》和复旦大学史建文的《模式失衡与夫权重张：无处安放的"赘婿"》分别聚焦"女频文"中对于"刑侦""悬疑"小说的"女性向"改写，以及"男频文"中的"赘婿文"这两种具体的网络小说类型展开讨论。前者将"女性向"网络悬疑小说的发展历史结构为"早期小众爱好者的圈内写作""言情小说的'刑侦文'子类开始流行"和"新兴的'系统文'悬疑元素普遍存在"三个阶段，指出其中女性情欲想象的抒发、网络文学生产模式的变化、类型自身的延续与改造等几个方面彼此间的深层互动关系。后者除了在网络文学的时代话语背景下探讨"赘婿文"中的"满级"设定、"打脸""反转"等类型模式之外，还进一步从家庭伦理与文学书写之间的关系入手，分析该类小说中"赘婿"的"'拟女性'卑下地位""大家族与小家庭的缝合"等方面。

当下类型文学发展的另一个重要趋势在于和传统"纯文学"之间的融合，比如

"新东北作家群"小说中的悬疑与罪案框架,类型小说中探求案件的真相与严肃文学所追求的质询历史的真相彼此间合二为一,已然是当今学术界讨论较多的热点话题。而本辑所收录的复旦大学梁钺皓的《郭敬明、青春文学与"纯文学"的梦》和华东师范大学刘天宇的《电子游戏世代的想象力》则从另外两个角度分别讨论了类型文学/大众文化与严肃文学写作之间的有趣关联。前者指出以郭敬明和《最小说》作家群体为代表的"青春文学"与后来所谓"纯文学"写作之间的复杂辩证关系,同时其论文写作方式本身也提醒我们,只有将郭敬明等作家作品充分历史化、对象化,才能够在研究中跳出道德高下的指摘和审美品味的不屑,而获得更加客观的认识;后者则围绕石一枫的《入魂枪》、杨知寒的《一团坚冰》和大头马的《国王的游戏》三部作品展开,着重讨论游戏对于当下青年写作在不同层面上所带来的影响,在方法论的意义上,这篇文章也揭示出了某种将游戏史与文学史"对读"的可能性。2014年"游戏机禁令"正式解除、"电子游戏世代"的划分、手机游戏的普及与电竞文化的兴起等"游戏史"上的重要节点,都影响并形塑着21世纪以来文学史的发展和自我表述。

最后,当下类型文学发展的另一个重要趋势在于其"跨媒介性"。其实网络文学本身就是一种新媒介文学,游戏与当代青年写作之间的关系也是一种"跨媒介"层面的影响。除此之外,复旦大学战玉冰的《"我喜欢钱德勒"——〈漫长的季节〉中的〈漫长的告别〉》聚焦于当下热播的影视剧集《漫长的季节》和美国"硬汉派"侦探小说《漫长的告别》之间的内在关联,文中指出这不仅仅是一种标题上的相似,也不只是情节与细节方面的简单致敬,更是需要将产生于不同年代背景下的剧集和小说分别历史化,然后才能看到两个文本背后生成逻辑与历史指向方面的深层一致性。而复旦大学徐天逸的《重玩与反思——跨媒介的"时间循环"类型及其中国演变》则聚焦"时间循环"(time-loop)这一类型模式,考察其最初在电子游戏中产生,后来影响到小说创作,并通过影视剧作品而获得大众认知的演变过程,涉及早期电子游戏的存储技术、不同媒介形式的特点,以及所谓"一日囚"背后新自由主义逻辑的显影等一系列问题。其中"replay"既是游戏中的"重玩",也是影视中的"重播",而借助这个词汇的跨媒介关联,该文也很好地"反思"(reflect)了这种模式产生与发展的历史及文化内涵。

类型文学与大众文化发展到今天,"类型"已经不仅仅属于传统狭义的类型小说或通俗文学领域,而是一方面跨越媒介,连接着小说、影视、游戏等不同文化形式的作品;另一方面又跨越雅俗的边界,被不同的写作者所征用、改写或再造,从而充分激活类型背后的叙事能量和政治无意识。"类型"构成了我们把握当下文学与文化的重要方法,而这或许就是我们今天之所以要关注"类型"问题的根本原因之所在。

论"女性向"网络小说的侦探流变与悬疑复兴*

文/肖映萱

在网络文学领域,侦探、悬疑小说曾经只在小众圈子里发展,近年却作为一种流行要素重新兴盛起来。尤其是在"女性向"网络小说中,目前已呈现出三个特征鲜明的发展阶段:一是2001—2013年,尚属早期小众爱好者的圈内写作;二是2014—2018年,网络言情小说的"刑侦文"子类开始流行;三是2019年至今,新兴的"系统文"中悬疑元素普遍存在,以各种方式转化、改造着侦探小说的传统资源。

网络侦探、悬疑小说与"女性向"

在论述"女性向"网络小说中的侦探流变与悬疑复兴之前,需要先阐明网络时代的侦探、悬疑小说与传统侦探类型之间的关系。

如果我们对传统的"侦探小说"类型做出严格的限定,即以侦探为主角、以案件与破案过程为核心叙事、注重悬念,那么网络时代真正继承了这一传统的写作是非常小众的。这一脉络在欧美和日本(推理小说)的纸媒出版体系中已经形成了非常成熟的类型模式,有固定的写作模式、精巧的文本结构和精准的读者定位。诸种类型特性决定了它与网络媒介最主流的、最适宜推行VIP按章付费的超长篇连

---

* 本文为教育部人文社会科学研究青年基金项目"性别视域下的中国网络类型文学研究"的阶段性研究成果,项目编号:23YJC751034。

载形式并不那么匹配——后者需要的是篇幅与叙事可以不断扩展、为读者提供日常陪伴的文本形态。因而"不同于玄幻、历史架空、穿越、都市言情小说作者争先恐后的'入场',网络侦探小说作者出现了一种反网络的'退场'现象,即由网络写作退回到纸质媒介写作"[1]。其实在网络小说的各种类型中,纸媒时代起步越早、发展越成熟的类型,往往就越不容易迁移到网络这个新的媒介上,因为既有旧惯性的阻力、又缺新生产机制的动力,更倾向于"退回"纸媒。侦探和恐怖都是其中最典型的例子,武侠在网络时代会被玄幻取代也有这方面的因素。

在网络文学发展的早期阶段,侦探小说的创作与阅读只聚集在一些专门的、垂直的论坛空间,而且往往是和恐怖类型相伴的。2001年开版的天涯社区"莲蓬鬼话"版,就是中国最早的恐怖、悬疑类文学论坛,也是天涯社区最活跃的文学版块之一。蜘蛛、雷米、秦明、紫金陈等作家都在曾活跃于此并发布重要作品,他们的创作大多仍可归入传统侦探小说的范畴之内。论坛式微后,这方面的书写如今主要在豆瓣阅读、知乎盐选、每天读点故事等平台延续下来,如豆瓣阅读的"悬疑"版块近年陆续出现了贝客邦(代表作《海葵》2019)、李大发(代表作《雪盲》2020)、陆春吾(代表作《一生悬命》2022)等新兴作家的创作,大多是偏"社会派"的路数。

另一方面,侦探小说的一些元素开始与其他类型融合,孕育出不那么严格符合"侦探小说"界定的"悬疑小说",主角未必是神探式的行动者,事件也未必是理性统摄下的案件,这类作品的核心特征只有不断被设置出来的悬念。其中最具代表性的作家是蔡骏、那多,他们的作品兼具悬疑与恐怖类型元素,直接受爱伦·坡与丹·布朗《达·芬奇密码》(2004年引入大陆后迅速成为现象级畅销书)的影响,并且开始注重融合中国本土的传统文化与民间传说资源。[2]此后悬疑、恐怖与中式民俗、解谜冒险等元素进一步融合,孕育出了全新的网络小说子类型"盗墓文"。这一类型由天下霸唱2006年1月开始在天涯社区"莲蓬鬼话"连载的《鬼吹灯》系列拉开序幕,同年南派三叔在其影响下在百度贴吧"鬼吹灯吧"连载《盗墓笔记》系列(后转到起点中文网),这两部作品共同将"盗墓文"推向了网络小说在大众流行意义上的巅峰。"盗墓文"的成功,显示了悬疑(设置悬念)作为网络小说的一类叙事元素与幻想书写融合的可能性。

当我们把目光从小众圈子重新转向网络文学最为主流的、以VIP付费阅读为

---

[1] 江秀廷:《赛博空间的智性写作——网络侦探小说初探》,山东师范大学硕士学位论文,2017年6月。
[2] 参考朱全定、汤哲声:《当代中国悬疑小说论——以蔡骏、那多的悬疑小说为中心》,《文艺争鸣》2014年第8期。

核心的商业类型小说平台——起点中文网（男频）和晋江文学城（女频），无论是接近传统侦探小说的创作还是整个悬疑类型，在很长的时间里都是相当冷门的。起点虽设有"悬疑"频道，在近年的"神秘复苏"与"规则怪谈"类写作兴起之前，只有"盗墓文"（被归在"探险生存"分类中）这一种流行的子类。而晋江更是没有专门的"悬疑"频道或分区，类型中有"悬疑"的选项但没有专门的榜单，也就是说，作者如果想要通过上榜来增加作品曝光率的话，即便作品里有悬疑推理的元素，也不会专门选择悬疑这个分类，也不会写专属于侦探/悬疑类型的作品。通过统计晋江作品标签中"悬疑推理"标签下的作品数量，已经能大致看出上文描述的三个发展阶段，以2013年和2019年为两个转折性的时间节点：

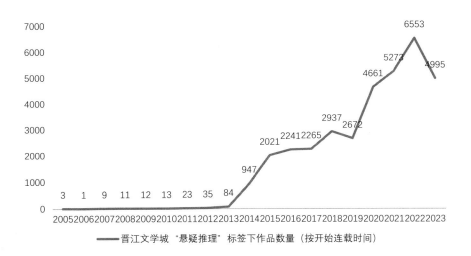

——晋江文学城 "悬疑推理" 标签下作品数量（按开始连载时间）

在2013年以前，晋江的"悬疑推理"类作品可以说非常少见，此后经历了两次较为明显的兴起态势。在解读这一类型的发展、流变过程中，"女性向"是一个非常重要的关键词，不同于"女频"这一商业分类标签（强调消费者的性别为女性），"女性向"的维度更侧重女性在一个区隔外部男性中心世界目光的、较为独立和封闭的网络空间里，自己写给自己看、自给自足的群体性写作模式。可以说，正是这种"女性向"的圈内文化与各种圈外因素的碰撞，直接导致了"悬疑推理"类创作在女性网络文学世界不同阶段的发展变化。也就是说，比起类型内部的流变，在"女性向"悬疑兴起这件事上，外部因素反而是更重要的驱动力，不能简单地把它看作侦探小说在网络时代、女性社群中的延续和演变。在不同动力机制的驱使下，"女性向"对侦探小说与悬疑元素进行了不同形式的吸收与改写。

侦探/公案同人

2013年以前，"女性向"的网文书写里可以说只有一种非常特殊的、带有"悬疑推理"色彩的创作，那就是侦探同人。20世纪90年代末，受到日本ACG文化的影响，中国的"女性向"网络文学书写是从模仿日本Yaoi耽美同人①开始的。在接受了同人的书写模式后，女性对一切其他文学资源的接收与转化方式也从根本上发生了改变。例如，当21世纪初《哈利·波特》《魔戒》等西方奇幻作品传入中国大陆时，立即被"女性向"社群转化为同人写作对象，成为欧美同人圈的鼻祖，与西方奇幻对男频网文的影响方式存在很大差异。与之类似，"女性向"网文也对侦探小说的经典或流行文本进行了同人式的二次创作，形成了两个影响力最大的同人圈：以《七侠五义》为中心的公案同人和以《神探夏洛克》为中心的侦探同人。

《七侠五义》的同人圈历史非常悠久，成分也较为复杂。它的原作构成非常丰富，包括1993年的《包青天》、1994年的《七侠五义》乃至整个20世纪90年代到21世纪初港台和大陆层出不穷的相关影视剧（如2003年刘德华、张柏芝主演的电影《老鼠爱上猫》）；还可以追溯得更早，到清代石玉昆的《三侠五义》和俞樾修订的《七侠五义》，或者追踪到更晚，如2016年的电视剧《五鼠闹东京》。总之，只要是围绕展昭、白玉堂、包拯、公孙策这几个角色的同人，都可以归入"七五"同人圈。这个同人社群在网络上的发源特别早，大概是2002年底到2003年初，专门发布武侠、历史同人小说的"纵横道"同人论坛建立起来，在其早期的创作中"鼠猫/猫鼠CP"（"锦毛鼠"白玉堂/"御猫"展昭）的同人占了多数，同期活跃在这个论坛的还有一些三国历史人物的同人，稍晚还有像《逆水寒》（2004年电视剧）的"戚顾"（戚少商/顾惜朝）同人。值得注意的是，不是包拯和公孙策，而是白玉堂和展昭，成了同人创作的中心，原因非常简单——"看脸"。在主要由影视剧画面提供原作的"七五"同人圈，角色（扮演者演员）的具体形象很大程度上决定了同人创作的

---

① Yaoi是日语"やまなし、おちなし、意味なし"（读作"yama nashi, ochi nashi, imi nashi"）三个词组的首音节缩写，直译为中文是"无高潮、无结局、无意义"，用以描述没有故事情节发展、专门画情色内容的同人，后来这个词的外延越来越广，与BL一样，渐渐被用于指称所有带有男性同性恋爱内容的女性向作品。参考邵燕君、王玉玊主编：《破壁书：网络文化关键词》，"耽美"词条，该词条的撰写者为郑熙青，北京：生活·读书·新知三联书店，2018年，第173—181页。本文暂且用Yaoi作为这类日本作品的通称，以与中国通用的"耽美"形成对照。

方向。由于"鼠猫"①是最热CP，这一同人圈的中心可以说是以"鼠猫"为中心的《七五》同人，这也是本文讨论的重点。而围绕福尔摩斯展开的同人，在全世界范围内都历史悠久、来源丰富，但在中文的"女性向"同人创作中，以2010年开播的英剧《神探夏洛克》系列剧作为中心的同人，其同人规模和影响力是远远超过其他原作的。因而本文讨论的也主要是以《神夏》为中心的福尔摩斯同人，这些创作比较集中在"随缘居"（2005年建立的欧美同人论坛）等平台。

同人创作的角度多种多样，可以拓展原作的时间线、细节或不受重视的配角；也可以把核心人物从原作背景中抽取出来，置于新的时空，这种方式被称做Alternate Universe（简写为AU）②，比如《神探夏洛克》严格来说也是《福尔摩斯》的现代AU同人。《七五》与《神夏》这两个同人圈的创作，大多是围绕核心人物或CP展开的。除了把核心人物的人设抽取出来、把他们的职业更改得与破案无关的特殊AU，多数作品仍然保留了主角的侦探身份，主干情节也保留了破案的内容。这类同人写作大致可以分为两种：一种特别聚焦于两个角色之间的亲密关系，多是片段式的小短篇，案件只作为背景存在；另一种通过案件来推进故事和两人的情感关系，因而有大量破案情节，小说的篇幅也可能会拉得更长。

这些涉及案件的同人小说，处理案件的方式看上去都倾向于仿照原作。《神夏》的同人就往往会借用福尔摩斯时代的经典案件，如圈内知名的《归剑入鞘》（作者tangstory，2010年发布于随缘居）就借鉴了著名的"开膛手杰克"案件，让凶手进行模仿作案。"鼠猫"同人则会模仿公案小说的历史背景和单元剧模式，但如果我们仔细考察它的破案逻辑，会发现大多并不来自古典的公案小说，而要"现代"得多，主要受到当代流行的影视剧和经典侦探、推理小说的影响，借鉴了大量本格派、心理派的写法。公案小说的外壳，只是让这些同人小说更接近原作风格的一种审美符号。当然，另一个重要的原因是公案小说中其实并没有现代类型小说意义上的推理、刑侦过程，"该类小说中虽然有命案、断案的内容，却充满了因果报应的宿命论色彩、不合科学的超自然现象，'清官'们能够断案往往是通过偶然、'天启'而非侦察和逻辑推理"，"缺少自觉的科学意识"，"破案人员也时常借助鬼神的力量"，"对鬼神的迷恋和依赖无疑贬低了人的主观能

---

① 中文的"鼠猫"或"猫鼠"称谓，前后是有区分攻受的意义的。本文以下把这两种写作通称为"鼠猫"，前后位置与攻受无关，在此统一说明。
② 参考邵燕君、王玉玊主编：《破壁书：网络文化关键词》，"同人"词条，该词条的撰写者为郑熙青，第75—76页。

力"①。因而这两个圈子的同人写作对侦探小说资源的吸收与改写,本质上是非常相似的。

以耳雅的《SCI谜案集》(晋江,2008—)系列作品②为例。这是鼠猫同人圈最负盛名的作者和作品,2018年还曾改编为同名网剧③。小说讲述的是警局新成立了SCI(Special Crime Investigation)特殊罪案专门调查小组,鼠猫二人分别担任组长和副组长,带领小组侦破一个又一个诡异案件的故事。小说中的机构设置、案件与破案手法,可以说是直接受到了《犯罪现场调查》(2000,简称CSI)、《犯罪心理》(2005)等美剧的影响,引入了大量犯罪心理学的资源。反派"大Boss"是一个可以随心所欲地操纵人心的心理大师,通过催眠、暗示等手法影响其他罪犯,每一个单元剧的小案件都留下了他的一丝痕迹。这种设定在侦探小说中也很常见,福尔摩斯故事里也有一个阴魂不散的莫里亚蒂。另一问题是,鼠猫二人在《七五》原著中其实都是承担助手功能的,且都是翩翩侠客的形象,如何才让两个武力值高的助手去破案呢？为此,同人作者又进行了一种有趣的改造:鼠猫同人中的包拯,往往是一个隐在背后的高手、扫地僧,如《SCI》里包拯就是公安局局长,在破案过程中几乎不出现,小说把包拯作为神探的职能拆解、分配到了鼠猫二人身上,《SCI》中的白玉堂擅长搏斗、射击,展昭是犯罪心理学专家,他们成了一对新的"神探/助手"搭档,即智力超群的专家和武力值特别高的警察。这种"武力+智力"的设置,后来成为下一个阶段的言情"刑侦文"最经典的主角搭配。

总而言之,这一时期的"女性向"公案或者侦探同人,已经展现出两种最主要的书写冲动或者需求:一是爱情或者说亲密关系的想象,二是案件的侦破。同人改造的重心,在爱情上主要体现在主角的搭配,除了侦探小说常见的"神探/助手",增加了更易操作的"武力+智力",并且把反派Boss也引入了亲密关系的想象之中,制造了可能的"第三人";在案件方面,除了福尔摩斯时代的经典案件,还引入了犯罪心理派的写作资源。而下一个阶段的言情"刑侦文"可以说是非常完整

---

① 江秀廷:《赛博空间的智性写作——网络侦探小说初探》,山东师范大学硕士学位论文,2017年6月。
② 《SCI谜案集》第一部2008年开始连载,第二部2009年开始连载,第三部2010年开始连载,第四部2011年开始连载,第五部2014年开始连载,第六部2022年开始连载,目前尚未完结。
③ 这里涉及一个同人领域的重要问题:同人创作也能进行IP改编吗？《七五》同人圈的情况是比较特殊的,《七侠五义》已进入版权公共领域,而且《SCI》一方面是可以免费阅读的、不涉及VIP付费,另一方面它是一篇现代AU,除了主角的名字,其他都是耳雅的私人设定,跟原作的关系已经非常远了,改编时把主角名字改成了原创的,就彻底规避了同人的版权问题。

地继承了这样的写作思路。

在这两个代表性同人圈的创作之外,这一阶段的"女性向"网络小说中,还有两种创作与侦探/悬疑类型有关。一是吸收改造古典公案小说资源的原创小说,如大风刮过的《张公案》(2011)和梦溪石的《成化十四年》(2014),这类作品的重点和古典的公案小说类似,不完全是悬疑推理和破案的过程,而是要用"青天老爷"的正义去破除封建官僚系统的黑暗,所以案件都跟"朝斗"叙事缠绕在一起。第二个方面,如果把"盗墓文"看作悬疑的一个子类,那么《盗墓笔记》也引发了蔚为壮观的"女性向"同人创作,为后来"女性向"原创小说中的悬疑要素与解谜冒险、(中式)恐怖方向的融合发展打下了一定的基础。

言情"刑侦文"

以2013年为界,网络侦探小说的第一次"兴起",或者说侦探类型的资源第一次较大规模地被转化到网络女性写作之中,表现为言情"刑侦文"的流行。这里所说的"言情",指的是以爱情为核心,因而它的反义词不是耽美,是"非言情"。在"女性向"的写作中,"刑侦文"本质上是"爱情+刑侦"两个类型的结合物。"刑侦"(刑事侦查)来源于公安学的专业词汇,它首先与现代的警察/公安制度有关,也与现代侦查技术的发展成熟有关;而在大众文化领域,比起相对小众的警察/公安小说,真正让现代刑侦题材得到推广的是影视领域的"刑侦剧"。这方面,21世纪初国产剧也有《永不瞑目》(2000)、《红蜘蛛》(2000)、《黑冰》(2001)、《黑洞》(2001)等影响深远的犯罪题材剧作,对后来网络"刑侦文"的"社会派"深度有所启发;而在刑侦技术方面,网文借鉴的更多是来自欧美剧作的资源,包括上文已经提及的《犯罪现场调查》《犯罪心理》等,提供了大量犯罪现场痕迹鉴定学、犯罪心理、法医学的知识,到了《神探夏洛克》更是让罪犯侧写、互联网信息安全等方面的信息得到了普及。

"刑侦文"类型在"女性向"网络小说中的成熟,以2013年丁墨发布的《如果蜗牛有爱情》《他来了,请闭眼》这两部作品为标志,尤其是后者。根据每个章节末尾"作者有话说"中作者与读者的互动,丁墨自称是在"开坑"(开始连载作品)之后才在读者的推荐下去看了《神探夏洛克》的剧集、人物最初的设计并没有刻意模仿夏洛克,《他来了,请闭眼》中确实有相当多与《神夏》相似的设置——不过,这些也是《福尔摩斯》经典化之后侦探类小说非常常见的设置。小说中的男主角薄靳言不是警察,而是国际闻名的犯罪心理专家,在美国时以大学犯罪心理学教授的身份担任过FBI的顾问,回国后也在中国警方的破案行动中扮演了类似的角色;他的性格桀骜、孤僻,堪称高智商低情商,说话很气人。而女主角简瑶是一个有过童年创伤经历的、观察力和学习能力很强、个性倔强的女大学生,在多数行动中承担了助手的角色。反派谢晗则是个自命天才、视平庸者如蝼蚁的变态杀手,不仅像精神导师一般调教出了"鲜花食人魔",更把薄靳言视作唯一能与自己匹敌(匹配)的对手与知己。这样的三角关系正是《神夏》同人圈非常主流的福尔摩斯、华生、莫里亚蒂三人组想象,可以较为清晰地看出"刑侦文"与福尔摩斯同人的同源关系。

作为一种言情文的子类,代表着成熟"刑侦文"模式的《他来了,请闭眼》,还延续了此前言情文最主流的"总裁文"脉络——薄靳言的形象在"神探"之外,还有非常浓重的"总裁"特质,且因"总裁"与"天才"这两种自带"禁欲"属性的人设叠加而特别富有情欲张力——在言情小说中,"禁欲"始终暗示着解禁之后的爆发。《他来了,请闭眼》的爱情叙事,核心就是此前对爱情从不开窍的"禁欲总裁"对女主一见钟情"解禁"后爆发式的爱、宠与独占欲。从这个角度上说,"刑侦文"是"总裁"的"行业文"转型的一个代表。

值得探究的问题是,为什么会是在这个时间点上,网络言情小说会向着刑侦等行业题材转向呢?表面上看,最直接的原因是此时席卷全球的福尔摩斯热——2012年《神夏》第二季播出之后,相关的同人创作正进入最为火热的阶段;网络侦探小说也在这个时间走到了比较成熟的阶段,一些真正有行业经验的创作者开始"入场"并写出了代表性的作品,如刑事警察学院犯罪心理学讲师雷米,他的代表作品《心理罪》2007年开始出版;安徽省公安厅的副主任法医师秦明也开始在天涯论坛连载《尸语者》(2012),他们给侦探类型带来了非常"硬核"的刑侦"技术流"写作,也推动了"刑侦文"的成熟。不过,如果回到网络言情小说,我们更应该注意此时"女性向"网络写作正在面临的外部环境的巨大变化,迫使"总裁文"必须转型。其中,最重要的变化有三个:

一是商业生产机制的变化。"女性向"的网络写作是从爱情故事开始的,而浪漫爱情的内容与中国大陆的大众消费、类型小说图书市场的崛起是特别适配的,言情小说在21世纪的第一个十年,特别容易到线下去走实体出版,因而还维持着相当大的纸媒惯性,不需要写太长,20万字以内,甚至6—10万字就足够完成一个起承转合的爱情故事了。以晋江为代表的言情网站并不急于建立一种与互联网媒介更适配的商业机制,比起起点2002年建立、2003年就开始推行VIP按章付费,"女性向"平台的VIP制度是相当滞后的,2003年建立的晋江直到2008年才开始实行VIP制度。此时,网络文学即将进入智能手机、移动阅读的时代,然而即便在VIP

制度和移动阅读的双重影响下,言情的纸媒惯性还是持续了一段时间。大概要到2010年之后,作者们寻求怎么把故事写得更长、以获得更高的VIP收入的努力,才开始真正体现在创作上。

二是文化政策环境的变化。主流目光对网络文学的关注是一点点加强的,虽然之前已经有一些类似的行动,但真正改变网文生态的节点,是2014年的"净网行动"①。在这次行动之前,"女性向"言情最主流的类型一直是"(霸道)总裁文","总裁"的"霸道"属性本身就蕴藏着丰富的情欲想象张力,"总裁文"作者必须把这种情欲张力发挥到极致。然而2014年后网络文学进入了"后净网"的时代,晋江开始严格地遵照"脖子以下不能描写"的标准来进行内容审核,也就是说,商业平台不再能公开地进行情欲方面的写作了。这对"女性向"来说是一种非常重要的抑制,情欲是女性的亲密关系想象中非常重要的一部分,性和爱在"女性向"的爱情想象里是不能真正分开的,所谓的"纯爱"只能是不得已而为之。这一转变造成的结果,是整个"女性向"的写作需要找到别的替代品,来填补此前"总裁文"蕴藏的情欲想象缺位带来的巨大的空洞。

三是网文即将进入IP改编时代。资本开始把网络小说,尤其是"女性向"小说作为影视改编内容源头的潜力。2011年《步步惊心》和《甄嬛传》的热播已经证明了清穿、宫斗类型能够非常顺畅地向中国影视行业最发达的"宫廷剧"进行转化与改编,都市类型的潜力还没有充分显示出来②。此时恰好是一个影视资本四处挖掘网文IP的时间节点。

在前两个因素的影响下,"女性向"的网文写作一方面追求把故事写得更长,另一方面又要绕开情欲,去找别的东西来跟恋爱叙事相融合。短时间内先后了兴起了三种各具代表性的"言情+"类型,分别是:"美食文""娱乐圈文""刑侦文"。其中,"美食文"是用食欲暂时充当色欲、情欲的替代品,它的流行也与《舌尖上的中国》(2012)等综艺的播出有一定关系,但这股热潮并没有持续太久的时间;"娱

---

① 2014年4月,全国"扫黄打非"工作小组办、国家互联网信息办、工信部以及公安部联合发布《关于开展打击网上淫秽色情信息专项行动的公告》,决定启动"扫黄打非·净网2014"专项行动。《公告》要求"全面清查网上淫秽色情信息"并"依法严惩制作传播淫秽色情信息的企业和人员",尤其是"对制作传播淫秽色情信息问题严重的网站、频道、栏目",要"坚决依法责令停业整顿或予以关闭,依法吊销相关行政许可","对制作、复制、出版、贩卖、传播淫秽电子信息涉嫌构成犯罪的"企业及其相关人员,还要"依法追究刑事责任"。网络文学、网络视频和网络游戏是"净网行动"的行动重点。
② 第一批现代都市类型的网文IP改编剧出现在2015年以后,如这一年播出的电视剧/电影《何以笙箫默》,改编自顾漫的同名网络小说。

乐圈文"和"刑侦文"是言情朝着"行业文"拓展类型书写的两种尝试,后来在相似的驱动力之下,还出现了学霸、律师、医生等等不同的"行业文"。当然,这里面的"行业"部分可以是非常硬核的,也可以比较"软"——无论哪种,都可以拓展类型书写,而且都是IP影视改编最渴求的。丁墨的"刑侦文"写作,正是这一拓展路径中最成功的案例,这些网络小说也很快在IP影视改编上集中地爆发了出来:2015年《他来了,请闭眼》迅速改编为同名电视剧,2016年《美人为馅》和《如果蜗牛有爱情》的改编剧也相继播出。

　　从"总裁文"到"刑侦文",其实是"女性向"在爱情之外寻找其他类型融合的创作倾向在这个时期的一个比较突出的表现。在这样的前提之下,我们就能更加清晰地看到丁墨的言情"刑侦文"与后来长洱《犯罪心理》(2015)、priest《默读》(2016)、淮上《破云》(2017)等一系列耽美"刑侦文"兴起的延续性所在了。身为同人创作的《SCI》在2018年之所以能被改编成同名网剧,也是IP影视市场"饥不择食"的表现。在《默读》和《破云》中,爱情线延续了"武力+智力"的双主角搭配,也可能与反派Boss"第三人"形成三角关系(《破云》);刑侦线仍多是"犯罪心理"一脉,小说并不太看重推理过程,更看重凶手作案的动机(而不是手法),也侧重揭露背后隐藏的社会问题,与针砭时弊的"社会派"联系起来,主角许多时候不一定扮演"神探"的角色,甚至很多线索也不是被主角发现的,随着情节的推进,案件自己呈现了出来。小说的爽点,除了爱情的甜与虐和解谜的悬念,很多时候是由凶案现场的惊悚猎奇、警匪之间的追车械斗等惊险桥段提供的,悬念也往往是由人物的曲折身世和复杂关系构成的。这与以罪案和逻辑推理为绝对中心的侦探小说,可以说是背道而驰的。当然,读者也不是很较真地把这些作品当成侦探小说在读,主要还是当言情小说看待,作者自己也经常会先做一个"免责声明",让"推理悬疑小说爱好者慎入"。

　　不过,即便偏重言情,这种"言情+刑侦"写作里的"爱情"也是经过了"阉割"的,是隔绝了情欲、淡化了耽美关系的。Priest的《默读》和淮上的《破云》在这两位作者各自的创作生涯当中,都可以说是她们从小众走向主流化的一个转折点,为了能更加顺畅地与IP影视剧的"刑侦""警匪"题材对接,作品会格外地强调主角身上的正义性,甚至有点接近主旋律化的法制/公安小说——《他来了,请闭眼》里的薄靳言还可以不是警察,因而不必那么"完美"、在道德上无可争议,能做一些越界的、胆大妄为的、属于天才特权的事;后来的这些耽美"刑侦文"的主角,至少一方必须是警察,叙事也向着主流化的路径靠拢了,就连原本非常擅长写三角关系的淮上,也淡化了主角与反派Boss的情感关联。

然而，这一序列的写作在影视IP资本遇冷之后，就又逐渐沉寂下去。尤其是《默读》《破云》这两部顶级IP改编后陷入"耽改停播"的困境，也对这一类型造成了沉重打击。就算不是"耽改"，国产剧改编越来越多的题材限制，也使"刑侦"不再是一个绝对安全的题材，很快被其他行业转向的可能性取代。当然，"刑侦文"不再受宠的另一个更重要的原因，是"女性向"的写作找到了另一种比"行业文"更适合拓宽篇幅、更适配网络连载机制、也更适配游戏化的新一代网络用户的写作模式——"系统文"。

"系统文"的悬疑元素

"系统文"的流行可以追溯到更早，但在2019年前后，"女性向"的"系统文"中开始普遍存在悬疑和恐怖元素，可以说是迎来了一次悬疑、恐怖元素全面的复兴。这一阶段的悬疑，与此前的侦探小说或"刑侦文"不同，不仅主角不再是侦探或警察，故事也不再围绕案件展开，而是更加广义的悬念，主要表现在冒险叙事中的"解谜"。

要理解这种"解谜"的装置，必须先理清"系统文"的发展状况。"系统"是由电子游戏的操作系统这一概念引申而来的一种世界设定。自网络文学诞生以来，电子游戏的玩家经验、数据库与模块化的设定方式，就在逐渐影响网络文学的创作，甚至渗透到其底层逻辑当中[①]。在"女性向"网络文学中，到2014年前后，游戏的媒介特质对网络文学的影响开始非常鲜明地表现出来，并且从根本上改变了网络文学的叙事结构以及建构幻想世界的方法，"系统文"就是这种游戏化的集中表现。在"女性向"的"系统文"成熟之前，起点中文网代表的男频写作中先出现了两种重要的类型：

第一种是"系统流"。系统在网络小说里一开始是一种开挂、开金手指的方式，能为主角提供一整套作弊服务而非某种简单的机缘。如天蚕土豆《斗破苍穹》（2009—2011）中，系统就是主角得到的一只拥有丰富修行经验和资源的戒灵老爷爷，后来"系统老爷爷"一度成为男频的流行词，是这种可以被主角随身携带、具有"指南"性质的外挂的代名词。"系统流"最初是指的就是有此类系统外挂设定的小说。第二种是"无限流"。这类小说是2007年zhttty的《无限恐怖》开启的，它借鉴了日本动漫《Ganz杀戮都市》的设定，创造了"无限流"的基本框架：主角进

[①] 参考王玉玊：《编码新世界：游戏化向度的网络文学》，北京：中国文联出版社，2021年。

入一个神秘的"轮回空间",前往电影、游戏、动漫和小说的副本世界完成任务,由此获得超凡力量,但却不得不在异世界永不停歇地冒险与轮回——所谓的"无限"指的就是"无限的副本"①。

在"系统流"和"无限流"的影响下,系统—副本的结构变成了非常主流的文本结构,"女性向"的"系统文"发展成熟了。这些"系统文"大多以解谜冒险为主要内容,因而几乎都是自带悬疑装置和恐怖氛围的——"系统"自身就是一个被规则设定出来的空间,这个规则到底是什么,本就提供了最大的悬念,它是可以违反物理和时空规则的,如果玩家搞不明白规则,就会带来致命风险,小说因而充满了紧张感和恐怖的潜质。"系统文"中最早成熟、也是至今仍然最为流行的一种子类型就是"恐怖系统文",如《死亡万花筒》(西子绪,2018)、《我在惊悚游戏里封神》(壶鱼辣椒,2020—2021)②。在这类作品中,主角身上的"玩家"自觉相当明显,系统接入之后他们几乎立刻就会被投入任务副本当中,系统不会对规则做出解释,但是主角们却能立刻按照解谜游戏的玩法(密室逃脱、剧本杀、大逃杀等)行动起来。而读者阅读这些作品的体验,也与观看一场解谜游戏的直播相近,主角扮演了游戏主播的角色。有时任务的成败也不一定跟生死绑定,输了还可以读档重来,这时恐怖氛围就会相对淡化,是更加彻底的解谜装置。祈祷君的《开端》(2019)被一些研究者解读为"网络侦探小说"③,正是因为它的"时间循环"设置与系统的"无限回档"结构是相同的,也可以看作"系统"特性带来的悬疑色彩。

最后,近两年兴起的子类型"规则怪谈"也是悬疑和恐怖结合的,它是规则的不确定性带来的一场理性溃败,因而是一种"反理性"的悬疑。这一子类来源于一个叫《动物园规则怪谈》(2021年底发布于二次元论坛A岛)的帖子,发布之后立刻引起非常大的反响和病毒式的流行。由于特别契合这一阶段网文的克苏鲁、悬疑、恐怖等流行趋势,"规则怪谈"立即作为一种"文体"或元素被网文调用。如果说系统自带的悬疑在于它是一个被规则设定出来的空间,那么"规则怪谈"明确地告诉身处系统中的人们,规则是靠不住的。它的悬疑感,在于故事里的主角或者说玩家,还在努力地总结规则,试图找到靠得住的规则;而它的恐怖感,就来自当我们发现这些规则竟然是彼此矛盾的,"本该代表绝对权威的规则,变成了并不可靠的

---

① 参考邵燕君、王玉玊主编:《破壁书:网络文化关键词》,"无限流"词条,该词条的撰写者为吉云飞,第294页。
② 后更名《我在无限游戏里封神》。
③ 高媛:《论网络侦探小说中的"时空往返"情节模式》,《网络文学研究》2022年第2期。

经验之谈与诱人走入陷阱的骗局的暧昧混合物"①，原本应该由规则提供的安全感，就被彻底摧毁了。规则和规则背后的世界秩序是不可理解的，这某种程度上走到了完全"反推理""反理性"的道路上去了。

"系统文"中普遍存在的悬疑元素，其实也并不是一个只在"女性向"网络文学中发生的现象，男频的创作同样如此。跳出网文的范围，在整个大众流行文化的领域中，剧本杀、密室逃脱等线下真人游戏，已然成为新一代年轻人的一种日常休闲娱乐方式，包括《纸嫁衣》系列、"锈湖"系列等恐怖解谜游戏及其直播行业的走红，无不显示出当下大众消费者对悬疑、恐怖叙事的热切需求。今天的网络读者与"网生代"的年轻人，确实是更加"重口味"的一代。"女性向"网络小说的悬疑复兴，既是这股大众热潮中的一支，也是"女性向"朝着大众化、中性化的欲望模式转型的一种尝试。

---

① 王玉玊：《行于深渊——网络文学类克苏鲁设定中的秩序、理性与主体问题》，《中国网络文学研究》第一辑。

网络小说类型史脉络考察*

■ 文 / 贺予飞

网络文学从野蛮生长到蔚为大观,用海量作品和超高人气创造了文学的"巨存在"景观,也引发了诸多文学变化。而网络文学之所以能够获得如此大的影响力,离不开类型的驱力。当前网络文学创作以网络类型小说最为繁盛。网络类型小说,是指在题材、主题、结构、人物、语言等方面具有一定的基础模式,形成相似的审美风貌,存量达到一定规模,能够引起读者较为固定的审美期待的网络小说范式。笔者自2012年以来对全国100家文学网站的作品进行了类型跟踪调研,统计出网络文学有主类16种、子类110种。① 其中,属于网络小说的常见类型达70种。正是由于类型的普泛程度,许多学者将其作为理解网络小说的重要方式。目前,学界关于网络类型小说理论建构和方法论探索的成果较多,从文学史方面入手的研究较少。深入网络小说的类型场域,需要坚实的史料作为根基。追溯网络小说的类型发展脉络,厘清类型的分化与合流,对于中国当代文学史既是一种有益的补充,又能帮助我们从文学中透视时代文化潮流变革,具有史学价值和文化实践意义。

---

* 本文系国家社科基金青年项目"中国网络文学跨媒介叙事研究"(项目编号:23CZW061)、山东省社科规划项目"网络类型小说的审美特色与优化路径研究"(项目编号:22DZWJ04)、2023年度长沙市文艺创作扶持项目中青年艺术家项目"网络类型小说的审美研究"的阶段性成果。
① 贺予飞:《从符号、装置到生产机制:网络文学数据库写作的变革及限度》,《中国现代文学研究丛刊》2023年第7期。

网络小说的类型溯源

类型写作并不是网络小说的独有现象。如果从文学史的长河中溯流徂源,小说的分类意识可追溯到古代。汉朝的《说苑》就将战国时期秦汉等国的逸闻轶事以"君道""臣术""建本""立节""贵德"等治国为本的政治理念进行分类。[①]晋代的《搜神记》将灵异神怪故事以神、人、妖、物、鬼、怪等对象进行分类。[②]可见,中国古代的故事叙述很早就蕴含了类型意识,其中以古典小说尤为鲜明。不过古典小说的分类大多以目录学、考据学方法为主,很少用文学的眼光来进行分类。直到宋明时期,罗烨、胡应麟等人的分类方法才具备了文学类型学意义。宋代罗烨的《醉翁谈录·舌耕叙引》将小说"四家"改为"八类",分别为灵怪、烟粉、传奇、公案、朴刀、杆棒、神仙、妖术,其中就包含了中国后来出现的神怪、英雄、儿女三类题材。[③]明代胡应麟在《少室山房笔丛》中指出小说可分为"志怪""传奇""杂录""丛谈""辩订""箴规"六类,其中"志怪""传奇""杂录"的分类具有文学色彩,特别是"志怪"和"传奇"类型直到今天我们仍在沿用。[④]由于小说在古代属于"小道",小说的类型学研究并不多。到了晚清时期,黄人的《中国文学史》将古代小说分类整理,并把明人章回小说分为历史小说、家庭小说、军事小说、神怪小说、宫廷小说、社会小说、时事小说等。[⑤]这一时期小说创作繁盛,由于西学东渐,西方的政治小说、科学小说、侦探小说引入中国,《新小说》《小说林》《月月小说》等近30种小说期刊成了通俗文学滋生的土壤,小说类型的命名多达30到40种。[⑥]其中,梁启超1902年创办的《新小说》将小说标示为"历史小说""政治小说""哲理科学小说""军事小说""冒险小说""侦探小说"等门类。[⑦]这种类型标示法被书刊报纸广泛采纳。据统计,当时共有108种报刊,47家书局和报社,采用类型标示法的小说达1 075篇,其中标示较多的小说类型为短篇、侦探、社会、言情、军事、历史、滑稽、

---

① 〔汉〕刘向撰,向宗鲁校证:《说苑校正》,北京:中华书局,2009年,第1、39、63、86、105页。
② 张永禄:《类型学视野下的中国现代小说研究》,上海:上海大学出版社,2012年,第19页。
③ 罗烨:《醉翁谈录·舌耕叙引》,上海:古典文学出版社,1957年,第1页。
④ 胡应麟:《少室山房笔丛·丙部卷二九·九流绪论下》,上海:上海书店出版社,2009年,第280页。
⑤ 龚敏:《黄人〈中国文学史·明人章回小说〉考论》,《巢湖学院学报》2005年第4期。
⑥ 张永禄:《类型学视野下的中国现代小说研究》,上海:上海大学出版社,2012年,第58页,第74—77页。
⑦ 胡全章:《梁启超与晚清文学翻译》,《外国文学评论》2020年第3期。

警示、札记、哀情、政治、冒险、家庭等,这些类型标示"在引起读者注意,争取他们认可接受与扩大新型小说的影响力方面发挥了积极的作用"。①鲁迅的《中国小说史略》可谓是集大成者,全书以远古、六朝、唐、宋、元、明、清的时间线索将中国的小说划分为神话与传说、鬼神志怪、传奇、话本、历史演义、神魔小说、人情小说、狭义小说与公案、狭邪小说、谴责小说,在小说类型史上具有重要意义。②古典小说的类型思想不仅为网络小说的类型意识奠定了基础,而且它的类型叙事资源为网络小说提供了可借鉴的类型范式和元素,以丰厚而悠久的文化土壤滋养网络类型小说的生长。

尽管类型思想自古有之,但直到近三十年来小说类型理论才得到较为充分的发展。严家炎在《中国现代小说流派史》中将小说分为"乡土小说""革命小说""新感觉派与心理分析小说""社会剖析小说""京派小说""七月派小说""后期浪漫派小说"。③他认为流派具有"流动性",不能用静止、僵化的观点看待小说流派,并提倡各流派之间多元并存,共同发展。郑家建把20世纪中国小说分成情调小说、意境小说、意象小说、讽刺小说、心理分析小说、心理体验小说、历史小说、"故事新编"式小说等类型,并对其源流进行了梳理。④施战军从人与时空的关系提出了乡村小说、成长小说、革命小说、都市小说4大类型,阐述了中国小说的现代嬗变与类型生成。⑤许子东从50部"文革"小说中归纳了具有规律性的29种情节功能和4种叙事模式,包括"文革叙述"中"灾难的起因与前兆""灾难降临方式""反思与忏悔"等,以结构主义方式推动了"文革"小说的研究。⑥汤哲声将当代通俗小说归为"社会小说""言情小说""武侠小说""公安法制小说""历史小说""网络小说""科幻小说"等类别,以动态视角研究类型的演进,并将名家名作放入整体类型线条中,达到了类型研究宏观与微观的统一。⑦陈平原以叙事语法作为着力点,注重小说类型叙事语法当中的恒定因素,研究了中国小说类型、中国古

---

① 陈大康:《关于晚清小说的"标示"》,《明清小说研究》2004年第2期。
② 鲁迅:《中国小说史略》,北京:北京大学出版社,2009年,第8、26、46、74、88、106、126、154、180、190、200页。
③ 严家炎:《中国现代小说流派史》,武汉:长江文艺出版社,2009年,第29、76、104、124、170、200、253、300页。
④ 郑家建:《小说类型与小说诗学》,《福建师范大学学报(哲学社会科学版)》1994年第4期。
⑤ 施战军:《中国小说的现代嬗变与类型生成》,山东大学博士学位论文,2007年。
⑥ 许子东:《为了忘却的集体记忆:解读50篇文革小说》,北京:生活·读书·新知三联书店,2000年,第1、29、88、128页。
⑦ 汤哲声主编:《中国当代通俗小说史论》,北京:北京大学出版社,2007年,第53、112、168、237、273、340、390页。

代小说的类型观念、"新小说"类型理论,并梳理了清末民初小说理论、通俗小说的3次崛起,对于研究者理解类型在小说史中的作用与地位具有重要价值。①值得一提的是,张永禄吸收了鲁迅、严家炎、杨义、陈平原、许子东等人的类型理论批评,将其演变趋势与具体作品对照进行分析,提供了类型小说史论与实践结合的研究范式。②现当代小说的类型一方面丰富了类型谱系,都市、历史、军事、言情、武侠、科幻等类型被网络小说直接沿用,另一方面使类型具备了结构体系与叙事语法功能,为网络类型小说结构范式的搭建提供了操作路径。

网络类型小说专指诞生于网络上的类型小说,它继承了传统小说的类型划分方式,进入21世纪后才得以命名。以范伯群等为代表的学者主张以市民文化为基点,从通俗文学中寻找网络小说的类型根源。范伯群认为:"'冯梦龙—鸳鸯蝴蝶派—网络类型小说',是一条从古至今的市民大众'文学链'。但正因为它的通俗性,因此,广大农(市)民也从中得到了认识城市生活、认识广阔外在世界的启示,这个'文学链'可说是属于社会中下层所共有的精神财富。"③当然,网络类型小说仅仅建基于通俗性是不够的。它在21世纪的勃兴离不开出版市场的类型策划,也与当代文学发展的大环境息息相关。类型文学相关组织的成立、类型文学刊物和相关奖项的设立、热门类型作品的走红,促成了当代文学创作与研究的"类型"风向。2000年,《大家》杂志第6期以《关于"类型小说"的对话》为题组织了一期对谈,由陆涛担任主持,李敬泽、兴安为对谈人,"类型小说"的概念逐渐出现于大众视野中。2001年,中国电影出版社出版"好看文丛",集中推出了西门大官人(网络作家)、王芫、王艾、赵凝、马枋、水晶珠链等人的类型小说。这套丛书在两年间陆续出版了近30种类型小说,有的还已改编成电影,收获了不小的市场反响。葛红兵在2004年谈到,"当下中国,小说创作的类型化趋势正在逐步发展并形成潮流。新的小说类型不断产生,比如奇幻小说、幽默小说、恐怖小说、打工族小说等等。这些都是近年中国文坛产生的新小说类型,中国奇幻小说的诞生和近年西方奇幻电影、卡通的引入有直接关联,中国幽默小说的诞生和中国传统滑稽艺术有隐约联系,但更是当下社会白领阶层生活和审美趣味的直接投射"④。基于此,他主编了"中国类

---

① 陈平原:《小说史:理论与实践》(第2版),北京:北京大学出版社,2010年,第127、147、169、207、249、253页。
② 张永禄:《类型学视野下的中国现代小说研究》,上海:上海大学出版社,2012年,第86、120—151页。
③ 范伯群:《古今市民大众文学的"文学链"》,《苏州教育学院学报》2013年第2期。
④ 葛红兵:《近年中国小说创作的类型化趋势及相关问题》,《小说评论》2004年第4期。

型小说双年选"丛书(一套三册《校园王》《幽默王》《奇幻王》),将当时国内高人气的校园小说、幽默小说、奇幻小说集结汇编,指出类型小说作为当代文学中一种不可忽视的文学力量而存在,是市场经济深入发展的结果,其根源来自"市场经济的深化导致社会阶层的分化"。①此后,相关组织机构对类型文学也陆续加大了关注力度。2007年,杭州市作协成立了类型文学创作委员会。2008年,首本类型文学杂志《流行阅》面世。同年,"浙江省中国当代类型文学研究中心"建立,成为国内首家以类型文学为研究对象的研究机构。2011年,"西湖·类型文学双年奖"成为我国首个设置类型文学奖项的活动。这些标志性事件不仅对于当代类型文学的发展具有历史节点意义,而且在当代文坛形成了一股"类型"气候,为网络类型小说营造了利好的文学生态。综合来看,作为一种当代大众流行文化,网络类型小说并不是一个全新的文学样式,也不是纸质类型小说的网络化那般简单。沿着古典小说的类型思想、现代小说的类型谱系与叙事模式、传统市民文化、当代文学的类型风向中疏瀹源流,我们才能从电子媒介的一隅天地中跳出,在时代变迁和多源汇聚的广阔视野中把握小说类型演变的轨迹。

网络小说的类型孕育与萌动生发

从网络小说与类型的诸多渊源可以发现,继承与转化是网络小说类型发展的"双翼"。如何呈现文学的发展脉络,当史料、史实与史证的问题都已解决后,史观变成了学界颇有争议的问题。笔者主张以"大文学史观"和生态系统观来看待网络类型小说的发展历史。"网生"起源说是笔者梳理网络类型小说发展脉络的逻辑起点,关于其持论缘由在《中国网络文学起源说的质疑与辨正》②和《"网生"起源说的生态系统观》③中已有详细阐述。在本文中需要说明的是,由于网络小说的类型孕育与传统小说文类的沿袭、市场经济与信息技术的发展有重要关系,为了不割裂文学生态,笔者没有标示网络类型小说的起始年,而是重点突出类型化轨道中的网络小说起源。

20世纪90年代,随着经济与信息技术的飞速发展,大众的情感需求和审美趣味的阶层分化导致网络小说出现类型化创作现象。1991年到2002年是网络小

---

① 葛红兵:《近年中国小说创作的类型化趋势及相关问题》,《小说评论》2004年第4期。
② 贺予飞:《中国网络文学起源说的质疑与辨正》,《南方文坛》2022年第1期。
③ 贺予飞:《"网生"起源说的生态系统观》,《文化软实力研究》2023年第4期。

说的类型孕育与萌动期。1991年,全球首家中文网络周刊《华夏文摘》在北美创刊。少君(当时笔名为马奇,作者本名钱建军)在该刊4月发表自传体小说《奋斗与平等》,成为网络小说的开山鼻祖。该刊同年11月发表的《鼠类文明》(作者:佚名)是目前可追溯的最早的网络原创小说。起源于北美的中文网络小说中的自发性、情感性、现实性构成了早期网络文学的特质。少君在谈及网络文学的特征时提到:"最重要的一点就是:语句构成简单、情节曲折动人和贴近网络生活本身。"①在北美的中文网络创作中,涌现出少君的《人生自白》、图雅的《寻龙记》、阎真的《白雪红尘》(国内版即《曾在天涯》)等精品力作。《人生自白》包含了100篇短篇小说,以素描式写法将海外形形色色的人物集结式呈现。《寻龙记》将"龙"这一中国古老传说的形象与中国精神相连,表达了作者的寻根情怀和构建精神家园的理想。《白雪红尘》描绘了知识青年的海外生活和情感遭遇,并提出了如何在异国文化冲突下守护自我尊严的命题,主人公的经历颇具现实性和沧桑感。这些作品同创作者的生活现实、身份与阶层息息相关,我们既能看到他们光鲜亮丽、才华横溢的一面,同时也能体会他们在文化迥异的资本主义国度生存的巨大隔阂与心理落差。因此,漂泊无根的游子迫切需要寻找一块精神与心灵的栖息地来恣情挥洒,关注祖国故土现实的作品成为他们的创作重点,同时也吸引了世界范围内中文读者群的阅读。②可以说,尽管这一时期海外的中国网络写手没有特定的类型小说创作理念,但整体上以思乡情感与文化冲突作为驱力,导致乡愁、怀旧、留学等题材的小说众多,形成了类型化的风貌。

  1994年,中国正式加入国际互联网,网络文学的关注热度从北美逐渐回流至国内。从事网络文学创作的人成了国内第一批网络写手,他们大多经济宽裕,学历较高,属于城市的白领阶层。大部分作品以讲述都市爱情与生活为主题,这一时期的网络写手并没有把自己的创作归为哪一类型,而是将其当成日常生活中的消遣,他们以"我手写我口",用轻松幽默的笔调自由抒写文学。直到1998年,网络文学迎来了具有历史节点意义的一年。台湾网络作家痞子蔡(蔡智恒)的都市言情小说《第一次的亲密接触》在BBS上一炮而红,并迅速席卷全球中文网络文学圈。这部小说的成名昭示着中国网络文学已积累到一定阶段,开始步入快速扩张轨道。之后,网络文学涌现出邢育森、宁财神、俞白眉、李寻欢与安妮宝贝"五匹黑马"。他们的作品《进进出出:在网与络、情与爱之间》以言情小说合集的方式被

---

① 少君:《回望华文网络文学》,《世界华文文学论坛》2020年第3期。
② 贺予飞:《中国网络文学起源说的质疑与辨正》,《南方文坛》2022年第1期。

上海三联书店出版，读者反响热烈。其中，李寻欢（路金波）拥有《粉墨登场》《迷失在网路与现实之间的爱情》《边缘游戏》等多部作品，他不仅是第一代网络写手的代表人物，而且还是一位颇有业绩的出版人，是王朔、韩寒、安妮宝贝、慕容雪村、今何在、张皓宸等作家的幕后推手。与李寻欢同时期的网络作家俞白眉是网文跨界作家，他的作品《网虫日记》于1999年被改编成电影，随后他开始跨行接手编剧和导演工作。安妮宝贝以《告别薇安》《七年》《七月与安生》等小说成名，形成了独具特色的青春疼痛文风。回顾来看，尽管早年间的"五匹黑马"在今天或已不复盛名，但他们恣意、忧伤、冷峻或幽默的文字塑成了早期网络小说的叛逆气质与本真个性，为文坛带来了一股清风，让文学生态发生了变化。

到了20世纪末21世纪初，网络小说的爆款之作逐渐增多。今何在的《悟空传》于1998年在新浪网"金庸客栈"连载，2000年完结后光明日报出版社第一时间出版了实体书。据说，当时这本书火到销量近1 000万册，激发了许多人投身网络小说创作。从这里开始，一些网络写手由自由创作、获取网络热度的心态逐渐转为逐利心理。2001年，宁肯的《蒙面之城》在新浪网连载，小说讲述了一个高中生的流浪故事，在青春、成长、死亡等多重视域中探索人与世界的关系，获"第二届老舍文学奖"。该作是传统作家早期试水网络的典型代表，得到了广大网友和主流文坛一致认可。2002年，慕容雪村发表都市小说《成都，今夜请将我遗忘》，故事讲述了一群青年在城市生活中的迷茫与挣扎，深刻揭示了人们在婚姻、事业、友情等方面的人性真实与伦理困境，在天涯网人气火爆，引发各路媒体转载，后来又被陆续制作成话剧、影视作品。这一阶段的网络小说由个性化的自由表达逐渐形成了整体性的精神气质和审美风貌，成长与生活主题的集中书写正昭示着类型的孕育和萌动之力，许多作品所展现的创作理念、人物命运与时代境遇至今来看仍属网络小说的高峰之作。

网络类型小说的命名风潮与多元发展

网络小说进入21世纪后，类型写作现象持续发酵。不同门类的创作通过一定的时间积累，在数量上达到一定规模后，生成了五花八门的网络小说类型。从时间段来看，2003年至2014年是网络类型小说的命名与发展期。经历十余年的类型化生产轨道，网络小说数量增长快，形式丰富且类型不断演变翻新，类型小说的模式化特征日趋明显，侧重快感体验，形成了产业化运作并获得良好经济效益。

其中，2003年至2007年网络小说经历了"青春文学年""玄幻文学年""盗墓文学年""穿越文学年"等类型的命名阶段,出现了诸多开创一派的标志性作品。[1]萧潜的《飘邈之旅》开仙侠修真一脉,中华杨的《异世界之中华再起》开历史穿越一脉,老猪的《紫川》开奇幻一脉,玄雨的《小兵传奇》开科幻星际战争一脉,萧鼎的《诛仙》开古典仙侠一脉……各个类型的小说轮番上场,拉开了网络小说类型化的序幕。"类型"一词被正式运用到网络小说中来,为广大网民读者所接纳。需要说明的是,类型获得的命名年份并不是该类型出现的最早时间,而是形成了一定的规模和影响力的时间。这也就意味着,一种类型被命名时,本身即包含了它的量变积累过程。而在某一类型获得命名的年份里,其他的小说类型也处于不断发展的状态。不同类型的接连涌现构成了这一时期网络小说的主要发展态势。从整体来看,网络小说类型的命名与发展是同步的。

2003年,以"80后"为代表的青春小说成了类型小说的第一波生力军。"全国新概念作文大赛"推动了青春小说的崛起,其首届大赛冠军得主韩寒于2000年出版《三重门》,拉开了青春文学的帷幕。随后春树的《北京娃娃》、郭敬明的《梦里花落知多少》、张悦然的《葵花走失在1890》、李傻傻的《红X》将青春小说创作引向高潮。不过值得注意的是,这类青春小说并不属于网络类型小说。首先,它在传播载体上不局限于网络。像韩寒、郭敬明等人都是最先在出版市场中崭露头角的作家,随着博客、微博等社交媒体的出现他们才开始上网写作。其次,不同时代的人对于青春小说有不同的定义。因此,青春小说在主题、风格等方面并不固定,它随时代、地域的变化而变化。例如,王蒙的《青春万岁》描写20世纪50年代的青春校园,带有理想主义、浪漫主义色彩。而饶雪漫的《校服的裙摆》、郭敬明的《梦里花落知多少》、明晓溪的《泡沫之夏》等作品讲述的是"80后"的校园生活,带有青春的伤痛感和现实感。韩国网络作家可爱淘的《那小子真帅》《狼的诱惑》等作品以校园纯爱故事为主打,在中国市场出版后刮起了一股少女文学旋风。随后中国也出现了大量这类风格的小说,比如小妮子的《恶魔之吻》《龙日一,你死定了》等作品一经出版便创下100万册销量纪录,她也成为当时国内能与韩流抗衡的少女文学掌门人。可见,"80后"作家是青春小说的主力军,他们的小说大多在出版市场走红,而网络青春小说正是由出版市场火热的青春小说门类延伸发展而来。由于"80后"善于电脑操作,网络为青春小说提供了更为广阔的平台。顾漫的《何以笙箫默》、何员外的《毕业那天我们一起失恋》、孙睿的《草样年华》等网络青春小说深受广大读者热捧。据"苹果树原创

---

[1] 庄庸:《类型文学十年潮流的六个拐点》,《中国艺术报》2013年7月26日。

网"2004年统计数据显示,"80后"群体中经常从事写作的大约有5 000多人,签约写手达20 000人。①基于这一创作规模和热度效应,2003年到2004年被大众命名为"青春文学年"。

2005年被网民读者们称为"玄幻文学年"。"玄"出自老子的《道德经》:"玄之又玄,众妙之门",指世间万物在不断变化,玄妙深远,无可穷尽。最初,玄幻小说的"玄"主要停留在玄学层面,指一些超物理和超经验的现象。自1988年起,香港小说家黄易陆续发表《月魔》《寻秦记》《大唐双龙传》《星际浪子》等作品,他的创作继承了玄学思想,并在想象力方面进行创新,形成了"一个集玄学、科学、文学于一身的崭新品种"②。由此,读者将黄易誉为玄幻小说的鼻祖。2000年左右,玄幻小说开始在网络上出现,此时的"玄"已突破玄学变为玄想,写手们在东方文化为元素的故事背景下,构思出远离现实时空的玄妙体系作为世界运行法则或秩序,运用天马行空的想象力构筑异于日常生活的平行世界。远古神话、洪荒封神的情节以及朱雀、玄武、青龙、白虎等古兽常作为元素出现在玄幻小说中。今何在的《若星汉天空》、可蕊的《都市妖奇谈》、树下野狐的《搜神记》、蓝晶的《魔法学徒》、老猪的《紫川》等为玄幻小说的崛起做了铺垫。2005年,随着《小兵传奇》《飘渺之旅》《诛仙》等作品的走红,玄幻小说如雨后春笋般出现,奇幻、魔幻、仙侠等类型逐渐分流。玄幻小说的创作队伍逐渐发展壮大,涌现出血红、唐家三少、辰东、梦入神机、天蚕土豆、跳舞、云天空、风凌天下、苍天白鹤、猫腻等一批大神级写手。在玄幻类型之下逐渐衍生出了异界大陆、异术超能、东方玄幻、异世争霸等子类型。这一时期网络写手的创作不同于早期的自我宣泄与情感表达,而更偏重于满足读者期待。与此同时,网络小说的类型开始脱离单一型的轨道,走上全门类快速发展的道路。唐家三少的《狂神》、血红的《邪风曲》、烽火戏诸侯的《极品公子》、桐华的《步步惊心》、明晓溪的《泡沫之夏》、缪娟的《翻译官》、猫腻的《朱雀记》等小说多如群星,闪耀于网络文学夜空之中。

2006年被许多网友命名为"盗墓文学年"。这一年,天下霸唱在天涯社区"莲蓬鬼话"板块首发作品《鬼吹灯》,以专业化体系化的盗墓术语、手法和奇谲精怪的故事开盗墓小说先河。盗墓小说并非凭空出现,它属于玄幻小说热潮的接续类型,融合了悬疑、探秘、恐怖、玄幻、灵异、怪谈等诸多类型元素而独成一脉。《鬼吹灯》大火之后,南派三叔的《盗墓笔记》迅速充填进来,加速了盗墓小说的火热程

---

① 白烨、张萍:《崛起之后:关于"80后"的问答》,《南方文坛》2004年第6期。
② 叶永烈:《奇幻热,玄幻热与科幻文学》,《中华读书报》2005年7月27日。

度。紧接着,古剑锋的《星际盗墓》、指点乾坤的《摸金令》、阴阳眼的《我在新郑当守墓人》、飞天的《盗墓之王》、未六羊的《传古奇术》、大力金刚掌的《茅山后裔》、鲁班尺的《青囊尸衣》等作品纷至沓来,盗墓小说红遍网络。同一时间,梦入神机的《佛本是道》、当年明月的《明朝那些事儿》、辰东的《神墓》、我吃西红柿的《寸芒》、海宴的《琅琊榜》、月关的《回到明朝当王爷》、匪我思存的《佳期如梦》强势来袭,一时间玄幻、悬疑、历史、言情等门类创作迸发多条分支类型,诞生了洪荒流、神墓流等新的流派。

2007年被文学网民们称为"穿越文学年"。随着"清穿三座大山"《梦回大清》(作者:金子)、《步步惊心》(作者:桐华)、《瑶华》(作者:晚晴风景)以及"穿越四大奇书"《迷途》(作者:夜安)、《木槿花西月锦绣》(作者:海飘雪)、《鸾:我的前半生,我的后半生》(作者:天夕)、《末世朱颜》(作者:晓月听风)的横空出世,穿越小说迎来井喷式爆发。金子的《梦回大清》(2007年完结)是清穿文的开山之作。这部小说以清朝康熙年间"九子夺嫡"为历史背景,讲述了都市女孩穿越到宫廷与皇子们发生的故事。它所贡献的"一女多男"的情感线路不仅成了清穿文的惯用模式,而且还以"生存指南"的方式提供了现代女性在封建制度下的路径选择方案。此后,波波的《绾青丝》、桐华的《大漠谣》、李歆的《独步天下》、天衣有风的《凤求凰》等众多穿越作品接连涌现,在出版领域挤进畅销书前列。值得注意的是,男频和女频网站的穿越小说有较大区别。男频的穿越者大多以回到古代建功立业、施展抱负为目的,比较典型的有大爆炸(又名:灰熊猫)的《窃明》、酒徒的《家园》、阿越的《新宋》、月关的《回到明朝当王爷》等。在穿越文盛行的同时,禹岩的《极品家丁》、猫腻的《庆余年》、我吃西红柿的《星辰变》、zhttty的《无限恐怖》、流潋紫的《后宫·甄嬛传》、辛夷坞的《致我们终将逝去的青春》、九夜茴的《匆匆那年》、跳舞的《恶魔法则》等大批作品也收获了不少人气,将家丁流、地图流、无限流、宫斗文等小说引向热门类型。在类型命名期,每种新的类型都可能会被读者"种草"。

在网络小说的类型命名阶段,文学网站也是一个重要的观测窗口。2003年,起点中文网吸收了读写网的付费阅读制度和明扬·全球中文品书网的VIP概念,创立并试行了VIP付费阅读模式。2004年,盛大集团收购起点中文网,此后,商业资本开始大举进军网络文学领域,开启了类型化生产的大门。起点中文网的强势崛起使得"得草根者得天下"成了文学网站的通行法则。文学网站强调"用户至上",兜售参与感,制定了网络文学的免费模式和VIP付费阅读制。免费模式是为了获取足够的用户流量,提高用户黏性,直到用户已习惯这种免费模式之后停止赠送。简言之，免费是为了更好地收费。而VIP付费阅读制则直接将用户流量转化为资金流。免费模式与VIP付费阅读制实际上是将用户既充当了消费者，又充当了消费转移者，由此产业价值链得到扩展。不过，这种"以用户为中心"的经营模式也势必导致网络小说类型定位与风格的转变，大众性、商业性、代入感成为网络类型小说的特质。

  2008年至2014年是网络类型小说的发展期。在青春、玄幻、奇幻、盗墓、穿越等众多类型形成以后，网络写手们为了更加迅速而准确地定位读者群，将自己的作品对号入座，归到某一类型之下，因此网络小说的类型化写作现象愈加明显，类型小说的数量规模也越来越多。当小说类型不再朝单一方向扩充，而是各色类型都不断发展之时，网络小说就实现了全门类化，并且逐步建立了市场化的生产机制。在这一过程中，不得不提盛大文学的商业运作。2008年7月，盛大文学成立之时旗下已拥有起点中文网、晋江文学城（50%股权）、红袖添香三家网站，但它的扩张之路并未停止。言情小说吧、潇湘书院、榕树下、小说阅读网、悦读网、天方听书网等多家大型知名文学网站以及中智博文、聚石华文、华文天下三家出版公司都陆续被盛大文学收入麾下，并后续开发了电子书产品锦书（Bambook）和云中书城，向移动端阅读领域进军。截至2013年年底，盛大文学旗下已拥有200多万网络写手，600多万部类型小说，占据了国内78.2%的网络文学市场份额，[①]其注册用户更是遍布全球200多个国家和地区，达4 300万人。[②]与此同时，盛大文学所实行的全版权运营机制被网文企业纷纷效仿。全版权，即一个产品的所有版权。[③]而全版权运营是指对网络文学作品采用不同媒介的多种版权方式全方位运营。[④]这种运营模式实际上建立了一个囊括电子阅读、实体出版、游戏、影视、音乐、动漫等多元业务经营在内的完整产业链。由此，网络类型小说在图书、影视、动漫、游戏等全版权领域崭露头角。其中，影视业与网络小说的联姻显示出了类型超强的市场驱动力，《蜗居》《与空姐同居的日子》《甄嬛传》《步步惊心》《杜拉拉升职记》《美人心计》《杉杉来了》等网络小说改编的影视热播剧不仅成为年度热门爆款，而且它们的人气又进一步带火了婚恋、职场、宫斗、霸总等网络小说类型。

[①] 欧阳友权主编：《网络文学五年普查（2009—2013）》，北京：中央编译出版社，2014年，第164页。
[②] 郭研：《网络文学全媒体版权运营发展模式研究》，复旦大学硕士学位论文，2014年。
[③] 贺子岳、邹燕：《盛大文学发展研究》，《编辑之友》2010年第11期。
[④] 欧阳友权：《当下网络文学的十个关键词》，《求是学刊》2013年第3期。

网络类型小说的IP运营与文类更新

　　2015年至今是网络类型小说的IP运营与文类更新阶段。其中，2015年被称为网络文学IP元年。《花千骨》《琅琊榜》《何以笙箫默》《芈月传》等网络类型小说IP剧创下收视高峰，其衍生品拓展到游戏、动漫、音像、电视节目以及线下产品等诸多领域，显示出了IP的巨大价值。主流化与精品化的类型之作接连涌现，并被资本巨头发掘出更大的产业价值。

　　为何IP会如此火爆？因为它突破了版权交易渠道的限制，IP可以变换各种形式出现在任何你所能想到的空间里，例如茶杯、盘子、衣服、钱包、笔记本、手表等产品，影视、动漫、游戏、音乐、音乐剧、舞台剧、电视节目、主题乐园等艺术形态……由此，网络类型小说也彻底从链式生产中解放出来，以不同的空间维度延展其生命力。人们不再需要依靠阅读来了解网络类型小说，而是可从社会化渠道来知晓。在群聚效应、粉丝经济的助力下，网络类型小说的泛娱乐生态显现。腾讯、百度、阿里巴巴这三大网站门户，均大手笔进军网络小说版权的泛娱乐市场，以类型小说为源头逐步向影视、游戏、动漫等其他行业扩展。网络小说最不缺的就是好作品，以往积累的大IP开始被陆续改编，较为熟知的IP改编作有《山楂树之恋》《失恋33天》《致青春》《盗墓笔记》《鬼吹灯》《花千骨》《琅琊榜》《伪装者》《芈月传》《亲爱的翻译官》《三生三世十里桃花》《欢乐颂》《择天记》《诛仙·青云志》《大唐荣耀》等。商业化模式让网络类型小说获得了市场活力和经济支撑，网络小说的商业转化成功也从根本上改变了网文业态，并为社会创生了一种新的文化产业。网络类型小说通过全版权、多媒体、跨行业营销的模式，建立起一个囊括在线阅读、移动阅读、实体图书、影视、广播、动漫、网游、舞台演艺等多形态文化产品、立体化版权输出的产业链条，能让网络文学创作者、经营者和消费者都从中受益。

　　这一时期，网络类型小说受自由开放的网络生态滋养，诞生了多样化的小说门类，但由于网络载体的低门槛准入标准，也使其产生了一系列棘手问题。其中，最突出的问题便是网络类型小说的质量与数量增长之间的差距越来越大。自2014年10月习近平总书记主持召开文艺工作座谈会后，网络类型小说开始迈入提质进阶的阶段。社会各界主办的一系列网络小说推优活动引起了大众读者的广泛关注，活动主要有以下三种形式：第一类是政府相关机构发布的网络小说榜单。第二类是由省市文联、作协机构发布的网络小说榜单和主办的创作评选活动。第三类是由学术机构、文学社团、业界组织发布的网络小说榜单。这一系列推优活动改变了以往玄幻满屏的创作风气,有助于将网络小说引向主流化创作之路。

网络类型小说创作朝主流化迈进的突出表现是网络现实题材小说快速崛起,成为近年来分支品类繁多、数量规模激增的一大类型。据统计,在网络文学2020年新增签约的200万部作品中,现实题材数量超过60%。[①]以业内具有广泛影响力的阅文集团现实题材征文大赛为例,此活动连读五年已征集作品60 000余部。其中,2021年第五届现实题材征文大赛参赛作者达19 256人,同比增长40.6%,征集作品21 075部,同比增长42.4%。[②]由此可见,现实类型已成为网络小说的创作主流。在各大文学赛事、推介活动与IP改编上,网络现实题材小说不仅占比最高,而且多面开花,获得口碑与流量双丰收,多渠道引领时代文化潮流风尚。

与此同时,网络小说的类型更新速度加快。笔者调研全国排名前100的文学网站,统计出网络文学作品常见的类型共70种,它们具体如下:玄幻、奇幻、仙侠、武侠、游戏、竞技、都市、现实、言情、军事、历史、科幻、惊悚、魔幻、修真、耽美、同人、太空、灵异、推理、悬疑、侦探、探险、盗墓、末世、丧尸、异形、机甲、校园、青春、商场、官场、职场、豪门、乡土、纪实、知青、海外、图文、女尊、女强、百合、美男、宫斗、宅斗、权谋、传奇、动漫、影视、真人、重生、异能、穿越、架空、女生、童话、轻小说、二次元、N次元、娱乐、评论、自述、传记、短篇、爆笑、剧情、衍生、无CP、召唤、直播。[③]在这些类型之下的流派分支的更新速度则更加迅疾,细分品类多达544类。系统流、无

---

① 吴燕霞:《〈2020中国网络文学蓝皮书〉发布 现实题材作品占比过半》,http://www.xinhuanet.com/culturepro/20210624/C96C370356F0000118CB18EEEB601446/c.html,2021年5月21日。
② 虞婧:《第五届现实题材网络文学征文大赛落幕,"95后"作家获特等奖》,http://www.chinawriter.com.cn/n1/2021/0527/c404023-32114837.html,2021年05月27日。
③ 信息来源:起点中文网、17k小说网、起点女生网、晋江文学城、纵横中文网、潇湘书院、红薯中文网、红袖添香、言情小说吧、小说阅读网、蔷薇书院、塔读文学网、黑岩网、榕树下、铁血读书、逐浪网、豆瓣读书、长江中文网、凤凰网书城、大佳网、阿里文学、新浪读书、汉王书城、猫扑中文、多看阅读、飞卢中文网、3G书城、顶点小说网、掌阅书城、追书神器、简书、磨铁中文网、看书网、酷易听网、懒人听书、龙的天空、一本读、八零电子书、风云小说网、2k小说、笔趣阁、文章阅读网、美文网、品书网、短文学网、妙笔阁、酷匠网、鬼姐姐鬼故事、我听评书网、骑士小说网、TXT小说下载网、听中国、91熊猫看书网、小故事、书包网、连城读书、我看书斋、落秋中文网、幻听网、大家读书院、奇书网、奇塔文学网、白鹿书院、半壁江中文网、恒言中文网、新鲜中文网、创别书城、京东读书、久久小说吧、小小书屋、散文吧、欢乐书客、第八区小说网、SF轻小说、羁绊网、17K女生网、四月天言情小说网、书海小说网、八一中文网、看书啦、乐读窝、书阁网、轻之国度、紫幽阁、万卷书屋、印摩罗天言情小说、SoDu小说搜索、搜狗书城、黑岩阁、散文网、云起书院。需要说明的是,这100家网站在调研期间有9家停关,它们分别是烟雨红尘小说网(2014)、翠微居小说网(2014)、墨缘文学网(2019)、紫琅文学(2019)、文学迷(2019)、上书网(2019)、乐文小说网(2020)、23文学网(2021)、我的书城网(2021),调研时间跨度:2012年7月至2022年6月。

限流、稳健流、灵气复苏流、御兽流、脑洞文、多宝文、赘婿文、克苏鲁文等新的类型流派填充到主类之下,极大地丰富了网络小说类型的微观生态,"赛博修仙""科幻种田""都市脑洞"等类型融合写作的趋势也越来越明显。这意味着网络类型小说不仅在汲取文学传统时对自身进行改造,而且还且在内部不断分蘖、自反、进化和变异。譬如,新近流行的多宝文就是对霸总文的进化,它一方面与当下的"二胎""三胎"生育热的现象呼应,另一方面又反映出新时代女性已经走出了"灰姑娘"的爱情童话,寻求事业、爱情、亲情多方平衡的新观念。可见,类型的高密度涌现和自我更新特性昭示着它已经逐渐走向生态系统的建构之中,这也是网络类型小说作为生命体繁衍成熟的体现。网络类型小说的文类更新反过来又促进了以商业出版为依托的传统小说市场的类型分化,形成了传统与网络的类型互生和"板块移动"趋势。

结语

回溯三十余年发展历程,网络类型小说已从"我手写我口"自由书写跃升为当代文学中最为繁盛而富有活力的样态。据《2022年度中国数字阅读报告》报告显示,网络文学作品量约3 458.84万部,众多网络类型小说在海外传播中广受欢迎,提升了中华文化的海外传播力、影响力。[①]对此我们不禁要问,为何网络类型小说能以文学"巨存在"形式在全球文化潮流中攻城略地?细而思之,其根源在于网络类型小说在作家、作品、受众、传播之间建构了一条"创作—阅读—收益—再创作"的动态关系链。经济快速发展与社会阶层化带来大众审美趣味分化,网络作家根据不同的审美趣味进行类型创作。受众按照各自喜好阅读不同的类型小说,导致受众圈层分化。其阅读收益不仅刺激类型创作,而且使类型小说以影视、动漫、游戏改编等再创作形式扩大受众范围,进一步刺激类型创作,从而形成动态循环。

时至今日,从脑洞文、系统文、无CP文等各类小众翻新、层出不穷的类型文样貌中,我们可以发现网络类型小说的性质已不单是文学性和通俗性,还包括基于网络环境而产生的迥异于印刷时代的文化与思维方式,我国人民的精神文化需求与经济发展的转变方式,以及来自市场经济、媒介载体、数字传媒技术等多重因素带来的变革。也正是在这些因素的合力作用下,网络类型小说不再属于单纯的文学

[①] 赵媛:《〈2022年度中国数字阅读报告〉发布,我国数字阅读用户规模达5.3亿》,https://www.cnii.com.cn/gxxww/rmydb/202304/t20230427_466363.html,2023年4月27日。

现象。网络类型小说的崛起不仅丰富了当代文学的类型谱系，而且还在运转中形成了一套与之相应的作家培养、写作、阅读、运营、传播的产业化运作机制。与此同时，它以类型驱力打通受众的性别、年龄、阶层、民族、地域界限，培育了共同的情感和价值观，引发图书出版、影视、动漫改编等领域的跨界联动效应，通过视听转化、互动参与、场景式服务等新方式掀起全民阅读与沉浸审美的风潮。

"我喜欢钱德勒"
——《漫长的季节》中的《漫长的告别》

■ 文／战玉冰

    作为一部具有悬疑题材故事框架的电视剧，《漫长的季节》（2023）中有两处明显的对侦探小说历史传统的文本"致敬"。第一处是在第四集中，火车司机王响跟随刑警队长马德胜一起追查桦钢碎尸案，并表现出了不错的分析和推理能力，在受到马队长表扬时，王响说自己是"《霍桑探案》从小就看，《福尔摩斯》偶有涉猎"，显然包含了一种用名侦探自比的洋洋得意。第二处是在第七集中，当马队长发现王响的儿子王阳可能与碎尸案有关后，就故意疏远了王响，当王响再次用福尔摩斯与华生的"侦探—助手"搭档组合来试图拉近两人间关系时，马队长却说："我喜欢钱德勒。"这里表面上是马德胜对于王响继续查案的拒绝，但同时也在隐喻的层面上表达出了美国"冷硬派"侦探小说对于"古典侦探小说"的拒绝——一种来自雷蒙德·钱德勒与菲利普·马洛对于柯南·道尔与福尔摩斯的拒绝。

当代东北罪案叙事与"冷硬派"侦探小说传统

    关于《漫长的季节》中"致敬"钱德勒的这处细节，导演辛爽曾指出其中"有两个原因，一是我就喜欢在某些时刻玩点好玩的，让大家放松一下。因为我们这部戏的名字跟钱德勒的一本小说很像，叫《漫长的告别》。也是因为《漫长的告别》里的侦探菲利普·马洛其实跟'马大爷'（马德胜）在性格和命运上都有某种程度的相似,他们都是在处理一宗诈死的案子。我觉得这个加进去挺好玩的"①。正如导演所自陈,小说《漫长的告别》与电视剧《漫长的季节》之间不仅有名称上的相似性,马洛与马德胜之间也有姓名上的相似性(当然其中包含有中文翻译的原因),同时,两部作品中的核心罪案也颇为相似,都是利用了假死脱身的诡计。②

更进一步来说,近十年来受到广泛关注的所谓"东北文艺复兴",其中叙事类作品中也普遍存在着某种悬疑叙事的基本结构,比如刁亦男的电影《白日焰火》(2013)、双雪涛、班宇、郑执的小说,以及根据双雪涛小说《平原上的摩西》改编的同名网剧(2023),等等。20世纪90年代、下岗潮、谋杀案、黑色电影风格、蛇蝎女郎(femme fatale)……已经构成了当下东北想象中近乎不可或缺的重要元素。《漫长的季节》显然也具备其中大多数的文化或文学符号,完全可以放置在这一脉络中进行理解。而这一类影视与小说的重要美学源头就是发端于20世纪三四十年代美国的黑色电影与"冷硬派"侦探小说。雷蒙德·钱德勒正是这类小说与电影的奠基人之一,他不仅创作了诸如《长眠不醒》(*The Big Sleep*, 1939)、《再见,吾爱》(*Farewell, My Lovely*, 1940)、《漫长的告别》(*The Long Goodbye*, 1953)等"冷硬派"侦探小说的代表性作品,同一时期,比利·怀尔德导演、雷蒙德·钱德勒编剧的电影《双重赔偿》(*Double Indemnity*, 1944)更是被称为"黑色电影"的教科书。在这一类型文学与电影传统上来看,雷蒙德·钱德勒(以及他的《漫长的告别》)似乎可以视为《漫长的季节》与当代东北叙事的某种类型与风格"远源"。比如剧中沈墨这一人物与"蛇蝎女郎"形象之间的关联,令王阳最终丧命的河流③,以及王响、马德胜等"失败的侦探"形象,就都能够在钱德勒的小说中追根溯源。

当然,除了对于类型传统的继承之外,当代东北叙事采取悬疑形式与黑色风格,也自有其历史的特殊性与必然性。正如刘岩、黄平、杨晓帆、罗雅琳等研究者所指出,悬疑的叙事构成了某种站在2010年代"子一辈"的作者对于20世纪90年代"父一辈"的回望与想象方式,下岗潮所引发的时代创伤、对历史的不确定感、父子间的理解与隔膜共同型塑了当代东北叙事的主要形式。其中,"'多人称叙事'意味着每一个叙事主体在把握历史与现实总体性时的无能为力,'碎片化的故事'则

---

① 杨莲洁:《龚彪之死、马大帅……导演辛爽揭秘〈漫长的季节〉五个有趣细节》,来源:《新京报》网站,https://www.bjnews.com.cn/detail/1683613417168824.html。
② 《漫长的告别》中是特里·伦诺克斯在墨西哥假死,重新整容,改名换姓,继续生活;《漫长的季节》中则是沈墨借殷红的尸体假死,从此以殷红的身份偷偷生存下去。
③ 黄平就曾分析过"水"在当代东北文学,特别是郑执小说中所具有的精神分析意义。而钱德勒也有一本直接与此相关的作品《湖底女人》(*The Lady in the Lake*, 1943)。

暗示了生活与记忆的破碎感，'非线性时间结构'更透露出一种时间感知上的错乱、紧张与危机"①。

《漫长的季节》与双雪涛、郑执等人的东北叙事之间，有着相当多的彼此契合之处（班宇更是担任了该剧的"文学策划"），同时也存在很大的不同。比如黄平就敏锐地指出，"《漫长的季节》重新调整了当代文学'新东北写作'中父一代与子一代的结构性关系。剧中父一代的故事无法通过子一代来转述，他们必须自己讲述自己，自己救赎自己。通过将'创伤'的叙事策略转化为自身的叙述结构"②。即与一般的东北创伤叙事不同，《漫长的季节》不是采取"子一辈"的视角来回望/遮蔽"父一辈"的故事，而是通过"父一辈"的视角直接讲述自己不断失去与失落的经验与感受。如果进一步将黄平文中所提出的"救赎"从本雅明的意义过渡到詹姆逊的意义上，《漫长的季节》中王响等人所要"救赎"的，是从20世纪50年代以来不断被塑造、发展的工人阶级主体性，在世纪之交，因经济文化转型而面临瓦解的时刻，如何重新找回并确立自我认同的问题。这在剧中，则被具像化为当年的一起"碎尸案"——"既然创伤导向着精神世界的碎片化，那么救赎的第一步，就意味着搜集碎片，拼接全体。非线性叙事邀请受众投入其中，将碎片整合为全体。'碎尸案'作为无意识的隐喻，召唤着大家拼接尸体，找出真凶，或是走向救赎"③。借用詹姆逊颇为喜爱的表述方式，这里对于"碎尸"的拼凑与找寻就是一种对总体性的探索与重建的过程，而"对总体性的探索"（The detections of totality）恰好是詹姆逊在讨论雷蒙德·钱德勒小说时所使用的核心概念与方法论。詹姆逊指出，不同于阿加莎·克里斯蒂为代表的英国侦探小说中充满了对日常生活的连续性描写，以钱德勒为代表的"美国侦探小说"中，"其中的时间是一种不确定的连续，一些明确的、突发的、不可改变的瞬间自身会凸显出来"④。换句话说，英国古典侦探小说绵延着一种日常感与时间性，而钱德勒等人所发起的"美国革命"则打断了日常时间的链条，从而表现出一种强烈的空间性特征。具体到钱德勒小说中的空间，最重要的当然就是洛杉矶这座城市：

---

① 战玉冰：《把悬疑作为方法——兼谈当代中国青年写作中的类型问题》，《扬子江文学评论》2023年第4期。
② 黄平：《"往前看，别回头"：〈漫长的季节〉与普通人的救赎》，《中国现代文学研究丛刊》2023年第11期。
③ 同上。
④ ［美］弗雷德里克·詹姆逊著，王逢振译：《雷蒙德·钱德勒：对总体性的探索》，北京：中国人民大学出版社，2020年，第5页。

> 20世纪五六十年代的洛杉矶……整个城市平面铺开,社会结构的各种成分流散分离。
>
> 由于不再有可用于理解整个社会结构的特殊经验,所以必须虚构一个强加给整个社会的人物,而他的日常生活模式能够把社会分散孤立的各个部分联系在一起……如此一来,侦探在某种意义上再次实现了知识功能的需要,而不是实地经验:通过他,我们能够发现和了解整个社会,但他并不代表任何真正的社会经验。①

在詹姆逊看来,钱德勒笔下的硬汉侦探马洛处于阶级游离的位置("他并不代表任何真正的社会经验"),在城市空间中游走、"家访"。他不仅可以访问富人区的豪华宅邸,也可以闯入穷街陋巷与贫民窟,还能够经常出入不同的公共空间(酒吧、旅店、公司、警察局)与私人空间(家宅、办公室),具有某种打破城市中"异托邦"边界的能力。而这种打破城市中不同阶层与区块之间的壁垒、消泯公共空间与私人空间边界的侦探行为中,就包含了某种整合碎片化的城市空间与原子化的个体,进而重建总体性的可能。在《漫长的季节》中,类似于起到"侦探"功能的王响在追寻儿子王阳之死的过程中,同样不断出入于车管所、警察局、玉米地、修车厂、餐厅、路边摊等不同都市空间。甚至其还曾伪装成物业维修人员而进入私人家宅。与此同时,剧中原本作为火车司机的王响后来成为一名出租车司机,而这一职业的设定更是具备了出入陌生空间/异质空间的某种职业合法性。于是,在王响身上,内在探案的诉求和外在职业的特性就被整合在了一起,共同形成了游走、观察与连接城市"异托邦"的人物动线。

《漫长的告别》与《漫长的季节》中的"怀旧"

正如詹姆逊所洞见,钱德勒侦探小说的空间性特征使其有别于古典侦探小说,但我们仍可以沿着詹姆逊的思路继续追问,钱德勒小说的空间性中,是否也包含了另一种时间性的向度?而这种时间性,最集中体现在小说《漫长的告别》中,就形成了一种强烈的"怀旧"情绪与姿态。关于《漫长的告别》中的"怀旧",很多学者都有过精彩的讨论,比如波特(Joseph C. Porter)就指出,"硬汉"马洛身上时常流露

---

① [美]弗雷德里克·詹姆逊著,王逢振译:《雷蒙德·钱德勒:对总体性的探索》,北京:中国人民大学出版社,2020年,第8页。

出对于19世纪美国"黄金西部"的怀旧,而这种对19世纪"蛮荒西部"与"黄金时代"的怀旧中其实包含了某种对20世纪都市发展的不满,即物质主义的横行、美国梦的破灭与城市经济发展所引发的"都市忧郁症",等等。① 史密斯(Erin A. Smith)则从经济结构的变化、职业的重新划分、消费主义的兴起、传统手工业的衰落与女性地位的提升等角度,认为钱德勒小说中的"怀旧"其实是"参与了一种特定阶级和种族的男子气概的社会建构"②,当然,这种男子气概的失落是和更深层意义上的社会经济结构的变化交织在一起的。其中,麦卡恩(Sean McCann)在《侦探美国:冷硬派犯罪小说与新政自由主义的兴衰》(*Gumshoe America: Hard-Boiled Crime Fiction and the Rise and Fall of New Deal Liberalism*)一书中,将"冷硬派"侦探小说与美国罗斯福"新政自由主义"(New Deal Liberalism)之间关联的讨论最能够呼应并深化詹姆逊的观点。

在詹姆逊看来,钱德勒小说中"侦探的行程是插曲式的,因为他经历的社会是碎片的、原子似的性质","钱德勒的作品形式反映出美国人民彼此之间的原始分离,假如把他们作为同一谜团描绘的组成部分组合在一起,则需要通过某种外在的力量(此处是侦探)来联结。这种分离也向外投射到空间当中:不论描绘的街道多么拥挤,各种各样孤独的人永远不会形成一种集体经验,他们之间总是存在着距离,每一个昏暗的办公室都与另一个分开;公寓里每一个房间也与另一个分开;每一所住宅都会远离马路。这就是为什么钱德勒著作最典型的主题都是这样一个人物,他站在这个世界向外观察,模糊地或聚精会神地审视另一个世界"。③ 麦卡恩则在此基础上,进一步指出钱德勒小说中破碎的城市空间其实是美国自由主义经济与思潮反复作用下的结果,而20世纪30—60年代美国"冷硬派"侦探小说对于这种经济结构、城市模式与人际关系的不满,其实包含了一种对于"新政自由主义"的呼唤,即"新政(New Deal)愿景的核心是一个由詹姆斯·M.凯恩(James M. Cain)和雷蒙德·钱德勒等作家的先锋主义理想所反映的形象——一种潜在的集体精神的召唤,这种精神的实现将克服狭隘体制的局限"④。在这

---

① 参见 Joseph C. Porter: The End of the Trial: The American West of Dashiell Hammett and Raymond Chandler, *The Western Historical Quarterly*, Vol6(4). 1975: 411-424。
② 参见 Erin A. Smith: *Hard-Boiled: Working Class Readers and Pulp Magazines*, Philadelphia: Temple University Press, 2000。
③ [美]弗雷德里克·詹姆逊著,王逢振译:《雷蒙德·钱德勒:对总体性的探索》,第11—12页。
④ Sean McCann: *Gumshoe America: Hard-Boiled Crime Fiction and the Rise and Fall of New Deal Liberalism*, Durham & London: Duke University Press, 2000, p.6.

个意义上,"冷硬派"侦探小说不同于传统侦探小说中的古典自由主义(classical liberalism)愿景。相反,其独特性恰恰在于"能够揭示出困扰这一时期自由主义重建的矛盾和反讽之所在"①。由此,麦卡恩就将钱德勒的小说创作和美国罗斯福"新政"(1933—1939)的经济改革与社会思潮结合在了一起,在詹姆逊的理论框架下进一步获得了更为具体的、历史的认识。甚至聚焦到《漫长的告别》这部钱德勒后期的作品及其发表时间(1953),在这一时期的钱德勒看来,"美国不再是一个被等级差异与阶级对立撕裂的社会,而是一个建立在肤浅、舒适和市场化共识基础上的社会——理查德·霍夫斯达特(Richard Hofstadter)当时严厉地批评其为'贪婪的民主'(a democracy of cupidity),而非'博爱的民主'(a democracy of fraternity)"②,因此,在麦卡恩看来,小说《漫长的告别》中的"怀旧"无疑是一种对于曾经"新政自由主义"与"集体精神"的怀旧。具体到小说情节之中,比如曾经的战场英雄特里·伦诺克斯渐渐在都市的声色犬马中沦为了一名"软饭男"与利己主义者;马洛与伦诺克斯之间的兄弟情谊被马洛与罗杰·韦德之间尴尬的雇佣/侦探/保姆关系所取代;甚至马洛的私人侦探社也不得不求助于更为公司化、规模化的卡恩代理有限公司(Carne Organization)……曾经的英雄气质、男性情谊与侦探职业都在自由主义经济与现代都市的发展浪潮中土崩瓦解。

《漫长的季节》中同样具有这种时间性或者历史性的维度,甚至由于其所关联的时代与历史事件更为逼近,残留了更多的经验和记忆,从而让整个故事变得更加具体可感(其实,从小说名"漫长的告别"到剧名"漫长的季节",都可以视为时间因素的进一步渗入和强化)。导演辛爽就曾将《漫长的季节》的故事内核解读为"我们用时间的方法去讲时间,讲时间是怎么从一群人身上穿过,在他们身上留下了怎样的痕迹,最后时间又是怎样抹平了这些痕迹"③。而张慧瑜则进一步将这里的"时间"指向了20世纪90年代的市场经济改革话语:"借助前后两个时代的王响,带出了90年代钢铁厂以及以工厂为核心的工业城市的时代变迁,把90年代到21世纪之初的改革表述为一种遭遇创伤和伤痛的时代,呈现市场化改革中的社会危机和转型困境。"④具体到剧中情节,比如前文中所分析过的王响从火车司机到出租

---

① Sean McCann: *Gumshoe America: Hard-Boiled Crime Fiction and the Rise and Fall of New Deal Liberalism*, Durham & London: Duke University Press, 2000, p.36.
② Ibid., p.173.
③ 杨莲洁:《〈漫长的季节〉导演辛爽:用时间的方法去讲时间|专访》,来源:《新京报》网站,https://www.bjnews.com.cn/detail/1683613437169142.html。
④ 张慧瑜:《以悬疑的名义和可见的"创伤",重返90年代》,《北京青年报》2023年5月19日B2版。

车司机的身份转化,其实就明显包含有昔日总体性崩塌的意味,出租车作为封闭化与原子化空间,完全可以被视为曾经工厂与火车经受历史震颤而产生的碎片。而在小说《漫长的告别》中,汽车同样作为某种私人空间而出现,甚至不同身份、阶级与性别的人物,都要驾驶不同品牌和型号的汽车①。在这个意义上,我们也可以更好地理解黄平所指出的"新东北文学"并非"地域文学"这一说法的合理性所在:"如果说上世纪30年代'东北作家群'以'抗战'为背景,那么当下'新东北作家群'回应的主题是'下岗'。'新东北作家群'所体现的东北文艺不是地方文艺,而是隐藏在地方性怀旧中的普遍的工人阶级的乡愁。"②而这种由地域性到普遍性的过渡,可以通过《漫长的季节》中拍摄地点的"偷梁换柱"来获得一个更为感性的认识。剧组原本选中了东北的秋天作为故事发生的主要时间,但由于现实中东北的秋天太过短暂,不能满足拍摄时长的要求,所以最后决定用昆明的秋天置换了东北的秋天。在相应的空间场景表现方面,也就用昆明钢铁厂代替桦钢、用在西双版纳种的玉米代替东北的玉米地。有趣的地方在于,这种时节与空间的"大挪移"并没有带给观众"出戏"之感,这本身即说明了老工业基地遭遇新时代困境的普遍性问题,这不是地域/空间问题,而是时代/时间难题。

比较来看,钱德勒《漫长的告别》站在20世纪50年代"怀旧"20世纪30年代的"新政"与"集体精神",和《漫长的季节》站在当下回望20世纪末工人阶级共同体瓦解的时刻之间,具有高度的相似性。而这种充满了历史性的回望与怀旧过程中,就包含了詹姆逊所说的重建总体性的冲动和愿望——换用其另一个经典表述,即一种"乌托邦欲望"(The desire called Utopia)③。由此来说,电视剧《漫长的季节》中对于当年罪案真相的追寻其实同构于对历史真相的追寻,王响等人理清纷繁、破碎的线索而还原案件事实的过程其实就是其努力重拾碎片、重建总体性的过程。但显然,这种重建的努力并没有获得真正的成功。

在《漫长的告别》中,城市的发展并不代表梦想的实现,相反,正如钱德勒传记作者汤姆·威廉斯所说,在钱德勒所处的时代,"好多天真的中西部美国人原本想

---

① 比如小说中菲利普·马洛驾驶的是"奥尔斯",特里·伦诺克斯作为"软饭男"开着一辆深褐色的"木星爵卫",艾琳·韦德开的是"捷豹",富豪之女洛林太太开的则是"凯迪拉克"。汽车在小说中完全可以视为人物身份与性格的外化和延伸。
② 黄平:《出东北记:从东北书写到算法时代的文学》,上海:上海文艺出版社,2021年,第10页。
③ 詹姆逊所使用的"乌托邦欲望"内涵较为复杂,不只是单纯的政治概念,其中包含有马克思主义的维度,也包含有弗洛伊德经过拉康改造之后精神分析层面所谓"愿望"的意思,同时还带有恩斯特·布洛赫的"尚未性"理论和"希望乌托邦"等含义。

来洛杉矶寻求更好的生活,却很快就梦想破灭了"①。在这样一种总体性衰败、梦想破灭与不断怀旧的时代里,侦探所谓重建总体性的探索也只能沦为无能为力。詹姆逊也认为,好像具有跨越异托邦边界能力的侦探,其能力本身也是非常有限,"侦探与人们的联系主要是外部的;看见他们为了某种目的而待在自己家门口,其个性显得令人不快、犹豫、敌对、顽固,仿佛他们在回应各种问题并慢慢回答"②。类似的,在《漫长的季节》中,王响等老年侦探团队也不能真正恢复往日的辉煌,龚彪在彩票中奖的幸运时刻即遭遇车祸死亡,马德胜最终只能通过"疯癫"的方式来抵达当年案件的真相。其中最有意味的人物是王响,他虽然查清了儿子王阳之死的原因,并与自己达成了和解,但最终只能对曾经的自己高声大喊:"向前看,别回头",这构成了王响走出历史困境与"漫长的季节"的唯一可能的方式,而这种方式其实是要求他进一步的告别过去,而非重返过去。相应的,那些无法回到过去又不能真正适应现在的小说/剧中人物,只能通过某种冷嘲热讽、幽默或自嘲的方式缓和自身与现实的矛盾。这在《漫长的告别》中体现为马洛的尖酸刻薄与没完没了的"俏皮话",在《漫长的季节》中则借助东北方言与喜剧传统而获得了一种新的表达方式与效果。

类型叙事与文学性

侦探不能真正回到过去,更无力重建总体性的辉煌,而只能保留怀旧的情绪与姿态。这样一种政治经济学意义上的"失败",同时也正是文学性得以诞生的时刻。正如汤姆·威廉斯所说,"在雷(按:指雷蒙德·钱德勒)开始写犯罪小说的年代,大部分悬疑作家都把心思放在剧情上,用故事吊住读者的胃口,就连注重角色塑造,探索现实主义写作路线的达希尔·哈米特,也至少给予剧情和动作同样程度的关照。雷与众不同,他始终把角色塑造置于悬疑之上,而这正是他成功的秘诀"③。汤姆·威廉斯这里所讨论的小说中更重视情节,还是人物的问题,其实可以置换为"重建总体性的过程"与"重建结果失败所残留的文学性瞬间",钱德勒小说中更看重的显然是后者。比如《漫长的告别》中马洛最后的顿悟与幻灭:

---

① [英] 汤姆·威廉斯著,陶泽慧译:《罪恶之城的骑士:雷蒙德·钱德勒传》,南京:南京大学出版社,2020年,第109页。
② [美] 弗雷德里克·詹姆逊著,王逢振译:《雷蒙德·钱德勒:对总体性的探索》,第13页。
③ [英] 汤姆·威廉斯著,陶泽慧译:《罪恶之城的骑士:雷蒙德·钱德勒传》,第170—171页。

在传统侦探小说中,侦探本人不会被他目睹的事件所影响,雷虽然从一开始就不遵循这一惯例(比方在《长眠不醒》中,马洛在经历整个故事后,突然有了犯罪小说中不曾出现过的顿悟),但是在《漫长的告别》中,马洛不仅被事件所影响,而且他本人便是整个故事的核心。与特里·伦诺克斯的相识打乱了马洛原有的生活节奏,并且使他以一个全新的视角看待世界。马洛与他人产生了感情,他过去是做不到这点的,伦诺克斯的离去令这一短暂的经历戛然而止,马洛仿佛失去了亲人。不过,当伦诺克斯在小说结尾处再次现身的时候,我们可以察觉到马洛的变化有多大:他彻底地意识到,他不仅在这个世界上是孤身一人,而且他曾以为自己获得的情谊实际上只是一场错觉。在《漫长的告别》的最后几页,马洛关于交情,或确切说是关于真正友谊的希望破灭了。①

友谊的终结、希望的破灭、信任的崩塌、情感的失落赋予了马洛某种远超出侦探小说类型之外的文学魅力。古典侦探小说中置身事外的侦探人物,在钱德勒这里不仅深度卷入事件之中,并且其在事件中的情感体验甚至要远超过理性判断。"冷硬派"侦探小说中的侦探常常被指认为阶级身份上的"游离"(马洛是"这世上唯一一个没有标价牌的人"②),而"游离"于社会各阶层之外的马洛最后的"顿悟"其实意味着他彻底意识到了重建总体性的不可能,而文学就在这种重建失败的废墟上散发着光芒。这也正是为什么后世很多作家和评论家会认为雷蒙德·钱德勒是将侦探小说这一类型小说带入严肃文学领域的重要作家。比如《漫长的告别》中马洛得知特里·伦诺克斯的死讯后说:"我拥有他的一块碎片。我在他身上投入了金钱和时间,还有在牢里蹲的那三天,更不用提我下巴上挨的那一拳和我脖子上受的那一击了——每次我吞咽的时候,都能感受到它的余威。如今他死了,我甚至都没法把那五百块钱还给他了。这让我很难受。最让你难受的永远是那些小事情。"③对于马洛来说,真正让他感到纠结和难受的不是动作与案件,也不是特里·伦诺克斯生与死的真相,而是"没法把那五百块钱还给他了"这一类的小事情,是核心事件之外的一点点个人心结。对此,钱德勒有着充分的创作自觉,他曾在1948年5月7日给《哈珀斯杂志》(*Harper's Magazine*)编辑弗雷德里克·刘易斯·艾伦(Frederick Lewis Allen)的信中写道:

---

① [英]汤姆·威廉斯著,陶泽慧译:《罪恶之城的骑士:雷蒙德·钱德勒传》,第379—380页。
② [美]雷蒙德·钱德勒著,宋金译:《漫长的告别》,上海:上海译文出版社,2017年,第371页。
③ 同上书,第71页。

  在我看来,他们觉得自己除了动作什么都不关心,但实际上——虽然他们不知道——他们关心的并不是动作。他们真正关心的,也正是我关心的,其实是通过对话和描述所营造出的情感。让他们记忆深刻、魂不守舍的并不是诸如"一个人被杀了",而是:他在行将断气的那一刻,想从打磨光洁的书桌上捡起一枚曲别针,但就是够不着。他脸上用着劲儿,嘴巴半张,带着一抹痛苦的微笑,似乎已经把死亡置之脑后,连死神来敲门都充耳不闻。那该死的小小曲别针呐,总是从指尖滑开。他想把它从桌子边上推下来,再就势接住。可他已经无能为力了。①

  对于钱德勒来说,他真正关心的并非案件与动作,而是小说中人物死前一刻试图捡起一枚曲别针却不得的瞬间,对于这个瞬间的把握恰好是其作品中最具文学性的地方。在类似的意义上,我们也可以更好地理解当代东北犯罪叙事作品中的一些瞬间,比如电影《白日焰火》中廖凡扭动身体跳舞,或者是《漫长的季节》最后那一场跨越时空的大雪。而观众对于《漫长的季节》的称赞,也并非关注剧中案件本身的曲折或者对于历史真相的揭示,反而在于其刻画的普通人与普通生活的过程中所自然流露出来的诗意,所谓"悬疑是外壳,命运是内核"(网友评价)。

余论:菲茨杰拉德、雷蒙德·钱德勒与村上春树

  村上春树作为雷蒙德·钱德勒的狂热读者与小说《漫长的告别》日文版的翻译者,其自身创作也是深受这部小说的影响。比如村上春树的《世界尽头与冷酷仙境》(1985),日文标题为『世界の終りとハードボイルド・ワンダーランド』,其中的ハードボイルド・ワンダーランド即为英文的hard-boiled wonderland,明显是对于以雷蒙德·钱德勒为代表的"冷硬派"侦探小说传统的回应,"村上春树自己在1991年4月《文学界》杂志出版的村上春树专刊上明确提及过此作品和钱德勒文学的联系",此外,"村上明言处女作《且听风吟》中'我'和'鼠'的关系描写受到《漫长的告别》中菲利普·马洛与特里·伦诺克斯友情描写的影响"。② 在村上春树看来,"许多小说家有意或无意地描述自我意识,或者试图用各种各样的手

---

① [美]雷蒙德·钱德勒著,孙灿译:《"那该死的小小曲别针呐,总是从指尖滑开"》,收录于《谋杀的简约之道:钱德勒散文书信集》,上海:上海译文出版社,2017年,第89页。
② 张小玲:《雷蒙德·钱德勒的侦探小说对村上春树都市物语的影响》,《外国文学评论》2017年第2期。

法来描绘自我意识和外界的关系。这就是所谓的'近代文学'的基本构成。我们有种倾向,依据文学作品表述(具体地或抽象地)人类自我的活动状况的有效程度来判断其价值。但是,钱德勒不是这样。文笔虽然极其生动流畅,他却好像几乎从未想过去描绘人类的自我意识","通过菲利普·马洛这个存在的确立和代替自我意识这个桎梏的有效的'假说系统'的建立,钱德勒独自从推理这个非主流领域中发现了走出近代文学易陷入的死胡同的规则,并成功地将这种普遍的可能性展示给全世界"[1]。换句话说,村上春树认为,菲利普·马洛的意义不在于其人物本身所指向的社会历史具体性,反而在于其主体对于社会历史的抽离。钱德勒关注的既不是"人类的自我意识",也不是"自我意识和外界的关系"。

同时,村上春树还对雷蒙德·钱德勒的小说追根溯源,指出了菲茨杰拉德对于钱德勒的重要影响(当然,菲茨杰拉德也深刻影响了村上春树本人):"就像《漫长的告别》中出场的小说家罗杰·韦德是菲茨杰拉德的崇拜者那样,雷蒙德·钱德勒也喜欢菲茨杰拉德的作品,其中他最喜欢的是《了不起的盖茨比》。"[2]甚至村上春树还进一步比较了菲茨杰拉德和海明威对于钱德勒小说所产生的不同影响(通常我们会认为海明威笔下的"硬汉"形象直接影响了"冷硬派"侦探小说中的"硬汉侦探"形象):

> 就更广泛的领域的精神影响而言,我觉得相比海明威,还是菲茨杰拉德的影响更强大些。至少,在钱德勒小说中能看到的"导致崩溃的波潮"那种向下的力量(那是始终沉默的、肉眼看不到的力量),在海明威的作品中几乎看不到。即便这种力量出现在故事中,海明威笔下的人物想必也会直接和它对抗。至少会表现出与它对抗的姿态。
>
> 但是,钱德勒笔下的人物——站在海明威的语境中看——不会对抗。绝不会像拳击手那样正面挑战。因为那是肉眼看不见、耳朵听不到的对手。他们默默承受着那宿命般巨大的力量,被它吞噬,受它驱使,同时在这旋涡中努力寻求自我保护的方法。在这种情况下,假如存在着与他们对决的对象,那应该是他们内在的弱点设定的极限。那种战斗大体都是悄悄地进行,所用的武器是个人的美学、规范、道义。多数情况下,即便明知会失败,仍挺直身躯努

---

[1] [日]村上春树著,张苓译:《〈漫长的告别〉后记》,东京:早川书房出版,2007年。中文翻译具体参见:https://mp.weixin.qq.com/s/BSEmNtPE81EAODqNn9Awxg。

[2] 同上。

力迎上,不辩解,也不夸耀,只紧闭双唇,通过无数个炼狱。在此,胜负早已失去其重要性。重要的是尽可能地将自己制定的规范坚持到最后。因为他们明白,没有道德伦理,人生将失去根本的意义。

面临这种崩溃的危机或者是预感这种危机即将来临的人们所展示的美学和道义,是点缀钱德勒作品,使之绚丽多彩的要素之一。这一点的确正是斯科特·菲茨杰拉德作品的重要本质。①

正如村上春树所说,钱德勒小说中,面对"'导致崩溃的波潮'那种向下的力量"时,菲利普·马洛并非像海明威小说中的人物会采取正面抗争的姿态,而是更接近于菲茨杰拉德小说中的隐忍、承受的处理方式,并在其中展示出一种美学、规范和道义。

在《世界尽头与冷酷仙境》中,处于"冷酷仙境"中的"我"选择一个人在车里,听着鲍勃·迪伦的《骤雨》而安然走向死亡,而处于"世界尽头"的"我"则选择永远留在世界尽头,承担起自己身为造物主的责任;在《漫长的告别》结尾,马洛选择与特里·伦诺克斯做永远的告别,而继续自己这份"找麻烦是我的职业"(trouble is my business);在《漫长的季节》最后,王响用儿子王阳送的红毛衣扑灭了大火,救下了沈墨,然后对着曾经的自己大喊"向前看,别回头"……一切都回到了Hard-Boiled一词的本义,一颗被煮老的鸡蛋,一个外表老硬、内里脆弱的鸡蛋,一群表面坚强、内心柔软的"硬汉",面对着自己时代的消逝与历史的崩塌时,继续选择坚守,或者黯然告别。

---

① [日]村上春树著,张苓译:《〈漫长的告别〉后记》,东京:早川書房出版,2007年。中文翻译具体参见:https://mp.weixin.qq.com/s/BSEmNtPE81EAODqNn9Awxg。

模式失衡与夫权重张：无处安放的"赘婿"

■ 文 / 史建文

伴随着免费阅读模式引爆的热潮，网络文学的读者群被进一步深度挖掘。针对不同年龄、职业、趣味的读者群，总有一款网文能够击中目标受众的核心需求。在这一阅读狂欢中，"赘婿文"成为"男频"网文的一时风潮，并依托电视剧、引流广告、短剧的大规模精准投放被进一步炒热。2021年，"愤怒的香蕉"创作的小说《赘婿》被改编为同名电视剧，成为"男频"IP商业化改编的范例，该剧成功登顶2021综合热度排名第一的热度剧集。紧随其后的有以"歪嘴战神"噱头吸睛的引流广告，将这一类型文类推向大众，仅主演管云鹏入驻B站的短视频就达到了惊人的900多万播放量。截至2023年12月21日，在番茄小说网的"男频排行榜"中，"战神赘婿"仍作为一个独立的标签，与"科幻""修真""种田""悬疑"一同呈现为读者引流的重要工具，这足以显现其强劲的阅读趋势。

"赘婿文"是"男频"小说下的亚文类，一般指的是出身"贫贱"的男主因为种种原因（指腹为婚、卖身救母、报恩等）勉强入赘为婿，最终以自身深厚背景或偶得"金手指"实现逆袭霸业的网络小说。在"赘婿文"中，男主角通常以在家庭内部地位卑贱的身份开局，最终成功完成对家庭内外轻视者的反击。"赘婿文"的写作可最早溯源到2011年"愤怒的香蕉"在起点中文网连载的小说《赘婿》，其后各大小说网站涌现如《神级上门女婿》《史上最强赘婿》《门阀赘婿》等作品，并迅速完成了向"小白文"写作模式的迭代转型。据现有研究来看，"赘婿文"的主体情节为上门女婿在女方家庭中的压抑生活，是"小说对现实生活的夸张再现"①。"赘婿文"的受众多数为中老年男性,家庭生活成为"叙事漩涡的中心",而"打脸"情节的不断复现"精准地抚慰了他们的焦虑"②。吉云飞则进一步指出:"'赘婿文'折射出的中年男性的深深焦虑,则是对家庭的付出得不到认可和被妻子/社会认为没有能力。这一焦虑在历经种种文学的变形后,最终落到了在传统家庭关系中对男性尊严伤害最深的'赘婿'现象上。"③这类研究从数字人文、读者接受等角度阐释赘婿文的风行,试图阐明这类流行文本的故事模式、写作机制及读者心理。但我们应当注意到这一网文类型的特殊之处:"赘婿文"的文本驱动力何在?"赘婿文"何以选择上门女婿这一伦理角色为核心?这一类型文本内部隐含着何种性别权力关系和现代家庭想象?这些问题都应当放在文类演变、文学生产及市场导向的框架中解读阐明。

"打脸"·"隐瞒"·"满级":持续不断的快感机制

就目前流行的"赘婿文"来看,其主体情节可以与多数热门网文类型相结合,如科幻、玄幻、种田、末世等,其发生的背景不限于都市,而扩展到各个时空场景。以起点中文网为例,排名前列的"赘婿文"如《门阀赘婿》《末世赘婿》《重生之赘婿夫君》,分别与历史、科幻、言情等元素结合以构建故事的整体框架。故事的主人公纵横于历朝历代、未来末世,最终成就霸业完成齐家治国平天下的终极理想。但值得注意的是,"赘婿文"的核心情节并非传统男频网文中的"升级流",而是"永不间断的'打脸'","不断重复这样简单直接而原始的爽感"④成为这类小说的写作重心。因此,"赘婿文"的情节一般呈现出循环"打脸"的特征:"1.男主角妻子家遇到某种困难;2.妻子或妻子的娘家人让男主角去应付;3.男主角解决困难;4.妻子或娘家人一边享受成果,一边不相信是男主角凭自己的能力做到的,认为他依旧是个没本事的赘婿。"⑤在这一流程中,承受主角"打脸"(实际伤害)的往往是小家庭/娘家家族利益的敌人。随着流水线般的敌人不断被击退与涌现,主角赘婿在这一过程中反复进行"打脸"操作,使读者获得巨大且直接的快感。

---

① 许婷、肖映萱:《由"一夫"至"多宝":数字人文视角下女频小说的情感位移》,《文艺理论与批评》2021年第4期。
② 谭天、蔡翔宇:《假升级,真打脸:逃离不了家庭的赘婿》,《文艺理论与批评》2021年第4期。
③ 吉云飞:《"男性向"朝内转——2020—2021年中国网络文学男频综述》,《中国文学批评》2022年第1期。
④ 谭天、蔡翔宇:《假升级,真打脸:逃离不了家庭的赘婿》,《文艺理论与批评》2021年第4期。
⑤ 同上。

事实上,"打脸"情节作为网文中的基本爽点,一般只能作为点缀性的情节模式,出现的次数寥寥可数。如将其置放于通俗小说的源流来看,"打脸"也并非当代网文的发明,如金庸的《倚天屠龙记》中即出现经典的"打脸"桥段:默默无闻的平民少年曾阿牛在光明顶力挫六大派的围攻救赎明教众人,即为全书中主角张无忌最高光、最"打脸"的桥段,担任反派角色、承受其伤害的即为灭绝师太与轻视他的峨眉教众弟子。这一次惊世绝伦的表现毫无疑问地为张无忌赢得明教众人的忠心与感激,成为明教教主、扬名武林是应有之义,后期的故事情节中再无可以超越"光明顶"的高光桥段——盖因扬名武林的时刻有且只有一次。当代影视剧中同样出现过反复"打脸"的著名电视剧《康熙微服私访记》。在这部电视剧的故事模式中,主角康熙帝之所以能反复"打脸"正得益于以"微服"的形式隐匿身份,通过在流水线般的敌人(每一剧集单元出现不同批次的敌人)面前揭晓自身的皇帝身份来完成最终惩治恶人的正义行动。"打脸"桥段不仅是在精神层面对轻视主角的敌人进行侮辱,同时也往往伴随着物理层面的扇耳光与下跪求饶,使得这一场景更加富于视觉冲击力。在当代网文创作中,"退婚流"小说也将"打脸"作为取悦读者的重要爽点,如在"天蚕土豆"的小说《斗破苍穹》中即有萧炎被未婚妻纳兰嫣然上门退婚,"猫腻"的《择天记》中陈长生遭遇许夫人的退婚羞辱,无一不是为主人公后期崛起、"打脸"女方埋下伏笔。

以上所述的武侠小说、电视剧、网文虽出现"打脸"情节,但所出现的频次都远低于"赘婿文",更谈不上将其作为故事的核心。唯有赘婿文将"打脸"作为核心情节反复使用,甚至将其作为小说循环模式的终极要义。而这种情节模式得以不断运行的关键即在于主角对自我实力的"隐瞒"——这种"隐瞒"造成了娘家人对赘婿个人实力的不信任、反派对其实力的认知偏差,以此继续"遇困—羞辱—打脸"的循环往复。在"愤怒的香蕉"所创作的《赘婿》中,主角宁毅因中秋诗会写下《水调歌头·中秋》而遭遇妻子母族及临安士人的抄袭质疑,后在元宵诗会中他挥毫写下《青玉案·元夕》终于打了一次漂亮的翻身仗,扫清了众人对于其才华的争议。这种反转快感来源于宁毅低下的赘婿身份、默默无闻的过往与对妻子母族的隐瞒,是网文读者所熟悉的欲扬先抑、"扮猪吃老虎"的桥段。在后期同质化严重的"赘婿文"创作中,赘婿在妻族面前隐瞒自身的真实实力才能实现不断"打脸"的可能——无论主角自身多么强大,在妻族/小家庭/反派眼中总应当是"弱小"且"窝囊"的。《上门龙婿》中主角叶辰所研制的回春丹可以拍卖出20亿元,备受商界巨擘的追捧和尊崇,但在自己的妻子面前仍隐瞒自己神乎其技的医术和强大的权势。主角的刻意隐瞒造成了反派的认知偏差,最终敢于上门挑衅却"乘兴而来,打脸而归"①。正因为主角的刻意"隐瞒"与反派的"降智"操作,"打脸"桥段才能一次又一次地频繁上演。

为了进一步增加读者的爽点、提升阅读快感,多数"赘婿文"中还采用了"满级"的设定。这里"满级"指的是相对于"升级流"而言,赘婿们一出场往往已经成为整个小说宇宙中最强大的人物,无须历经任何磨难与苦痛而自动成为凌驾于所有人之上的最强者。即使不是"满级",赘婿所拥有的"金手指"也可在各个阶段轻松打败所有反派,在金钱、权势、医术(生命权)上呈现为碾压性的存在,难以战胜的"宿命之敌"逐渐在故事主线中消失。与早期的玄幻小说相较,无论是"天蚕土豆"的《斗破苍穹》《武动乾坤》《大主宰》,还是"唐家三少"的"斗罗大陆"系列,主角的强大实力来源于奇遇与自身经年的苦修磨砺。以《武动乾坤》的第十五章为例,主角林动为突破升级而忍受常人无法承受之痛苦:"剧痛,飞快的传出,那种感觉,就如同有着钻子在使劲的对着骨骼里面钻一般,在这一刻,林动能够清晰的感觉到,体内的骨骼,似乎都是在此刻以一种缓慢的速度,变得更强,更坚韧!"②类似描述在小说文本中不断复现。显然,这类"升级流"仍遵循着天道酬勤、苦修得道的朴素价值观,主角的成功自有其逻辑理路。而近年来兴起的"满级流"网文则呈现出完全不同的情节模式与价值趋向。主角甫一出场即成为满级大佬,成长路途中的辛酸苦累被轻松地一笔带过,故事的主线则演变为以"满级"的优势开启新地图轻松"打怪"。《满级导演》《武侠:开局奖励满级神功》《修仙游戏满级后》为起点中文网该类别下总推荐票前三名的网文,分别与都市、武侠、游戏等元素相结合,身负"满级"优势的主角所进行的故事主线即为在新地图/世界中重新扬名立万、成就霸业。《满级导演》的作品简介中写道:"在系统里苦学十八年终于出山的满级年轻导演,一头闯入了五光十色的浮华世界。"③世俗意义上的新手导演承载着满级经验,开启在大千世界拍电影功成名就的霸业。"满级文"可以说是对"升级流"网文的反套路,并在反套路的模式中生成了新的写作套路。在小说世界中寻求心理慰藉的读者们无须再经历任何心灵冒险,而得以与主角同享一路坦途的人生,其提供的确定性是其他类型文所难以企及的。可以想见,与"满级"元素相结合的赘婿们即使残留"升级"设定,也剔除了苦痛艰难的因子,他们终将成功屹立于世界巅峰,而享有无限"打脸"且毫无风险的快感体验。

---

① 叶公子:《上门龙婿》,番茄小说网,第六百三十三章,https://fanqienovel.com/page/6898971401|936440334?enter_from=search。
② 天蚕土豆:《武动乾坤》,起点中文网,第十五章,https://www.qidian.com/chapter/2048120/33799109/。
③ 孜然腰花:《满级导演》,起点中文网,作品简介,https://www.qidian.com/book/1014226680/。

概言之,"赘婿文"的核心情节为"打脸",运行机制即为主角对自身实力的"隐瞒",以此不断重复"遇困—羞辱—打脸"的循环故事模式。叠加了"满级"元素的"赘婿文"成功扫除了一切可能发生的艰难险阻而通向必然光明的前路,这为读者提供了源源不断的快感与爽点。这似乎也暗示着,以中老年男性为主体的"赘婿文"读者们无意在小说中接受任何形式的教诲训诫与艰难体验,而更倾向于选择轻松而直白的快感获取方式。现实社会中的磨难挫折与家庭中的琐细繁杂已经磨平了他们年少时的棱角,"赘婿文"巧妙地为这类沉默的读者提供了文学"白日梦"与心灵抚慰。

模式失衡:"拟女性"的卑下地位

在既往的网络文学创作中,作为家庭边缘角色的赘婿在各类网文中出现的频次寥寥。"赘婿文"选用赘婿这一伦理角色展开故事,这在网文创作的源流中是一大创新。但如将考察的视野扩展到婚姻史与家庭小说,赘婿故事通常具有强烈的性别权力色彩。以家庭伦理叙事的视域观照,赘婿形象与故事模式从传统到当代发生了怎样的变化?作家们何以选择上门女婿这一身份作为主角的家庭角色?赘婿身份为这一网文类型提供了何种新质?换言之,为何以中老年男性为主体的读者群如此青睐这一具有显见压抑性因子的伦理角色?

赘婚制由来已久,夫妻成婚后从妻居始于母系家族制度,进入父权制社会后逐渐被嫁娶制取代而走向衰落。赘婚现象较早可见于《史记·滑稽列传》的记载:"淳于髡者,齐之赘婿也。"[1]淳于髡为齐国一代名臣,多次进谏齐王而力挽狂澜,赘婿身份是其重要标签。《汉书·贾谊传》中认为出赘现象是当时礼崩乐坏的表现:"故秦人家富子壮则出分,家贫子壮则出赘。"[2]秦汉时曾一度将赘婿、商人、吏有罪者等七类人列入七科谪,将其视为贱民优先强制征兵。后世女方招赘的原因多源于无子有女家庭继承宗祧与养老送终的需求,如宋代称之为"舍居婿",元明清改称为"养老婿""出舍婿",甚至谑称为"雄媳妇"[3]。"惟在《民法》上则称曰赘夫,其地位颇与通常婚姻中妻之地位相同。"[4]异姓男子进入女方宗族后引发了姓氏继承、财产分配、家庭秩序等一系列法律、伦理问题,这在传统文学作品中多有彰显。

---

[1] 〔汉〕司马迁:《史记》,北京:中华书局,2006年,第727页。
[2] 〔汉〕班固:《汉书》,北京:中华书局,2007年,第490页。
[3] 孙晓编著:《中国婚姻史》,北京:中国书籍出版社,2020年,第67页。
[4] 陈顾远:《中国婚姻史》,北京:商务印书馆,2014年,第88页。

赘婿或其后代需承继妻族的宗祀，一定程度上有悖于以父权制为中心的宗族制度，对当时的社会风俗乃至纲常礼法造成了破坏。与此同时，赘婚制所显现的强烈利益交换色彩使得赘婿群体蒙上了贪财好利的骂名，为时俗所不容，因此在文学作品中多呈现出负面赘婿形象。如《醒世恒言·张廷秀逃生救父》中，赵昂为王员外大女儿的赘婿，性格"奸狡险恶"①。他为侵吞丈人的全部产业，与妻子密谋杀害二妹的赘婿张廷秀，最终事败后被处斩。小说中的《赘婿诗》道尽时人的讥讽之声："人家赘婿一何痴！异种如何接木枝？两口未曾沾孝顺，一心只想霸家私。愁深只为防甥舅，念狠兼之妒小姨。半子虚名空受气，不如安命没孩儿。"②《赘婿诗》一针见血地指出赘婿群体贪财好利的特征，告诫世人异姓外来者可能给家庭带来的经济风险乃至可能危及人身安全。《警世通言·计押番金鳗产祸》一文讲述了因游手好闲被岳家"夺休"③的周三怀恨在心，最终在偷盗过程中杀害了曾经的岳丈、岳母。在《初刻拍案惊奇》卷三十八《占家财狠婿妒侄，延亲脉孝女藏儿》中张郎因岳家无子入赘，是一个"贪小好利刻剥之人"④，"入舍为婿"不过为了家私，因而起歹意妄图谋害岳家的幼子。《儒林外史》刻画了蘧公孙、匡超人、牛浦、季苇萧等士人赘婿群像。对他们而言，入赘成为跨越阶层、通达仕途的进身之阶，因而并无太多羞耻愧悔之心。如匡超人两度入赘都是为了仕途的直上青云，甚至第二次赘婚不惜隐瞒自己已婚的事实。蘧公孙则因举业问题与岳丈屡次发生冲突，最终将鲁编修活活气死。类似故事都强调了赘婿这一外来者进入女方家庭所带来的巨大风险，继而引发女婿与岳丈的强烈冲突。在赘婚家庭中，岳丈与赘婿的关系最为紧张，时刻处于家族最高权力的争夺之中。处于弱势地位的赘婿在家庭中的地位系于妻子，随时有被逐出家门的风险，而岳丈则往往处于担忧外来者侵吞家产与渴盼"半子"承继宗祀的两难之中。

　　明清世情小说中多见招赘故事，自然就衍生出了彼时的赘婿"白日梦"。《警世通言·宋小官团圆破毡笠》是典型的赘婿发迹故事，为市井细民所喜爱的大团圆模式。主人公宋金幼年父母双亡后家贫如洗，不得已入赘船家刘姓为婿。婚后岳家嫌弃宋金缠绵病榻、垂垂将死，因此密谋"送开了那冤家，等女儿另招个佳婿"⑤。被弃荒岛的宋金得高僧救助，又意外收获天外横财至此飞黄腾达，后寻访坚

---

① 〔明〕冯梦龙编著，张明高校注：《三言·醒世恒言》，北京：中华书局，2014年，第373页。
② 同上书，第374页。
③ "夺休"即为休弃。赘婿上门面临着被女方休夫的风险，与普通嫁娶形式截然不同。
④ 〔明〕凌濛初编著，张明高校注：《二拍·初刻拍案惊奇》，北京：中华书局，2014年，第578页。
⑤ 〔明〕冯梦龙编著，吴书荫校注：《三言·警世通言》，北京：中华书局，2014年，第328页。

贞守寡的妻子刘宜春再续前缘。饶有趣味的是，化名为钱员外的宋金为昔日的岳家所敬重尊崇，后揭晓身份时则告诫："丈人丈母，不须恭敬。只是小婿他日有病痛时，莫再脱赚！"①小说中的宋金为正面赘婿形象，"少年伶俐"、有礼有节而不忘旧恩。《石点头·玉萧女再世玉环缘》是另一赘婿翻身的传奇故事。书生韦皋上门为张家赘婿，却遭逢岳丈西川节度使张延赏的"规训怠慢"②，一气之下放下豪言："我韦皋乃顶天立地的男子，如何受他的轻薄？不若别了妻子，图取进步。偏要别口气，夺这西川节度使的爵位，与他交代，那时看有何颜面见我！"③后来韦皋果然大展宏图得以接替张延赏就任西川节度使，化名为韩翱奚落岳丈以报复当年的冷遇错待，最终与张家小姐完婚。这两个故事中的赘婿在翻身发迹之后，都出现了女婿以化名戏弄岳丈的"打脸"行为，只不过前文中身份微贱的船家刘氏可欣然与女婿同享安乐，而后文中被戏耍的高官张延赏则与女婿韦皋死生不相见。前述的《醒世恒言·张廷秀逃生救父》在故事情节上同样是赘婿翻身，张廷秀与赵昂为赘婿形象的正反面的鉴照，前者苦读诗书后终科举高中，返乡后羞辱戏弄当年误信谗言将他逐出门的岳丈王员外。坚贞妻子、势利岳家与赘婿翻身显然是这一世情故事的重要元素，这一情节模式依然在当代赘婿文中不断复现。

可以发现，无论是赘婿作恶还是赘婿翻身，都映照出了这一伦理角色尴尬的家庭地位与个人认知。显而易见，网络文学中火热的赘婿文与明清小说的世情传统存在着相当的距离，但仍在有意无意之间接续了这一伦理身份的共性——夫权的失落与重寻。实际上，古今的赘婿故事无不以"入赘"为关键情节，外来者为家庭内裹挟而来一系列剧烈变动与额外风险，如岳家的财产纠纷、来历不明的赘婿作恶、家庭纠纷与"逐婿"等。不管是《西游记》中的猪精作乱高老庄，还是《警世通言·旌阳宫铁树镇妖》中的蛟精赘婿，都暗示了传统父权制家庭对异姓外来者的恐惧心态与妖魔化想象。而在当代网络文学的创作中，赘婿作恶的叙事逐渐被压抑消隐，赘婿翻身成为"赘婿文"的基本叙事模式，其情节推进的核心源动力被改换为这一伦理身份所带来的内在耻辱感。在番茄免费小说网以"赘婿"为关键词检索出的小说，作品简介中出现最多的词即为"废物""反转""打脸"等，这足以证明作者着意突出这一伦理角色所蕴涵的耻辱色彩（作者显然也以此为卖点）。早在2011年，"愤怒的香蕉"在创作《赘婿》时已意识到这种屈辱与尴尬的境地：

---

① 〔明〕冯梦龙编著，吴书荫校注：《三言·警世通言》，北京：中华书局，2014年，第338页。
② 〔明〕天然痴叟，弦声校点：《中国话本大系：石点头等三种》，南京：江苏古籍出版社，1994年，第182页。
③ 同上。

> 但这年头赘婿的身份比一般人家正妻的身份都要低，妻子进门，过世后灵位可以摆进祠堂，赘婿连进祠堂的资格都没有，与小妾无异，真是做什么都被人低看一眼，基本已经断了一切追名逐利的道路，只能作为苏家的附属品打拼。①

小说的第四章以下棋老者的视角点明了宁毅作为上门女婿的尴尬处境，惋惜其才华被白白埋没，其男性尊严被无情践踏。"愤怒的香蕉"所创作的《赘婿》被改编为电视剧后，明显加重了这一屈辱感的营造。电视剧中添加了许多原著中不存在的情节，如男子坐花轿、进门跨火盆、男德学院等。这固然是影视化改编中迎合以女性为主的观剧群体，大倡"女性能顶半边天"的舆论主调，但更深层次的原因还指向屈辱的赘婿身份乃是故事衍进的源动力。

饶有趣味的是，在工业化写作的"赘婿文"中，赘婿身份所带来的耻辱感被进一步直白粗粝地具象化为日常生活中的细节，如岳家的辱骂、妻子的漠视、承担琐碎家务等。这类赘婿文往往以主角受辱起笔，已经形成作家—读者心照不宣的固定写作模式，可视之为撷取海量文本库且迎合读者期待视野的互动创作。如在《第一赘婿》中主角秦立被岳母喝令拖地、平时少插嘴，《超级赘婿》中主角秦飞在故事的开头洗衣服、给妻子倒洗脚水，《极品赘婿》的第一章主角苏允因洗厕所被情敌无情奚落等。事实上，赘婿所遭遇的生存处境与传统家庭伦理中对女性的规训相类，但在当代网文中集中爆发为赘婿翻身的娱乐狂欢。赘婿们在丧失冠姓权、依附妻家生活的同时，难逃新式"夫德"的规约，而其所处的伦理环境与自身内蕴的男权中心主义思想却难以承受这样的心灵重压。值得注意的是，传统女性在家庭中因一系列道德伦理规训而受到戕害，被迫接受了一整套妇德的行为规范，但仍具有"夫妇，人伦之始也"的伦理合法性。而赘婿们所身处的正是"拟女性"的卑下地位，却难以在心理与现实中寻求一条"为婿之道"，因而形成了模式失衡。

夫权重张：似新还旧的家庭书写

如前所述，"赘婿文"以伦理角色所内蕴的耻辱感作为情节的内在驱动力，以"打脸"的形式复仇敌人、拯救家庭，其故事的核心欲求则为夫权的失落与重寻。从这一维度上考察，"赘婿文"与尊重女性、倡导平权、探索新型家庭模式等宏大命题毫无关联，反而是借助赘婿的耻辱性伦理角色意图达到"压迫越深、反抗越强"

---

① 愤怒的香蕉：《赘婿》，起点中文网，第三章，https://www.qidian.com/chapter/1979049/32789890/。

的效果,着力"构建传统男性中心主义的世界观"①。事实上,尽管小说的文本层面囊括了远超传统"男频文"的大量家庭叙事,被认为较为贴近现实生活的原生样态,但在家庭书写上突破仍相当有限。

首先,在夫妻关系的想象与描摹中,"赘婿文"本质上无意展现当代家庭的现实面貌或夫妻情感关系的再造,而在有意无意中隐含了男主人公/男性读者对支配性男性气质丧失的焦虑与恐慌。R.康奈尔(Raewyn Connell)在《男性气质》一书中总结了四种在实践中形构的男性气质:支配性(hegemony)、从属性(subordination)、共谋性(complicity)与边缘性(marginalization)。其中支配性男性气质是理想的男性气概,保证着"男性的统治地位和女性的从属地位"。从属性男性气质则是社会总框架"存在着不同男性群体之间的具体的统治与从属的性别关系",如处于底层的男同性恋者或其他被驱逐出合法的男性气质圈的异性恋男性(如被贬斥为胆小鬼、傻子、懦夫等)②。被冠以废物之名的赘婿们,与传统"男频文"中所崇尚的支配性男性气质格格不入,在故事开场时已被驱逐出合法的男性气质圈。相较于"废柴流"小说,赘婿们的困境不仅在于自身家庭、财产、能力上的极度弱势,同时还叠加了一重被世人所鄙弃的伦理身份。"废柴流"的主角们不过是做不成修炼世界中的强者,但处于家庭底层的赘婿们已经丧失了普通男性的尊严。这种更加压抑的精神阉割不单是社会评价的低下和话语权的剥夺,还显现在家庭生活中支配性男性气质的丧失与肉体上的"阉割"——弱势的赘婿们没有与妻子同房的权利,自然也没有诞育子嗣的可能。《超级赘婿》中主角与妻子结婚三年,"只有夫妻之名,没有夫妻之实",只能睡在地下室③,《第一豪门女婿》中的主人公牧盛与妻子"连手都没碰过几次"④。诚然,妻子在"赘婿文"中成了"连接赘婿与其家庭的关键角色","是联系双方、维持家庭稳固的中介"⑤,巧妙缝合了强大丈夫始终难逃家庭的逻辑漏洞。在故事的开端,妻子往往是善良美丽、能力出众的"第一美人",但对自己窝囊丈夫较为冷漠疏离,甚至多有埋怨。相较多数"女频文"试图以对纯洁爱情的笃信来收获金龟婿获得世俗意义上的成功,"赘婿文"显现出的

---

① 张永禄、华安婕:《赘婿文的类型语法与情感结构》,《网络文学研究》2021年第1期。
② [美]R.康奈尔著,柳莉、张文霞、张美川、俞东、姚映然译:《男性气质》,北京:社会科学文献出版社,2003年,第105—108页。
③ 文鱼多:《超级赘婿》,番茄小说网,第一章,https://fanqienovel.com/reader/6802627116509692424?enter_from=page。
④ 卤真人:《第一豪门女婿》,番茄小说网,第一章,https://fanqienovel.com/reader/6784149357877789198?enter_from=page。
⑤ 谭天、蔡翔宇:《假升级,真打脸:逃离不了家庭的赘婿》,《文艺理论与批评》2021年第4期。

文本逻辑是丧失了社会价值的弱势男性只有通过世俗意义上的成功才能获取女性（包括妻子）的爱。而随着家族遇困的情节不断上演，赘婿以英雄的姿态出现反复拯救妻族，是"女频文"无所不能的理想男性角色在"男频文"中的复现。强大的赘婿终于逐渐打动了妻子的芳心，妻子的爱、尊重与美丽的身体是他夫权重张的奖励。

如果说明清世情小说中赘婿翻身后终将与坚贞自守的妻子重逢，当代赘婿文中始终坚守家庭的同样是一个温柔善良、守身如玉的贤妻（尽管她的身边环绕着诸多优质男性），共同以拒绝异性求偶来确保自身的贞洁可贵。这种对妻子贞节品性的审察始终贯穿于古今赘婿故事中，鲜明地彰显了女性的从属地位与结构性的"失语"状态。从这一维度而言，即使是"赘婿文"中的妻子也难逃工具人的属性，这一角色没有成长历程而单单着意于对丈夫的改观，始终是被男性拯救与保护的花瓶。如电视剧《赘婿》中的苏檀儿在遇困后束手无策，最终能成功夺取家族的"掌印权"基本仰赖于宁毅的现代商战知识，这极大消解了制作方标榜的"女性解放"神话。小说主人公试图从被精神阉割的"拟女性"卑下地位重回家庭的核心地位，捍卫男性尊严的同时融入父权制男性共同体共享社会资源。

而在家庭结构上，"赘婿文"则呈现出传统大家庭模式与现代核心小家庭模式相混融的特点。尤其在以都市为主要时代背景的赘婿文中，妻族的家庭构成往往以传统大家族的形式展现，妻子和岳家则为大家族的分支之一。在这一传统大家族中上演的仍然是"掌权人""家主"的权力争夺战。显而易见，这一家庭结构的想象并非作者对现实世界的实际观察，而是小说叙事顺畅的需要，甚至存在着直接将《赘婿》的大家族模式照搬到现代社会的嫌疑。主人公们以弱势的妻族为起点，其崛起的轨迹通常从"边城"到"京都"、从底层家族到核心家族，在地图的不断拓进中最终达成雄图霸业，显现出强烈的工业化、模式化写作套路。

但如果细究这一家庭结构的杂糅特质，我们可以发现赘婿文的文学想象映照了当代家庭的复杂性和过渡性。以古德（Goode）为代表西方经典家庭现代化理论认为，传统大家庭随着全球化的进程将最终聚合为现代核心小家庭模式。这种以夫妻关系为主轴的现代核心小家庭模式显著地区别于中国传统大家庭模式，后者强调婚姻的"双系抚育"功能而非夫妇感情的重要性。[①]而在历史的实际演进中，西方经典家庭现代化理论所蕴含的线性思维模式存在着解释力匮乏的缺点。就中国当代社会的家庭转型而言，"在家庭结构层面出现了现代核心家庭和传统主干家庭多代同居家庭并存的格局"，在家庭关系中既存在夫妻关系上升同时也隐现代

---

① 费孝通：《乡土中国》，上海：上海人民出版社，2006年，第290—293页。

际关系的强韧性,这被概括为传统与现代杂糅的"马赛克家庭主义"①。"赘婿文"将大家族利益与小家庭生活相绑定,将家族荣光的传统观念与夫妻有爱的现代观念进行嫁接,试图缝合两者间的巨大差异以确保叙事的完整性,无意间指向了当代人所身处的家庭困境。与此同时,明清世情小说中赘婿与岳丈的父权与夫权的对抗关系被置换为了当代赘婿文中女婿与岳母的紧张关系,后者以"过来人"的女性目光考察女儿配偶的男性气质,这是极富有中国特色的当代家庭叙事。

以此观之,赘婿们在家庭中的压抑处境所映射出的中老年读者的精神焦虑,实则来源于特殊历史时期家庭模式过渡的必然阵痛。蔡玉萍、彭铟旎在《男性妥协:中国的城乡迁移、家庭和性别》一书中以田野调查的方式阐明了城乡流动中的农村男工如何在新的历史语境下构建了新旧杂糅的性别关系以达成颇具调和色彩的现代家庭理想。该书中提到的"男性气质妥协"指的是在城乡流动的时代背景下,农村男工们在固守父权制传统(从夫居、父系族氏)的同时,"调整和改变他们的家庭照料实践和家庭角色",对于"'男主外、女主内'的性别界线则采取妥协退让的态度"②。借用该书中的"男性气质妥协"的概念,我们或许能更恰切地抵达当代家庭中的男性精神危机:"他们通过在夫妻权力和家务分工中做出让步、重新定义孝顺和父职等方式,努力维护家庭中的性别界线和他们在家庭中的象征性的支配地位。"③这一建构于流动男工群体的论断相当程度上映照着当代家庭中的男性气质危机。从传统文学讥讽赘婿的主调到当代网文的赘婿打脸,折射出男性进入颠倒嫁娶模式时所面临的心理和精神压抑,处于"拟女性"的卑下地位而难以调节。在伦理环境与性别关系急剧变动的当代中国,当沉默的中老年男性读者被免费阅读模式"打捞上岸",爽点密集的"赘婿文"成了他们不可或缺的心灵安慰剂,可以暂时回避现实家庭中男性气质丧失的风险与隐痛。从家庭伦理的转型来看,"赘婿文"在反拨"精神阉割"的男性身份的同时,则从侧面映射出当代家庭性别关系与情感模式的过渡与转型。可以想见,"赘婿文"中夫权重张的文学"白日梦"并不会随着这一类型文类的兴衰而消隐,而将与其他热门元素相结合在"男频文"中重新书写新的男性传奇。

---

① 赵凤、计迎春、陈绯念:《夫妻关系还是代际关系?——转型期中国家庭关系主轴及影响因素分析》,《妇女研究论丛》2021年第4期。
② 蔡玉萍、彭铟旎著,罗鸣,彭铟旎译:《男性妥协:中国的城乡迁移、家庭和性别》,北京:生活·读书·新知三联书店,2019年,第176—177页。
③ 同上书,第178页。

郭敬明、青春文学与"纯文学"的梦

■ 文 / 梁钺皓

"千万不能忘记"

随着郭敬明近乎彻底完成了向影视业的转进,文学界终于得以名正言顺地施展现代媒介分娩出的名为"遗忘"的技术,将这个曾经带来无数尴尬与震惊的"80后"作家及其壮观的文学版图极速又心安理得地暂时搁置于历史的悬浮记忆之中。我们终于不再需要像无数已经长大成人的郭敬明曾经的读者那样,小心翼翼地掩饰他的存在。郭敬明在这个跑步进入AI时代的年代,早已不再是一个富有号召力、诱惑性和当下性的文学符号,而是转变为了一种历史残留物,这种残留物在今天大多数时候发挥的效应呈现为对某个特定时期写作与阅读趣味的集体讽刺。这样的讽刺显而易见地重新征用了那个郭敬明叱咤风云的时代,并以一个新共同体想象,试图重新阐释那个时代的面貌。这种发生在郭敬明影响力消弭殆尽时刻的努力,当然不能否认其可贵性,但同时似乎也展现出某种软弱与危险。正因如此,当"郭敬明"这个符号成了中国当代文学研究的历史遗留物之后,"郭敬明"身上附着的种种亟待阐明的文学话题才得以重新浮出海面。譬如,那些被视作洪水猛兽,又曾经在郭敬明的文学生产过程中被征用的种种要素,会不会既早已经在历史中有过身影,又在今天的纯文学生产中司空见惯。也就是说,"郭敬明"是一个历史中间物,发生在他身上的过度喧嚣与苛责可能只是批评者们的视线对混沌历史难以辨认的反应。又譬如,郭敬明、《最小说》及其文学团体获得成功的奥秘,果真只是市场资本、偶像粉丝文化等等元素的召唤吗？有没有可能在近十年的时间内，郭敬明和《最小说》在事实上提供了一整套新的青年文体，正是在这套青年文体的帮助下，郭敬明辉煌的文学产业才得以实现？

这些问题最终指向的文学问题，就是如果文学以及文学研究被AI取代的悲观未来没有到来，我们应该如何叙述这样一段中国当代文学史。这样的说法可能看起来有些愚蠢，因为当下许多研究者已然失去了继续书写当代文学史的兴趣与信心。不过，金理曾经不止一次地表达过一种担忧："设若多年以后，后来的研究者对二十一世纪初叶中国的青春文学发生兴趣，选取那一时段中占据市场份额最大的小说（我们经常会迷信数字）——比如郭敬明的《小时代》系列——来寻访当时的青年形象，就是说以郭敬明式的文学以及衍生品为镜像、管道来理解我们这代人，那实在是件恐怖的事。"[①]金理的担忧当然主要来自他作为同时代人的被代言焦虑，但他也同时提醒我们，郭敬明及其文化产品必然会是将来重返文学历史现场过程中无法回避的对象。既然无法回避，问题就发生在了如何叙述之上，如果还是像曾经对待王朔那样，将其视作一个异质性符号，只能说明研究者阐释能力的孱弱。况且，包裹在郭敬明周边的那些庞大数字，或许正在宣告从更为宏观的层面来看，我们才是那个异质性符号。

正因如此，郭敬明及其文化产品不应该成为一个制造新共同体身份的敌对符号，也不应该视作一个转瞬即逝的"文化话题"被今天的文学研究者们熟视无睹。事实上，在这场飞速的遗忘之前，郭敬明的同时代人，一些"80后"文学研究者已经发生了某种转变。比如金理虽然仍然不愿改变对于郭敬明本人写作的看法，但是他意识到了或许一开始他就在郭敬明和自我之间划定了一条战线，将郭敬明想象成一种敌对力量，同时又通过冬筱、陈楸帆、宝树等郭敬明签约的作家，发现可能正是郭敬明，为这样一批写作者开辟了一个回旋的真空地带。康凌也一样，他曾经借用戴锦华对《归来》的态度来表达自己对《小时代》的看法："对其意义的任何评价只会抬高它。"但是他很快就意识到，郭敬明和《小时代》可能才是真正"指向了我们自身所生活的社会的内在法则"，对于郭敬明批评往往是在"重新构建起一个按劳分配、多劳多得的乌托邦"。[②]这是一种有力的反思，因为正是在这样的反思里，郭敬明才终于真正被召唤为了"80后"文学研究者的同时代人，他们共同地享

---

① 金理：《"八〇后"写作的三重研究视野》，《东吴学术》，2014年第4期。金理首先在《青年构形：一项文学史写作计划的提纲》一文中发表了这样的担忧，见《东吴学术》2013年第5期。
② 康凌：《批评〈小时代〉的方式》，《读后》，昆明：云南人民出版社，2015年，第72页。

有阐释、叙述一个时代的权力与合法性。可惜的是,因为飞速的遗忘,这样的召唤并没能够得到有效的延续。

从这个意义上说,杨玲对于郭敬明的辩护就显得难能可贵,尽管她对于郭敬明抄袭案的"翻案",最终在郭敬明本人2020年最后一天发出的微博中破产。不过,杨玲在她《新世纪文学研究的重构》一书中的怀疑却是富有启发性的,为什么对于郭敬明及其文学作品(主要是《小时代》)学界普遍采取批判立场。在她看来,黄平、许纪霖等人针对《小时代》的批判文章仿佛拥有共同的模具,"用同样的历史叙事,诊断出类似的青年问题,都使用抽象的'主义'来命名中国社会的症结,而且都或多或少地涉及阶级不平等以彰显政治正确"①。这种对于文本潜在的"社会症候"发掘的拒绝,当然来自杨玲本人对贝斯特、马库斯提倡的"表层阅读"概念的支持有关。但除此之外,杨玲也提示了一个事实,即在所谓的文学研究界内部,批判郭敬明可能恰恰是一个安全的选择。所以,杨玲最大的意义可能并不在于她对于郭敬明的文学文本进行了什么样的阐释,而是在于她对自己是郭敬明书粉这事实的不加掩饰。这种不加掩饰首先就推翻了通常关于郭敬明的"偶像—粉丝"想象,与此同时,杨玲作为拥有粉丝身份的文学研究者,还将郭敬明的文学写作与女性主义话语相勾连。虽然这种话语勾连能否成立仍值得商榷,但这一行为的逻辑从某种程度上说,类似于亨利·詹金斯关于粉丝文化的讨论。在詹金斯的论述中,粉丝不仅仅是"盗猎者",同时也是"游牧者",也就是说,粉丝不仅仅是单一文化产品和文化偶像的消费者,同时也在"不断向其他本文挺进,挪用新的材料,制造新的意义"。②这意味着,以《小时代》为代表的郭敬明及其文化产品,绝不会停留在"长不大的孩子""拜物教神话"这些研究界对它们斩钉截铁的判断内部,它们有可能已经增殖出了一套全然不同的文化意义。这一点,其实《小时代》电影的遭遇要展现得更为突出。这个十年前开始上映的系列电影,尽管备受批判,但至今仍然是网络青年文化的重要组成部分,在各个青年聚集的网络平台中,不仅电影中所谓的"名场面"被一再提起与"二创",诸多的电影台词也依旧是接头暗号般心照不宣的话语表达。这似乎是一个诡异的文化景观,郭敬明及其文化产品,在将"不朽"奉为最高标准的文学界,被宣判为一个必然"速朽"的神话,并且已经固化为一种标签符号,但在将"速度"视为一切的网络中,却充满了持久的生命力。

---

① 杨玲:《新世纪文学研究的重构——以郭敬明和耽美为起点的探索》,厦门:厦门大学出版社,2019年,第12—13页。
② 亨利·詹金斯:《"干点正事吧!"——粉丝、盗猎者、游牧民》,陶东风主编《粉丝文化读本》,北京:北京大学出版社,2009年,第46页。

通过杨玲，问题又再一次回到了郭敬明的同代人身上，像黄平、金理、杨庆祥这样"80后"的文学研究者，究竟有多少是郭敬明坚持不懈的读者、观众或者追踪者呢？也就是说，他们和郭敬明之间，除了分享了出生年代之外，究竟能在多大程度上被视为"同时代人"，这是一个非常值得疑虑的话题。当金理后知后觉地惊讶于冬筱出现在郭敬明写作版图中时，这个话题就已经显得异常尖锐。杨庆祥曾经提到，在阅读《小时代1.0》之前，他的预设是自己会因为《小时代》的庸俗和浅薄最终放弃阅读，事实却恰恰相反，他以极快的速度完成了阅读，"真实的阅读体验颠覆了预设的文学认知"[①]。或许郭敬明已早杨庆祥们一步，发现了这个时代阅读的奥秘，这种奥秘和杨庆祥们原有的文学经验全然不同，所以当他们惊恐地发现自己飞速完成了对《小时代》的阅读以后，不得不将其指认为这个时代阅读和思考的分离。这样的指认，当然让杨庆祥们更加倾向于上一代人的形象。正因如此，或许郭敬明的"同时代人"，可能来自下一个代际，他们主动或被动地成了郭敬明和《最小说》的持续读者。于是，他们在阅读郭敬明之后剩余的，不再是阅读体验与文学预设分裂带来的慌乱与恐惧，而是收获一种为他们营造的新青年文体。

梦工厂的文体

"青春文学"作为一种文学类型，似乎从"80后"作家登上舞台开始，就成了他们难以磨灭的文学标签。郭敬明作为"80后"作家中绝对的代言人，他的文学作品以及后来创办的文学杂志，也几乎是不加辨析地就被指认为了"青春文学"生产的一部分。黄平就对这种情况产生过疑虑，在他看来，"这是一个不加推敲、流于印象主义的批评，郭敬明的作品，远远比所谓的'青春文学'要复杂"[②]。当然，黄平指向的是对"80后"写作发生的历史语境的辨析，这种辨析让他拒绝简单地用"青春期文学综合征"来概括"80后"写作。不过，在这种关于"历史症候"的阅读开始之前，"青春文学"这个概念本身似乎也足够值得疑虑了。陶东风曾指认"80后"的"青春文学"在内容上"大多书写同代人的生活，展现了一种属于当代年轻人的校园青春生活以及少年成长过程"[③]。问题在于，这样的书写内容并没有什么独特性，正因如此，贺绍俊才能够以"青春文学"作为常项来审视共和国初期的当代文学写

---

① 杨庆祥：《80后，怎么办？》，《今天》2013年秋季卷。
② 黄平：《"大时代"与"小时代"——韩寒、郭敬明与"80后"写作》，《南方文坛》2011年第3期。
③ 陶东风：《青春文学、玄幻文学、盗墓文学——"80后写作"举要》，《中国政法大学学报》2008年第5期。

作。事实上,仅从写作内容的角度来看,郭敬明和"80后"的写作也早已溢出了所谓的"校园青春生活",正因如此,康凌才从叙事主体性成长的角度,将这种写作定义为"反成长小说"。①

不过,尽管"青春文学"这个概念本身阐释力孱弱,但是郭敬明本人似乎倒是不排斥认领这个标签,他不仅一次地表示《最小说》就是一本青春文学刊物,拥有最优秀的青春文学作者群,甚至在《最小说》的"两周年白金纪念专刊"中"青春文学第一刊"被作为《最小说》的一个代名词出现②。不过有趣的是,在同一期刊物中,不仅刊载了笛安《圆寂》获得首届"中国小说双年奖"的消息,同时也刊载了一则郭敬明在接受采访时关于"茅盾文学奖"的回应。郭敬明面对《京华时报》的采访表示,自己事实上非常期待来自传统文学奖项的肯定。这种状况提示了一个可能的事实,即对于郭敬明来说,"青春文学"在作为一种有别于传统文学写作的类型文学之外,更是一种区分于传统文学杂志生产的青年文体模式。

贺麦晓在他的著作《文体问题》中提到,他试图讨论的"文体",指向的"不仅仅是语言、形式和内容的聚合物,而且也是生活方式、组织方式(像在社团中)和发表方式(像在杂志中)的聚合物"③。郭敬明通过征用"青春文学"创办《最小说》杂志,在事实上就是制造了一整套贺麦晓式的"文体"传递给他的读者。在这一整套青年文体之中,小说和散文写作的风格恰恰是最不重要的一环。最重要的是,他聚集的作家群体,作家群体展现的个人生活方式,还有聚集他们的组织方式。从这个意义上说,郭敬明在创办《最小说》之后的个人文学创作或许就变得不再那么关键,因为从根本上来说,那不过是他这一整套青年文体的一个组成部分而已,他在这一时期真正的创作就是这套青年文体本身。正因如此,想要真正考察郭敬明的这一套青年文体如何运行,或许应该跳出郭敬明的个人创作,从《最小说》杂志和其他青年作家切入,尤其是要关注副刊、正刊中的"准文本"以及后来加入"最世"作者群的青年作家。

邵燕君曾经以棉棉为例,畅想过一种既不依靠文学体制,也不依靠外国资本生存的"亚文化写作状态"(她称之为"棉棉道路")。在她的构想里棉棉是"一个有精神号召力的文化偶像",借助她的影响力可以"有效地帮助'棉棉俱乐部'和狂欢派对的成功运营。'棉棉俱乐部'的'问题小孩'们可以在这里找到理想

---

① 康凌:《林道静在21世纪——青春文学、成长小说与微博文化》,《文艺报》2012年2月9日。
② 见《最小说》2008年第12期中对2009年《最小说》刊物设置的介绍。
③ [荷兰] 贺麦晓:《文体问题——现代中国的文学社团和文学杂志(1911—1937)》,陈胜太译,北京:北京大学出版社,2016年,第14页。

的职业,'非常棉棉'一类的边缘创作也有了可靠的经济支持"。①不过邵燕君大概没有想到,正是郭敬明制造的青年文体最为成功地实现了这种道路设想。郭敬明制造的这套青年文体的合法性主要通过两种话语获取,即共同体神话和造梦神话。

  共同体神话的构建,一方面来自每一期《最小说》通过"I WANT"栏目,坚持不懈地大面积向读者们展示杂志编辑部的工作生活,以及作者之间的日常故事,以此构建出一个近似"文学社团"的文化共同体。在这个文化共同体的构建中,最为重要的是作者不再是那个唯一在台前说话的人,编辑部成员登上舞台,终于在读者阅读的文化心理中分享了杂志的创作权,而不是仅仅停留在杂志的物质生产过程。与此同时,这种文化共同体还展现在某些时刻的特殊仪式之中,譬如《最小说》2011年第1期附赠的副刊《ZUI Silence》中就通过无数的作家照片向读者们展示了"最世文化"的盛大年会。这些照片传达的最重要的符号,并不是作家也可以如同影视明星一样身着礼服走在酒店的红毯上,而是不同写作者的合影所呈现出的一种亲密状态。另一方面,这种共同体神话也建立在杂志与读者之间,除了刊载读者来信、搭建读者网络论坛之外,这种神话得以延续的关键就在于为读者制造出的一种"亲密幻想"。在《最小说》2010年第2期,杂志扉页刊登了一则以编辑部的名义写就的回信。在这封信中,甚至就杂志的定价问题与读者进行了讨论,并声称他们一直想制作一本所有青年读者都能买得起的杂志。由于编辑部成员在每一期的杂志文本中都得以浮现,《最小说》其实已经在读者和杂志及其编辑之间,建立起了一种"同人刊物"的错觉,所以尽管关于杂志价格的讨论本身是一种商业策略,但由于读者与编辑之间的疏离感几乎被降到了最低,实际达成的效果,更像是一种想象空间中的内部探讨。有趣的是,这种共同体神话并不是一种新世纪的发明,正如贺麦晓发现的,杂志出版本身就"预设着亲密性和即时性的诗学,文学文本以亲密无间的方式,服务于与一个读者分享思想、情感、经验的需要,同时带着娱乐、教育或只是沟通的目的"②。施蛰存在编辑《现代》杂志时,也曾批评某些杂志对于读者的地位是"从伴侣升到师傅"③。从这个意义上说,郭敬明的这套青年文体是曾经的杂志生产特征的借尸还魂,这对20世纪80年代以来的传统文学期刊近乎一

---

① 邵燕君:《倾斜的文学场——当代文学生产机制的市场化转型》,南京:江苏人民出版社,2003年10月,第298页。
② [荷兰]贺麦晓:《文体问题——现代中国的文学社团和文学杂志(1911—1937)》,陈胜太译,第126页。
③ 施蛰存:《编辑座谈》,《现代》第1卷第1期。

种反讽,当传统文学生产沉浸在一种建立于间离感上的美学时,这种亲密性的诗学终于借助郭敬明的青春文体完成了自己的复归。

  这种亲密性的诗学最终在郭敬明策划的"文学之新"①选拔比赛中走向了它的完成态。其实"80后"作家的品牌杂志,无论是张悦然的《鲤》,还是郭敬明的《最小说》,都在一定程度上呈现出另一种"同人刊物"的特征,即负责供稿的作者是一个相对稳定的群体。这虽然在一定程度上帮助了作者与读者之间建立亲密关系的想象,但是同时也很容易造成读者的疲劳、厌倦乃至逆反。前文提到的《最小说》编辑的回信中就谈到了这个话题。"文学之新"的奥秘就在于,郭敬明借鉴了偶像选秀的方式来选拔青年作者,在这一套选拔机制中,读者从一开始就被预设为了粉丝,每一个参赛者不仅拥有自己的粉丝后援会,同时还需要在比赛的某个阶段通过粉丝的人气投票来完成晋级。在"TN2"的六强晋级中,吴忠全、冯天、颜东等人就是通过粉丝的投票成功晋级的,共同体模式也就从"作者—读者"转化为了"偶像—粉丝"。尽管郭敬明的这种方式在当时备受责难,但是这种责备本身就充满了可疑性,因为这种对作家偶像化的批判,恰恰是发生在"文学失去轰动效应""作家与文学愈发边缘化"的感慨之后。这种关于自身边缘化的感慨以及对80年代这个所谓的文学黄金时代的追恋,事实上就是对能够集聚所有人视线的作家身份的想象与眷恋。从这个意义上说,郭敬明倒成了一种镜像,对于他的攻击恰恰是一种自我分裂的弥补方式,是内心渴望与现实生活之间无以为继的巨大矛盾的调和。到了今天,当余华成为网络红人,莫言带着"创意写作专业"学生登上电视节目,新一代青年作者在社交平台上努力为自己塑造人设积攒粉丝,回过头再看当年对于郭敬明梦工厂的声讨,或许倒是反映出了曾经的迟钝与偏见,毕竟被郭敬明偶像化的青年写作者本身,获得粉丝的根本仍然依靠的是文学创作。只不过,郭敬明式的精致文学偶像,已不是今天作家们的时尚,但是正如"无名作家"是成名最好的文化策略,一种"反郭敬明式"的作家形象,反倒更可能是一种在今天贴近大众关于作家想象的自我形塑。在这种自我形塑之中,媚俗的危险更加尖锐,正如旷新年所说,"我们恰恰在先锋文学那里发现现代文学生产的媚俗特征"②。

  与此同时,通过"文学之新"郭敬明还完成了这套青年文体中的造梦神话。在

---

① 这个比赛全称为"The Next·文学之新",一共举办了三届,分别可以简称为"TN1""TN2""TN3"。
② 旷新年:《1928:革命文学》,济南:山东教育出版社,1998年,第41页。

"TN2"的宣传页上,"TN1"的亚军叶阐手持一张写着"我实现过我的梦想了,你呢?"的明信片,背面则是冠军萧凯茵拿着十万元的支票站在王蒙和郭敬明的中间。①萧凯茵的这张照片完美地阐释了这场比赛的梦幻性,它同时获得了文化偶像、市场资本与象征符号的三重保障。"TN2"的宣传单也为我们展示了这个事实,除了《最小说》和新浪、腾讯的读书频道的参与,不仅《人民文学》作为主办方之一出现,刘恒、张抗抗、刘震云、苏童、李敬泽、张颐武、白烨等重要作家和学者也作为文学评审团参与其中,在最终决赛作品的点评中还出现了陈晓明的身影。于是乎,在商业资本和象征符号的双重助力之下,这场巨大梦境的终点终于浮出了水面,即关于一种可复制的文化偶像成功学叙事,这一切繁复的组织与装饰的背后,其实可以简化为一种召唤——"你也可以像我一样成功"。

不过,也正是在这一场盛大恢宏的造梦叙事之中,郭敬明的这套青年文体终于显露出了它的裂隙。尽管"TN2"取消了"TN1"对于参赛者年龄的限制,并且在漫长的早期报道中不断地征用参赛者的年龄来对造梦叙事进行建构,2010年第11期的副刊《ZUI Silence》的扉页列举了三位58岁、77岁和9岁的参赛者,其中77岁的马以杰,2010年第7期的《最小说》也刊登了对他的特别报道。不过,事实上成功入选45强的选手,年龄最大为28岁,最小为14岁,②这意味着这个造梦的行动从一开始就已经预设好了对象,它看似指向所有人,事实上仍然蕴藏着青春的神话。同时,上文提到过的2011年第1期的《ZUI Silence》,有一个正式的标题,"Prince, Cinderella and the Palace"。王子当然是郭敬明自恋式的自我想象,而辛德瑞拉则是他给予其他作者们的命名。于是我们看到,刊载在这本副刊中来自冯天的散文《入境》向读者讲述了这样一个故事:一个毕业后第一份工作是为鞋厂订购包装物的普通青年,通过写作和参加"TN2",最终获得了在上海华尔道夫酒店举办的年会的邀请函,成了"最世文化"作者群的一员。这原本只是一个典型的"郭敬明"式的成功叙事,然而当它出现在王子、辛德瑞拉和宫殿共同构成的符号景观中却显得尤为吊诡。当冯天们从自我比拟为王子的郭敬明手中分享着"辛德瑞拉"这个身份时,那个原初的召唤已然变成了一种谎言,因为这喻示着发出召唤的文化偶像,恰恰是不可复制的。正如同童话里王子天生高贵,但辛德瑞拉却需要依靠王子才能摆脱悲惨的命运,获得幸福的生活,冯天们此刻不过是坠入了成功的幻境之中,这场造梦也终将走向幻灭。

---

① 《最小说》2010年第2期。
② 《最小说》2010年第10期。

"纯文学"的幻影

由于"TN2"对于共同体神话和造梦神话的成功捕获，它也几乎成为郭敬明的青年文体最具代表性和生命力的一次运行。不过有趣的是，这一场盛大恢宏的造梦行动的结局，并不是惯常认知中那种书写着悬浮叛逆的青春期文学的作者获得胜利，恰恰相反，被筛选出的写作者在这群青年选手之中要更加贴近于传统文学写作。最后的四强选手中，除了冯天的写作一直呈现出类型化的趋势，无论是冠军包晓林，还是亚军吴忠全，抑或是颜东，他们都交出过涌动着奇异"纯文学"[①]幻影的作品，并且倍受好评。我之所以要指认他们作品中的"纯文学性"是一种幻影，是因为这些作品主要试图征用现实主义书写来靠近"纯文学"写作，但这种被征用的现实主义书写又往往呈现出一种奇观化的特征。这种奇观化也一直纠缠于郭敬明本人的创作之中，影射着他自身的欲望，一种被另一个写作系统接纳与认可的欲望。

从这种意义上来说，"TN2"几乎就是郭敬明这种欲望的具象化，即便他本人的号召力和商业资本的诱惑力都足以召唤一大群青年写作者向他靠拢，但是他仍坚持不懈地向象征资本寻求认可，邀请著名作家、学者参与大赛，将与中国当代著名作家交流以及梅葆玖授权撰写《梅兰芳》的机会视作是重要的奖励。郭敬明曾经自述："我是作家里最被关注的，我很主流，但在作家圈里面，我又是一个很边缘的人，这很微妙。"[②] 这个清醒的自述，与前文中他用宫殿中的王子来表述自己显然产生了巨大的割裂。或许正是对自己在作家圈中边缘化事实的清醒，才导致了他需要在别处无限膨胀自我主体来得到补偿。又或许郭敬明所操持的这套看似稳定持久又充满魅惑力的青年文体内部本身就存在危机，让他不得不试图从另一个对他充满敌意的写作系统中寻获安慰。他身处这套梦幻的青年文体核心，境遇可能并没有比冯天们好太多，现实一再冲破叙事的藩篱闯入梦境，使得他不得不怀疑梦本身是不是已经摇摇欲坠。于是在《小时代》的结尾，是一场现实中的大火将之前用几十万字构建起来的浮华美梦付之一炬。同时，这样的状态，也使得郭敬明在具体的文学实践中，并没有采用一种真正离经叛道的新书写方式。正如黄平指出的，

---

① 这里之所以要使用带引号的纯文学，是因为我很难承认有所谓的"纯文学/类型文学"之分，这里的"纯文学"主要指的是以作协、传统期刊、大学中文系等构成的主流写作系统所推崇的文学写作。
② 薛芳：《80后偶像作家的商业路径》，《南方人物周刊》2009年3月3日。

郭敬明评价韩寒不会写小说时所操持的评价标准,事实上与主流文学界最为相似。金理就此发出了疑问,那么郭敬明是不是可以视作我们纯文学逻辑发展出的怪胎。①事实或许正是如此,21世纪感慨着上海魔力的郭敬明,不过是20世纪90年代痴迷于都市北京的邱华栋的新分身。于是,正如90年代的邱华栋试图用"城市病理学"来掩饰自己的现代性狂热,郭敬明也在《小时代》之前先交出了《悲伤逆流成河》。郭敬明在一次访谈中曾经将《悲伤逆流成河》这部关于残酷青春的小说视作"特别严肃的作品","表现上海弄堂这样的一种生活"②。这样的指认揭示了郭敬明这种欲望造就的文本如同酒心巧克力,将一种残酷化、黑暗化的书写方式指认为严肃文学写作的核心,同时这种残酷化、黑暗化的写作,又因为作者自身经验的狭隘,只能在家庭和校园中打转,成为屋檐下的底层奇观,屋檐之外的社会生活与外部世界都成为高度抽象化同时也是高度空洞化的朱古力外壳。当郭敬明和落落试图将《悲伤逆流成河》这个文本被改编为一部探讨社会话题的电影时,剩余的只有高度戏剧化的"校园暴力",所谓的上海弄堂生活全部隐匿。更加重要的是,郭敬明与"纯文学"之间千丝万缕的关联似乎在昭告一个事实,即他不过是以"青春文学"领军人的身份,向读者放大了"纯文学"写作的症候而已。

  从这个角度看,笛安是一个更好的例子。邵燕君曾经认为,笛安在《最小说》中显得格格不入。③但事实上,笛安的写作在相当长的时间内能够作为《最小说》最重要的组成部分之一,可能说明了这正是郭敬明梦想中的文学范本。在《西决》的序中,郭敬明首先将其指认为"非常规的青春小说"④,然后又立刻改口,认为它绝对算得上一部严肃文学。这样的理由只是来自《西决》选择了父辈伦理题材,无关风花雪月与青春伤痛。这已经向读者传达了一种判断方式,即严肃文学的根本要义在于写作的内容,而非写作的技艺,这恰恰是长期以来主流文坛判断何为"纯文学",何为"类型文学"的根本标准。笛安也没有溢出郭敬明的判断,她在"最世文化"期间贡献出的"龙城三部曲"和《南方有令秧》几乎成为最具文本症候的小说。《南方有令秧》是一个始终游离于明朝大历史之外的深宅故事,在后记中笛安承认自己"终究也没能做到写一个看起来很'明朝'的女主角,因为最终还是在她的骨头里注入了一种渴望实现自我的现代精神"⑤。"牌坊"和"贞节"在小说叙事

---

① 杨庆祥、金理、黄平:《"80后"写作与"中国梦"(上)》,《上海文学》2011年第6期。
② 吴小攀:《十年谈:当代文学名家专访》,广州:花城出版社,2014年,第217页。
③ 邵燕君:《新世纪第一个十年小说研究》,北京:北京大学出版社,2016年,第186页。
④ 笛安:《西决》,武汉:长江文艺出版社,2009年,第4页。
⑤ 笛安:《南方有令秧》,武汉:长江文艺出版社,2014年,第344页。

中不过只是高度符号化的压迫力量。在"龙城三部曲"中，笛安比任何人都不厌其烦地动用血缘、生育等关于家庭的装置来推动这个漫长故事的发展，西决和东霓的身世、东霓与前夫的抚养权争夺战、雪碧的出现，还有互为镜像西决和昭昭都成为推动故事发展的核心动力。尤其是《南音》中，在西决用车把昭昭的主治医生陈宇呈撞成了植物人以后，南音照顾起他的女儿臻臻，并与他的弟弟陈迦南相识，于是一个加害者家属与受害者家属之间的爱情故事，演变成了一个象征意义上的家庭构建过程。这个象征意义上的家庭，又注定与南音异地领证的事实家庭发生冲突。可以说，笛安利用家庭完成了对这个略显狗血的出轨爱情故事的包装。小说的结尾，随着陈迦南的消失，象征意义上的家庭走向消亡，笛安让南音在遭受了苏远智一次几乎算是强暴的报复性爱之后，怀了孩子，见了父母，复归到了事实上的家庭中。在这些笛安煞费苦心的家庭符号之外，外部世界更像是偶尔出现提示读者故事发生时间的旁白，就像《东霓》中的汶川地震，一个巨大的外部灾难符号，却针刺不入主人公们的龙城生活中。所以，在西决前往灾区做志愿者后，小说的时间开始向前飞奔，仅仅过了一章，他就又重新回到了龙城。

　　同样的写作症候也出现在了"TN2"筛选出的青年作者中。颜东的《喜酒》和吴忠全的《雾茫茫》被称为代表了"TN2"海选中最高水平的作品[①]，曹文轩和张颐武的评论也是不吝赞美之词。坦率说，颜东的《喜酒》确实是一篇优秀的小说，他通过一位十八岁、面部带疤的肥胖女孩李云南，构建了一段残酷小镇生活故事。故事从李云南喜欢上辍学回家的张光明开始，随着父亲与寡妇黄美兰的再婚，闺蜜肖小环考上大学，张光明出走，最终结束在两场重合的喜宴之中。颜东这篇小说的主角，虽然并没有脱离青春期，但却是通常青春故事中的失踪者，一个肥胖丑陋的小镇女孩的隐秘青春期与不幸命运成为颜东最关注的东西。故事结尾的那两场喜宴的主角，分别是李云南和黄美兰带来的傻儿子，肖小环和张光明。在婚宴上，李云南顺从地带着自己将来的傻老公到处敬酒，在起哄中与他接吻，这一切都散发出一个小镇女性悲剧故事的动人力量。但是，颜东的叙事中，也涌动出令人不安的元素，在故事的结尾，李云南喝醉的父亲向李云南，也向读者袒露了一个巨大的秘密，即张光明其实是他早年和朋友妻子偷情生下的孩子。正是因为这个情节，让这样一个悲剧故事在结尾稍稍朝着狗血家族隐秘史偏离。

　　吴忠全应该是"TN2"中最受评委喜爱的选手，尽管他最后只获得了亚军，但

---

① 见郭敬明的主编手记，《最小说》2010年第11期。《喜酒》在《最小说》的十周年纪念书《最爱你的人，是我》中被选为了代表小说之一。

他是唯一一个在海选阶段入围了两部小说,并且在"TN2"的比赛过程中濒临淘汰又被郭敬明拯救回来的选手。事实上,在比赛还没有结束时,《最小说》就已经刊登了多篇他创作的小说,还以新人身份登上了笛安主编的《文艺风赏》。吴忠全热衷于书写一种黑暗、冷漠、残酷的家庭与底层生活,甚至在出版第一本书的时候用"小余华"作为宣传策略。他第一部入围小说《迷思》讲述的就是一个少年在成长过程对于母亲的爱恨交织。《迷思》中父亲因为"我"而出车祸死亡,这让人想起苏童《城北地带》中的情节,但是"我"却并没有因此有什么剧烈的情感波动,在母亲因意外去世结束了与"我"长年的对峙之后,"我"也只是幸福于拥有了两笔赔款。《雾茫茫》讲述的则是一个重男轻女家庭中一对堂兄妹的成长故事,这个故事的叙事动力之一,就是妹妹燕子究竟是不是二叔的亲生女儿。在小说结尾,作者终于揭秘燕子是二叔亲生的,但是紧接着剧情在直转急下,生育问题的鬼火在熄灭之中再次燃起,主人公妻子因为他无法生育而选择离婚,并且道出她一直在家庭里为丈夫掩盖这个事实。为吴忠全赢得了2010年第12期《最小说》"金赏"的小说《火光》,也存在类似的情节设置,在小说讲到父亲因为嫖娼而患了性病,母亲决然地离开家庭以后,父亲终于告诉了主人公其实离开的是他的第二任妻子。主人公的母亲,也就是他的第一任妻子在主人公出生后不久就去世了。生育与血缘关系几乎成为吴忠全写作的一种装置。在张抗抗命题《作女》的比赛里,他也同样操纵了这种装置,描绘了一个癫狂地拒绝生下第二个孩子的农村妇女,因为怀孕来自一次她丈夫不知情的强奸事件。吴忠全的写作近乎一个完美的标本,展示了郭敬明想象中一个二十岁出头的青年作家的"现实主义"书写,人性与苦难既被视作了必不可少的条件,同时又不可遏止地被扁平化了,苦难成为小说人物的受难仪式,仿佛只要经过足够多次仪式的洗礼,就能够摆脱"青春文学"走向"纯文学"。另一方面,这种人性与苦难被限制于家庭之中,只能通过对家庭构成中最为关键部分的一再征用来完成某种人性的轰动效应,但是除了这种关键装置之外,情感的维系似乎并不被承认,以至于在轰炸般的喧嚣过后,剩余的只是奇观化的苦难文本。

家庭问题近乎一种顽疾存在于这群作者的写作之中。被笛安认为擅长处理现实题材的包晓琳,她的《赤子之心》和《展信好》也是关于家庭的小说。前者的主题是父子和解,后者则是家的丧失。在《展信好》中,儿子为了拯救被家暴的母亲错手杀害了父亲而入狱,但是母亲却因为改嫁而抛弃了这个儿子。这个小说的可疑之处就在于,让这个母亲发生转折的关键点竟然是一场旱灾,这场天灾让母亲不得不接受另一个男人的拯救。这不由得让读者怀疑这个故事发生的时代,虽然种种细节都在声称这是一个发生在当代中国的故事,可是母亲命运的转折却像是发生在一个前现代的农业社会中。这说明，这种现实主义题材的写作，本质上其实是一场"纯文学"写作的模仿秀，它其实将写作内容剥离了历史时空，制造的不过是一个近似于现实主义文学的幻想文本。徘徊在家庭之中，则能够最大限度回避对于真正现实世界的描绘，保障这种模仿秀不露出马脚。林苡安的《我钻进了漂流瓶》征用了共和国前三十年的历史讲述了一个漫长的爱情故事，但是对种种历史场景的构建却充满了令人疑虑的想象。颜东在《喜酒》中设定了两位人物从大学辍学，这是他热衷的元素，在《回来》这个关于一场即兴私奔的故事中，男主人公也选择从大学中辍学。问题在于，辍学只是人物隐而不发的前史，指向外部世界的可能都被忽略了。有过军旅经验的李田，他的《赤子之心》索性将现实全部抛弃，讲述了一个英雄哥哥如何在战场上放过逃兵弟弟的故事，虽然他构造的矛盾十分有趣，但是走向了一个高度概念化的文本中。

　　当然，这些文本呈现出的种种症候本身也许并没有那么重要，因为他们本就是文学史叙述中的"消失者"。重要的是，在拥有相似症候的情况下，为何直到今天的叙述中，笛安持续地充当着那个平衡"市场"与"文坛"的符号，无须辩驳地被指认为一种"纯文学"写作，但是"TN2"的选手们却隐匿不见，最多只能被指认为郭敬明商业文学版图中"集体写手"的一员。这涉及一个根本性的问题，我们分辨所谓"青春文学"和"纯文学"的标准究竟是什么，是写作内容，还是写作方式，抑或只是它们发表的阵地。也许，在郭敬明做着一个关于"纯文学"的梦的时刻，我们也正长久地沉醉在同样的美梦里。

电子游戏世代的想象力

■ 文 / 刘天宇

引论

"Something for nothing."

"不劳而获",这是一条并不算常用的英文短语。在初代《星际争霸》的个人模式中,它还是一条游戏秘籍——输入作弊码然后敲下回车键,就可以打开游戏中所有可生产的选项。而江南的幻想小说《龙族》赋予了这条短语另外一种截然相反的"误译","用什么珍贵的东西,换回了空白"①。"不劳而获"与"用珍贵换回空白"这两种翻译,恰好也反映了电子游戏的某种大众印象:将现实的时间投入游戏中可以获得虚拟世界里的极大满足,但是虚拟世界的一切对于真实世界而言却都只是一片空白。在《龙族》的设定中,"衰小孩"路明非反写了上述的印象,他可以通过在现实生活中使用《星际争霸》游戏里的秘籍来达成特定的效果,比如"Black sheep wall"可以获得全部地图、"Noglues"可以封禁对手的言灵,当他在遭遇险情时就会读出游戏秘籍。"Something for nothing"是其中代价最大的一条,使用这个秘籍可以让路明非获得击杀龙王的力量,但是也需要他付出四分之一的生命。在小说的第一到第四部中②,路明非一共交换出了四分之三的生命,分别用于拯救憧

---

① 江南:《龙族Ⅱ:悼亡者之瞳》,武汉:长江出版社,2011年,第383页。
② 《龙族》系列第一部小说自2009年10月起连载于《小说绘》杂志,第一部至第四部的单行本陆续在2010至2015年间出版。

憬的师姐、在师姐的感动下阻止龙王杀戮以及为自己辜负的女孩绘梨衣复仇。

这种电子游戏与爱情的纠缠,在2010年前后的青春文学中并非个案,相似的作品还有何平《特异生明鉴二则之游戏王阿沐》[①]、郭龙《逃亡》[②]。两篇小说中的主人公都具有暂停时间的能力,并且会将其运用在游戏取胜上,或者说暂停时间本身就是基于电子游戏竞技而被幻想出来的异能。《游戏王阿沐》中,阿沐的女友希望获得一枚昂贵的钻戒,不愿用能力偷盗的阿沐就将时间暂停一年,亲手采掘原矿、学习切割知识、打磨了一枚钻戒。《逃亡》中,老夏在女友从高楼跳下的那一刻暂停时间,在延缓这场自杀的几十年中耗尽了自己的生命。我们如果将目光投向文学之外,还会发现更有影响力的、2009年上映的动画电影《李献计历险记》,传说只要通关某款游戏就有机会回到过去,李献计为了回到与王倩分手的那一刻而想尽办法通关。以上四部作品都尝试将游戏化的、虚拟世界的规则与认知,移植到现实生活的逻辑之上。但需要指出的是,这种移植所带来的只是环绕在个人情感关系周边的游离联系,换言之,游戏化认知所对接的仅仅是主人公个人的内在现实,并没有与更广袤的社会场景发生关联。

这些带有青春文学烙印的作品,并不是本文期待推出的青年写作新现象,但是它们又无疑成为背景和前浪,向我们证明电子游戏世代的想象力是存在前史可供追溯的。事实上,上述作品的心理主义倾向是完全可以被理解的。我们不妨再次回到《龙族》这个源文本,自2020年起江南陆续推出了《龙族》系列小说的修订版,其中一些变化可以作为电子游戏世代浮出历史地表的征兆。如在小说第一部开篇,原版中路明非被要求为堂弟购买《小说绘》,而他自己则在报刊亭蹭看最新一期的《家用电脑与游戏》[③];修订版将此处改为路明非帮堂弟购买《萌芽》,自己则是"也很想沉迷手机,无奈他没有手机"[④]。另外一处更明显也更有争议的修订在第二部中,路明非对严肃师兄楚子航的抱怨"连连看都没玩过,师兄你的人生真是个悲剧"[⑤],被修改为"王者[⑥]都没玩过师兄你的人生真是个悲剧"[⑦]。这种变化不仅

---

① 何平:《特异生明鉴二则之游戏王阿沐》,《萌芽》2008年第8期。
② 郭龙:《逃亡》,《青年文学》2011年第8期。这篇小说常被误冠以"新概念作文大赛一等奖"之名在百度贴吧、知乎等网络平台广泛流传。
③ 这本期刊创刊于1994年6月,原名《家用电脑与游戏机》,2000年更名为《家用电脑与游戏》,内容由主机游戏介绍转向电脑游戏介绍。
④ 江南:《龙族Ⅰ:火之晨曦》(修订版),北京:人民文学出版社,2020年,第8页。
⑤ 江南:《龙族Ⅱ:悼亡者之瞳》,第163页。
⑥ "王者"指腾讯游戏开发的国产MOBA类手机游戏《王者荣耀》,于2015年11月26日公测。
⑦ 江南:《龙族Ⅱ:悼亡者之瞳》(修订版)北京:人民文学出版社,2020年,第153页。

是主机游戏和电脑游戏让步于手机游戏这种硬件上的发展，其背后隐藏的是更深的历史脉络。

2000年6月，文化部等七部门下发《关于开展电子游戏经营场所专项治理的意见》，简称"游戏机禁令"，在"电子海洛因"的批评声中扼杀了中国的主机游戏产业。[1]尽管电脑游戏一息尚存，《星际争霸》《帝国时代》等RTS游戏（Real-Time Strategy Game，即时战略游戏）在21世纪初的中国也以各种形式在黑云压城中生长，但是社会舆论对于电子游戏的态度普遍还是批判式的。直到2008年，还有《战网瘾》《战网魔》[2]这一类专题作品出现。所以在这一背景下诞生的青春文艺作品中，电子游戏被视为一种个人对抗体制的反叛性力量。就如《龙族》中贵公子恺撒的叙述，"其实我并不是想玩游戏，我就是想跟管家对着干"，电子游戏的精神力量因此不断"向内转"，成就了前"电子游戏世代"的青春文学。这种局面直到2014年莉莉丝游戏推出手游《刀塔传奇》，以及2015年腾讯与网易相继推出代表性手游，形成庞大的游戏产业规模，方才有所缓解，而也就是在2014年"游戏机禁令"正式解除。在这样的背景下被创作出来的作品，才能够摆脱心理主义的阴翳，进入电子游戏世代的行列。

也就是在这个意义上，我们可以确认所谓的"电子游戏世代"，并不是一种像"90后""Z世代"这样以出生年份为标准的精确代际描述。随着国产手机游戏的崛起，以及中国电子竞技行业的兴盛，电子游戏终于可以暂且摆脱批判的目光，成为青年一代可以自我宣扬的生活方式，也构成了他们观看世界与自身的新角度。这样相对自由的环境催生出了不同于《龙族》《李献计历险记》这一代的游戏书写，比如被中国作协"新时代文学攀登计划"接受的电竞题材小说《入魂枪》、在冷峻的东北书写中对电子游戏念念不忘的《一团坚冰》以及大头马多年成系列的写作实验《国王的游戏》等。面对这些新作品，我们不由得想起李敬泽在《龙族》修订版面市时所说的："你叫他通俗文学也好，类型文学也好，《龙族》其实就是一个关于梦想的文学。在梦想中我们都希望有另一种生活，能处于不同于现实的另外一个世界。"[3]李敬泽在这一刻作出的显然是一个属于电子游戏世代的判断，梦想或者说虚拟，终于可以成为在阳光下与现实并行的新世界。

---

[1] 王亚晖：《中国游戏风云》，北京：中国发展出版社，2018年，第589页。
[2] 这一组电视专题片主要由刘明银制作，其中对使用电击"治疗网瘾"的杨永信的推介引发了巨大争议。
[3] 高丹：《李敬泽&江南谈〈龙族〉：衰怂者的勇士梦》，"澎湃新闻"，2020年10月21日，https://www.thepaper.cn/newsDetail_forward_9623679。

《入魂枪》：浮出历史地表

在长篇小说《入魂枪》的新书发布会上，石一枫如是描述自己的创作动机，"最初是想写一篇'社会问题'小说——游戏或网络成瘾已被视为青少年成长的一大障碍"[1]。石一枫显然也是按照这样的方向来准备的素材：小说中那场烧死了鱼哥的网吧大火是以2002年的蓝极速网吧事件为原型，在现实中的纵火事件直接推动了全国范围内网吧管理的规范化；而第一代"瓦西里"前往临沂"戒除网瘾"则更为明确地指向了杨永信电击治疗的系列恶性事件。但是当《入魂枪》真正完成时，我们不难发现小说并没有走上如石一枫最初设想的路线，反而有效地超越了对于电子游戏的成见，引发了更深层的思辨——正如作者自述的那样，"当我们咬定游戏中的成败是虚假的、暂时的，又哪来的自信咬定自己在现世中孜孜以求的那些价值就是真实的、永恒的呢？"[2]事实上，生于1979年的石一枫几乎可以说是以亲身经验印证了电子游戏在中国的莫测风云，他经历过日本游戏主机进军中国市场、官方禁令与民间自觉的拉扯，以及如今电子竞技产业的蓬勃发展。因此，他对于电子游戏世代的观察和表达是渐进式的，《入魂枪》既塑造了早期电竞爱好者在面对虚拟世界时的怕与爱，又讲述了电子游戏世代理解游戏的新想法、新视野，通过这种过程性的对比来让电子游戏世代浮出历史地表，而这二者的典型代表正是两代"瓦西里"。

《入魂枪》分21世纪初与2018年夏天两条时间线索，讲述了两个以苏联传奇狙击手的名字"瓦西里"为代号的游戏玩家的故事。第一代"瓦西里"真名张京伟（以下称"瓦西里"），是自闭症患者，与姥姥在北京大杂院中相依为命。他平日靠卖苦力维生，但是却特别擅长在FPS游戏（First-person Shooting Game，第一人称射击游戏）中"一发入魂"。"我"在北京上大学之后无时不面临着现实生活带来的焦虑：

> 那恰恰是出于对"真实的世界"的恐惧。大城市的光怪陆离让我提心吊胆，与之相伴的还有对手头拮据的无奈、对见识贫乏的自卑、对前程未卜的担

---

[1] 高丹：《石一枫〈入魂枪〉：用历史和文学的眼光看电竞》，"澎湃新闻"，2022年12月2日，https://www.thepaper.cn/newsDetail_forward_20962474。

[2] 同上。

忧……我只能选择躲起来,把电脑屏幕当成庇护所。游戏一开始,我就没什么可怕的了。通过游戏,我也得以把那些看似遥远、实则火烧眉毛的现实问题搁置了起来。①

把精力投放到《反恐精英》游戏和与鱼哥、小熊组建一支电竞团队的梦想中,沉湎于现实的代偿。然而,"瓦西里"的出现挫败了"我"在虚拟世界中建构起来的信心,使我在现实与虚拟中都遭遇了挫败,因此"我"决心在女友姜咪代表的真实世界和"瓦西里"代表的虚拟世界中择一而栖。当然,"我"最终的选择是与"瓦西里"一同成为最早的电竞选手,但是在对手的作弊下铩羽而归,最终一场大火带走了电竞梦想中的一切。

"我"回归了真实世界,在旧日老师的帮助下入职游戏公司,结果难逃裁员的命运。与"我"相似的是,"瓦西里"也选择回归了真实世界,仿若"我"这一代人的宿命。一直照顾他的姥姥去世,他主动戒除"网瘾",在燕郊的城乡结合部度日。石一枫有意地将对于虚拟世界的弃绝上升为一种哲学思辨,借"我"之口问出:

即使"真实的世界"确切存在,但有没有那么一个刹那,当人把全部精力和情感投入到"虚拟的世界"之中,于是虚拟也就取代了真实?如果这样的话,两者之间的边界又在哪里?这时,自相矛盾的就是我了。②

这个问题让我们的眼前再次浮现《龙族》《李献计历险记》这些青春幻想作品,"我"与这些作品共享的是对于真实世界和虚拟世界的区分。尽管"我"看似在思考消解两者边界的可能性,但是"我"的心中依然镌刻着难以磨灭的前见,那是时代赋予的痕迹。幻想作品固然可以通过青春文学的想象力来使得自我的"真实"极度膨胀,取代生活的"真实"来为现实立法,这也就表现为虚拟世界中的能力和技艺在真实世界中生效。但是《入魂枪》这样的现实主义作品却先天缺失这种可能性,"我"和"瓦西里"无法让游戏中的一枪入魂给生活带了转机或者增益,只有向真实世界低头。甚至于《入魂枪》中更多存在的是真实世界向虚拟世界的越界,像是在终结"我们"电竞生涯的那场失败中,对手"康德姆"通过有线鼠标将作弊器接入电脑。这种硬件层面上的入侵构成了虚拟世界在真实压迫下坍塌的隐喻。

---

① 石一枫:《入魂枪》,北京:人民文学出版社,2022年,第53页。
② 同上书,第60页。

第二代"瓦西里"又名"鸽子赵"（以下称"鸽子赵"），同样也是自闭症患者。"鸽子赵"出生在2000年前后，与"我们"自然是两代人。他的成长是与手机游戏的发展同步的，"他姐忙的时候，就用一台手机把他拴住，回来一看，里面的游戏全通关了——只不过恰恰因为沉浸在游戏里，'鸽子赵'就更不理人了"①。属于电子游戏世代的"鸽子赵"比起"瓦西里"更加幸运，他真的通过"瓦西里"的启发和"我"的指导，在电竞产业的大潮中成了一名职业选手。在这一过程中，石一枫向我们展示了电子游戏世代异于早期游戏玩家的想象力，"瓦西里"最初帮助"鸽子赵"的时候这样描述自己对虚拟世界的看法：

  人都活在世界里，不是活在自己之内。世界不止一个，无穷无尽，不过我们能感受到的很有限罢了。游戏也是一个世界，你投入其中，就能忘掉脑子里的声音，而游戏的世界又和真实的世界很像，有欢喜，有害怕，有欲望。唯一不同，在于我们这样的人，在真实的世界里做不了什么，在游戏的世界里却能做到一切。经由游戏的世界，你就能绕道儿回到真实的世界，于是也就变成了一个正常人。②

人至中年的"瓦西里"已经克服了向内的心理主义，将自己向真实世界完全敞开。在他看来，虚拟世界是抵达真实世界的路径之一，人的生活只因为真实世界的存在才表现出合目的性的一面。这里特别值得注意的是，当"我"作为教练指导"鸽子赵"面对强敌的时候，对他说了一句"真的假不了，假的真不了"③。这句话其实并不是第一次出现在文本中，在"我"与姜咪刚刚谈恋爱的时候，为了脱离游戏构建的世界，"我"也曾这样对自己说出这句话。④从这里来看，"我"与"瓦西里"即使已经获得了玩游戏的自由感以及合理性，但是仍然无法脱离真与假的文化逻辑。但也就是在这种陪衬下，"鸽子赵"对"我们"的反击才表现出两个世代之间的张力。

"'鸽子赵'这一代人和我们不同，他们并不是从'原来的生活'走入游戏的，他们一直就在游戏之中，哪怕是睡在农村的猪圈里，他们也知道智能手机小小的屏幕连通着无穷欢乐。"⑤在此，我们仿佛看到隐含作者正在极力尝试解释电子游戏世

---

① 石一枫：《人魂枪》，第203页。
② 同上书，第207页。
③ 同上书，第248页。
④ 同上书，第52页。
⑤ 同上书，第208页。

代与过去一代人的先天差异,他们是虚拟世界的原住民。对于"鸽子赵"来说,游戏并非外在于生命体验,纠缠了"瓦西里"十余年的虚拟世界并不天然地与真实世界相区别。王春林也注意到了这种代际之间的经验差异,他指出:"我这里所强调的年轻人日常生存状态的被改变……而更是指伴随着互联网的日渐普及,那个借助于网络而形成的虚拟世界的真实性问题。换言之,也可以说是真实世界和虚拟世界之间到底有无界限,究竟何者更为真实的问题。"[1]

在《入魂枪》的结尾,曾经与"我"一同组队的天才少年小熊带着新发明"人体加速器"再次登场,彼时的他已然成为游戏界的技术寡头。小说由此混入了一丝科幻与迷乱的要素,小熊连接起"瓦西里"与"鸽子赵",他熟知电子游戏世代的文化逻辑:"当年的技术水平限制了他的想象力。游戏是什么?对他对你而言,它无非是幻象,是真实的附庸,我们躲进了'那个世界',于是暂时忘记了真实。但现在,情况变了:虚幻与真实合二为一,我们无须从'这个世界'逃到'那个世界',相反却能推动'那个世界'反噬'这个世界'。"[2]然而,小熊的计划却因为"我"的作弊而失败,反而使"鸽子赵"成为顶流电竞选手,这是一处莫名反讽的情节。向往在虚拟世界中自我解放的电子游戏世代,并没能完成理想中对真实世界的超克,他们依然没有摆脱在对抗体制化的过程中被驯服的命运,电子游戏浮出历史地表,而文化资本永不眠。

《一团坚冰》:神明国度的艺格敷词

如果说《入魂枪》对于电子游戏的书写,还没有离开在真实世界与虚拟世界之间的辨析与抉择,那么比石一枫更接近电子游戏世代的青年作家们,则是自始而终地贯彻着游戏和现实的两位一体。提到杨知寒,我们可能会更倾向于把她想象或者包装为一位"东北文艺复兴"的接力者。就像在小说集《一团坚冰》获得第六届宝珀理想国文学奖之后,马伯庸代表评委团宣读的颁奖词:"杨知寒的《一团坚冰》,如刀旁落雪、寒后舔门,她以冷峻犀利的笔触将故乡冻结,然后退开一步,用舌头轻舔,温热的血肉粘于冰冷,一动则触目惊心,痛裂深切。"然而,面对"冷峻"和"故乡",杨知寒的笔法是明显有别于双雪涛、班宇等东北作家的。张学昕将"新东

---

[1] 王春林:《一种现实与另一种现实——关于石一枫长篇小说〈入魂枪〉》,《长江文艺》2023年第3期。
[2] 石一枫:《入魂枪》,第224页。

北作家群"的创作特点总结为"对20世纪'荒寒''悲凉'美学特征的贴近、接续和延展"①,这种"荒寒美学"的表述发生于大历史和个体生命的对照之间。

但是杨知寒所处理的经验就如同这个奖项的主题"必须保卫复杂"一样,并不是被框定在了难以忘却的20世纪,那是更多元、更跨越性的叙事。例如《连环收缴》和《水漫蓝桥》具有较多的东北元素,前者更贴近经典的东北罪案故事,后者则有着更多的浪漫味道,又如《百花杀》和《出徒》流露着"童年时期的旧梦气质",而电子游戏也是其创作中的众多面相之一。②悬置作品暂且不论,杨知寒本人从不掩饰对电子游戏的极大兴趣,她是一位资深玩家。在《济南时报》的专访中,杨知寒这样介绍自己:"了解我的人都知道,我其实很简单。但是对生活有极大的热情。我爱打游戏,以后有机会还想写写有关游戏的东西。"③另外一次访谈也这样写道:"杨知寒喜欢打游戏。这是她最喜欢聊的话题,媒体从来没问,她觉得有点遗憾。她打的主要是RPG类游戏,《女神异闻录5》《塞尔达传说》……好的游戏带给人沉浸感,比如《塞尔达》里孤军奋战的孤独感,让你沉浸在一个故事里。杨知寒说,在这一点上,游戏跟小说一样。不同在于,游戏玩家可以自己塑造人物,小说读者不行。'大人失去了沉浸幻想世界的能力。可能工作太忙了。'"④由此观之,杨知寒尤为看重的是游戏的沉浸感。

与《龙族》中的RTS游戏和《入魂枪》中的FPS游戏不同,RPG游戏(Role-playing Game,角色扮演游戏)特别强调玩家在某一套系统或者规则之下的行动。这种规则基本不会是日常生活的逻辑,但是却在整体结构上与真实世界保持了同构,以此来为接受虚拟世界规则的玩家营造沉浸感。RPG游戏的梦幻体验成了与真实世界经验并行的存在,为杨知寒的小说创作提供了材源与形式。杨知寒曾经发表过关于《底特律:变人》的游戏评论,她尤为细致且动情地讲述了游戏的分支剧情进而反思玩家的人类中心主义,提出疑问:"你,也会杀死那个底特律人吗?"在游戏结束之后,她会想到"关掉游戏,我不太想在镜子里看到自己",游戏的虚拟叙事在杨知寒的反求诸己中与现实的逻辑合二为一,这种融合又是电子游戏世代的特征。在这篇评论中,杨知寒还转述了朋友的推荐理由:"这是个你始终在互

---

① 张学昕:《班宇东北叙事的"荒寒美学"》,《扬子江文学评论》2022年第2期。
② 详参刘天宇、黄平:《现实尽头与冷酷梦境——读杨知寒小说集〈一团坚冰〉》,《文艺报》2023年2月20日第五版。
③ 钱欢青:《杨知寒:在"一团坚冰"中看到希望的火种》,"济南时报·新黄河",2022年8月27日,https://api.jinantimes.com.cn/h5/content.html?catid=134&id=3318841&fx=1。
④ 宋浩:《杨知寒:"新东北作家群"的90后女生,在杭州书写东北》,"钱江晚报·小时新闻",2022年11月4日,https://www.thehour.cn/news/552258.html。

动的游戏，你的每一次选择，的的确确影响了故事的走向。这种感受太熟悉了，多像写小说，只不过这一次的背景和人物，不由我来创造。"①杨知寒也确实在多篇小说中都提及了电子游戏，例如《邪门》《塌指》等，甚至是受到了某部游戏的启发而创作了一篇小说。在创作谈《转盘时刻》中，杨知寒讲述了游戏《大多数》对于真实场景的还原，以及玩家扮演角色的底层互助经验，由此她完成了小说《转盘》的创作。②

不过杨知寒对电子游戏最为直接的书写还是出现在《一团坚冰》中。这篇小说首发在同名小说集，是全书的收官之作。"我"是网吧的一名网管，与外甥赵小涛都沉迷游戏。在"我"的眼中，"如果每台电脑都是一座小星球，每个操纵它的玩家都是上帝，那么这间弥漫烟味泡面味道的黑网吧，就是造神的地方了"③。这种想象力生发于联机的网络游戏，贯穿了整篇小说，玩家们每个人都拥有一个星球，而"我"成为在星球之间穿梭的神明。这个名为"天域网络世界"的网吧存在于居民楼狭小的地下室中，连接起网名冰城杀手的赵小涛肆意杀戮的游戏世界，以及班主任李芜栖身的日常世界。因此，在这一方天地之间，游戏与日常交织在一起，游戏在这里就是真实：

> 电脑游戏助长人们错误的情绪，会让人久而久之，真以为自己是神，做些疯狂的事情出来。只有当他们脸上挨过拳头了，看到流血，才发现事实不是那样。到那一步，众神之战爆发，星球都该跟着毁灭，我们这里，就会变得太惨了。④

通过游戏带来的想象力所实现的，是"我"心理优势与世俗身份的媾和，"我"在日常生活中表现出来的无助、弱势和病态被淡化。取而代之的是"我"溢出的热烈情绪和张狂想象，以性幻想的形式投射到赵小涛的班主任李芜身上。李芜从日常世界中走进网吧，但是她并"没有把时间花在打游戏和与人为敌上"，她在电脑上查找了很多来自赵小涛天马行空的想象的问题。正是这种行为激发了"我"的热情，让"我"误以为李芜也是虚构宇宙中的一颗星球，但其实她在现实中另有"我"全

---

① 杨知寒：《"杀死那个底特律人"——漫谈科幻游戏〈底特律：变人〉》，《文艺报》2023年5月31日第八版。
② 杨知寒：《转盘时刻》，《红豆》2023年第3期。
③ 杨知寒：《一团坚冰》，南京：译林出版社，2022年，第327页。
④ 同上。

电子游戏世代的想象力　　77

然不了解的生活。

《一团坚冰》中有一段对玩家的描写是颇为让人动容的,玩家们成为天使,而承载了虚拟世界的地下网吧则化作神明的国度:

>　　地下宇宙再一次实现了它和现实生活的脱离,网吧里还留下的人,脑中都已清除了关于升迁、房贷、子女教育的课题,他们头上出现了模糊的光圈,翅膀纷纷自后背长出,地方更显拥挤。①

这与大头马《国王的游戏》的书籍封面构成了微妙的对读。在《国王的游戏》的封面上,米开朗基罗的名画《创世纪》被改写:从天外飞来的上帝,将手伸向亚当,但在他们手中拿着的却是一副游戏手柄。生活在电子游戏的神明国度中的上帝,身边环绕的想来会是"天域网络世界"网吧的玩家们化作的天使。在杨知寒的游戏书写中,玩家往往都是现实中的弱者,而生活的规则和成见时刻折辱着这些可怜人。但是他们同时也是幻想的巨人,如在《美味佳药》中,赵乾自身有生理缺陷,家庭中的长辈对他冷嘲热讽、毫无亲情可言,对他的身体和心理都造成了伤害。他也因此将自己封闭在了小城中,在游戏中虐怪是他为数不多的爱好②,这种电子游戏带来的心流进入了他对现实的想象:

>　　我会做拯救世界的美梦。梦里快意恩仇,能用手臂传出光束,一甩开去,消灭学校里所有嘲笑我是瘸子和胖子的声音。我还能用治疗术让妈妈重获新生,长出她没嫁给我爸前,留在照片上的相貌。③

由此导致了他决意真的去向家人复仇,在奶奶的寿宴上投毒。然而,电子游戏所表征的虚拟世界在更多时刻是被压制的,杨知寒似乎也乐于借角色的表达去降格虚拟世界的价值感,以此来完成对人物悲剧色彩的渲染,构成一种艺格敷词的技法,使得电子游戏成为情绪肆意抒发的媒介。

所谓的"艺格敷词"(ekphrasis)原本是西方古典艺术中的概念,意为表现雕塑、绘画等艺术作品的华丽辞藻,晚近的跨媒介研究常常将其引申为媒介形式描述

---

① 杨知寒:《一团坚冰》,第332页。
② 杨知寒:《黄昏后》,北京:中信出版社,2023年,第11页。
③ 同上书,第24页。

情感关系的修辞术。细读杨知寒的小说文本,电子游戏其实并没有起到世界观搭建或者充当历史背景这样的宏大作用,作者将电子游戏确确实实地当成了艺格敷词。在《大寺终年无雪》中,面对执意出家的少女李故,"我"奉劝道:

> 但不支持你浪迹天涯,等走出这儿你就会明白,换地方不能重新开始,世上能重新开始的事儿除了打游戏,还是打游戏……我默默看了李故一阵,轻声说,是我爸。五十岁的人了还在每天打游戏。①

这是日常对想象、平凡对传奇的压抑,它所起到的作用是对宽泛的广义游戏世界的表述,而非对某一特定游戏的解释说明。这种阐发引来的是情绪的激烈碰撞或者黯然低落,《一团坚冰》中也有类似的表述,不得不放弃虚拟世界之自由的无可奈何,才构成杨知寒为青年窒息的想象写下的冷色调悲剧:

> 问题如李芜所说,一个人若在少年时期就漠视规则,大了还有什么能将他约束?毕竟,我们都不活在游戏之中,有永远的命和续命、永远的重头来过。②

《国王的游戏》:比真实更真实

我们不难注意到,尽管杨知寒在访谈和评论中会如数家珍地提起自己喜爱的游戏大作,但是在写作实践中,她始终对自己的个人偏好保持着沉静克制。她的游戏写作始终服务于"世界尽头与冷酷仙境",因此电子游戏在其作品中的存在方式是相对抽象的,我们无法在文本中获得关于游戏本体的更多信息。而大头马和赵挺则截然不同,同样身为游戏玩家,他们选择的创作方式是将具体的游戏作品推上前台。电子游戏以纵深的形式生存于文本中,游戏的设定、玩法都与小说的叙事息息相关。在这样的情境下,对于所谓虚拟世界和真实世界的区分变得更加无谓,生活、小说和游戏三者纠缠在一起。实际上,这也是大头马面对文学的危机意识与前瞻意识的体现,通过电子游戏对小说文本的介入,青年经验或许能够在小说中普遍复苏,在她看来,"当代文学的主战场早就转移了,这一代写作者对手不是莫言、余

---

① 杨知寒:《一团坚冰》,第106—107页。
② 同上书,第346页。

华,不是网络小说而是《王者荣耀》》[①]。

自2015年前后,大头马开始了一系列的写作实验,科幻、悬疑等文类以及游戏、音乐等媒介形式,都被她逐一征用,组合成极为别致的新奇文本,其中与游戏相关的第一篇小说应当是2018年的《A只是一个代号》。从严格意义上来讲,《A只是一个代号》关涉的游戏是社交类桌游《狼人杀》而非完全的电子游戏,这一点与《国王的游戏》的背景游戏《阿瓦隆》是相同的。然而,就实际游玩中的情况而言,《狼人杀》《阿瓦隆》这类语言类推理游戏的走红原因以及玩家主战场,其实都是线上语音社交。正是2013年之后互联网移动端的高速增长,成就了这一系列社交游戏,因此我们不妨也将其视为电子游戏世代的表征之一。大头马的小说集《国王的游戏》正如书名所示,在整部小说集中一共有四篇小说提及了游戏话题,或者以游戏作为小说的基本背景,分别是《国王的游戏》《明日方舟》《和平精英》和《A只是一个代号》。除此之外,还有一篇小说《白鲸》讨论了早期国产游戏《仙剑奇侠传》与角色扮演,收入《九故事集》。

在《国王的游戏》中,大头马提及的游戏是《阿瓦隆》。这是一款中世纪背景的阵营对抗类策略游戏:梅林带领的正义阵营"亚瑟王的忠仆"和莫德雷德带领的邪恶阵营"莫德雷德的爪牙",需要在对彼此身份的已知和未知之间博弈,其具体手段就是邪恶阵营需要混入行动队伍并且破坏任务,而正义阵营则要尽量避免内奸的存在。在故事里,所有的人物也被置于一场与《阿瓦隆》相似的政治博弈中。革命者亚当身处在一个行动队伍中,他相信自己就是游戏中的先知"梅林",而"我"则是他忠实的助手,"教授"是他的精神导师。但是实际上,就像是《阿瓦隆》中的任务失败一样,"下面请莫雷莫德的爪牙睁开眼睛,相互确认你们的身份。我看到那七个人,一起睁开了双眼"[②]。"我"成了行动队伍中的内奸,不仅向当局出卖了亚当,甚至还拐骗了他的妻子。而"教授"所做更是无情,他操纵了所有人,成为政治游戏中真正且唯一的玩家,"我们以为自己是牌桌上的玩家,从未想过自己其实是牌。亚瑟王的游戏里只有一位玩家,那就是亚瑟王自己"[③]。

我认为对于大头马游戏写作的评价有必要征引"游戏化"这样的概念。王玉玊在《编码新世界》中,以"游戏化"为向度,讨论了网络文学中的虚拟世界。她认

[①] 程永新、大头马等:《跨时代写作者与写作形态的碰撞》,"收获"微信公众号,2018年7月26日,https://mp.weixin.qq.com/s/RxbLqx0jS7K938o1fYgKqw。

[②] 大头马:《国王的游戏》,北京:北京日报出版社,2023年,第34页。

[③] 同上书,第32页。

为，电子游戏的本质在于"程序、互动、世界的构造与运行"①，而"游戏化"指向的也就是这个虚构出的新世界的构造与运行，或者说是基本逻辑。《国王的游戏》就遵循了这样的原则，大头马为角色们构造的世界延续了《阿瓦隆》政治博弈的基本逻辑。这就是电子游戏世代想象力的表现，所谓"游戏就是真实"在大头马这里变得直观且容易理解。小说《和平精英》也是游戏化的实验产物之一，《和平精英》是腾讯游戏开发的战术竞技类大逃杀游戏，一个更为简洁的称呼是"吃鸡"。尽管作者在标题就已经明示小说与游戏《和平精英》的关联，但是文本中关于枪械和历史的介绍还是会让我们忘却虚拟世界存在的可能性——这或许也是大头马的有意安排。大头马因此在小说的结尾留下了一条注释：

> 有必要向这篇小说的读者做一个简短的说明……随着生存圈的缩小，人机出现的概率也就越低，几乎不会有人机出现在决赛圈里。这就是那位干掉了布鲁斯和"我"的真人玩家如此吃惊的原因。②

实际上，小说中的所有角色都只不过是电脑玩家，他们的任务就是被人类玩家成千上万次地杀死。

  这种生死之间的肆意让我不禁想起吉田宽关于"游戏现实主义"的讨论："在游戏中也好，在我们的现实世界里也罢，虚构与故事总是'不完整'的。而且，玩家把虚构里的'空白'部分作为'规则'加以理解、体验。它们是在现实世界里无法加以合理说明的事物——生与死就是其中的代表——对于我们而言，它们似是作为'命运'与'自然'的食物而被我们感知的。"③这是吉田宽对大塚英志和东浩纪的批判，他既反对大塚所说游戏的可重置性导致游戏不具有现实性的主张，又反对东浩纪认为游戏可以表现死亡因此具有现实性的推论。吉田宽实现了一个巧妙地倒置，他否定大塚和东浩纪从游戏中寻求与现实世界对应要素的尝试——这仍然是一种现实投影在游戏中的观点，他从游戏的法则中反身望向现实世界——游戏映照出的是自己的边界，是对不完整的现实世界的补足，而那正是超越了真实的现实性。这样的看法移植到大头马如电子游戏一般的小说中，同样是适用的。诗人

---

① 王玉玊：《编码新世界：游戏化向度的网络文学》，北京：中国文联出版社，2021年，第5页。
② 大头马：《国王的游戏》，第176页。
③ ［日］吉田宽：《游戏中的死亡意味着什么——再访"游戏现实主义"问题》，载邓剑编译：《探寻游戏王国里的宝藏：日本游戏批评文选》，上海：上海书店出版社，2020年，第269—270页。

胡桑的一句评价恰到好处："当现实无法被讲述的时候，我就把它转化为游戏。"[1]在《国王的游戏》和《和平精英》中，我们都可以看到无法被讲述的，关乎政治、关乎青年的失败、关乎比真实更真实的，而大头马通过游戏在文本之外的溢出实现了"用思维、用对个体存在基本法则的思考给勾连起来，勾连出真实的故事。这个真实指的是更高的真实"[2]。

如果说上述两篇对此的表现还是不够明显，那么另一篇直接以游戏名称作为标题的小说《明日方舟》则是更加意味深长的。《明日方舟》是由鹰角网络开发的塔防类二次元手游，按照游戏的设定，玩家需要扮演罗德岛制药公司的领导者"博士"，为抵抗肆虐大陆的"矿石病"而与感染者作战。而在小说的文本层面，大头马如是描述小说主人公"我"要面对的疾病：

> 现在我们对这种疾病已知的几点病状有……表现为社交活动的降低，与外界接触的减少，一种总体生命力倾向上的自我封闭……接近"抑郁症"分类定义内的疾病群，唯一不同之处在于，它具有高度的传染性。[3]

这几乎是对社会抑郁情绪和大疫情时代的复刻。"我"为了抵抗未来流行疾病的再次到来，开始借助《明日方舟》这款游戏来传播一场精神瘟疫，不能够在心理上放弃个体观念的人都在精神瘟疫的筛选下自杀，唯有勇于拥抱共同体才能够成为抵御未来各样灾祸的新人类。这是一个极具隐喻性的故事，在现实中不能被言说的期许在游戏的想象力中实现，在现实中无法处理的问题在游戏的想象力中解决，游戏和现实的边界冰消雪融。正如谭复的评价："大头马以严密的结构和逻辑在小说里认认真真地'做游戏'，在虚拟世界的游戏设定下思考当下世界的真实困境。"[4]

同样值得注意的还有赵挺的《热带刺客》。这篇小说的主人公是《GTA5》[5]的玩家，他所处的现实是很贫乏的，需要面对无聊的亲戚、彩礼的压力等；但是游戏

---

[1] 胡桑、大头马等：《现实里无法讲述的，我们在游戏中和解》，"理想国imaginist"微信公众号，2023年11月24日，https://mp.weixin.qq.com/s/jGQZ6sguOTYZWxWIHEzKZw。
[2] 同上。
[3] 大头马：《国王的游戏》，第79页。
[4] 谭复：《当下青年写作的一种侧面：悄然生长的先锋气质》，《文艺报》2023年9月20日第七版。
[5] "GTA"即《Grand Theft Auto》系列游戏，中文译名为《侠盗猎车手》。《GTA5》是一款评分极高的开放世界动作冒险游戏。

世界却非常精彩,他可以抢夺直升机、与警察周旋。在不知不觉间,他就将游戏的精彩和刺激感带到现实生活中。他对其他人讲述自己肚子上做阑尾炎手术留下的刀疤是一个杀手留下的,招式叫一字断魂刀;会把游戏世界里的房子拍照给未婚妻看,作为婚房。赵挺从形式上也在呼应这种游戏和现实的连贯衔接,比如游戏场景和现实场景的切换通常没有明确的分段,只是通过一阵电话铃声或者身边人突然说出的一句话来实现,为读者营造了混淆不清的阅读体验。在小说结尾,主人公被其他游戏玩家抓住,发生了这样一段对话:

> 我说,是15天不能登录圣洛都账号吗?他们说,是你这个人要去关半个月。我说,现在虚拟世界和现实世界不分了吗?他们说,你要明白世界就一个世界,不分虚拟和现实。①

在创作谈中,赵挺这样描述这款游戏:"它犹如现实生活,给我带来多种可能性,甚至有着比现实世界更多的可能性。"②在电子游戏中,人自身得到了更真实的延展,"圣洛都"③的"我"似乎在渐渐取代北京的"我",这又何尝不是"更高的真实"。

结语

2023年1月,《星际争霸》在中国大陆地区终止运营,化作一个时代的纪念碑。也就是在同一年,国内游戏市场的实际收入突破了3 000亿关口。作为既定事实的电子游戏世代共享着新生的想象力,具体到青年写作这一层面又表现出丰富多元的面向。电子游戏或许可以成为一部社会史、精神史,像石一枫的《入魂枪》那样,在时空穿梭之间浮出历史地表;或许可以成为某种"艺格敷词",如杨知寒的《一团坚冰》一般,隐而不发地展露人物的心绪,为小说整体提供虚实之间的张力;又或许可以变成"更高的真实",同大头马和赵挺的写作实验,书写出青年一代遭遇的现实窘境,言说"不可言说",想象"不可想象"。电子游戏不再意味着"不劳而获"或者"用珍贵换回空白",这些引人注目的青年作家笔下蜿

---

① 赵挺:《热带刺客》,《作家》2023年第7期。
② 赵挺:《游戏与现实》,《作家》2023年第7期。
③ 《GTA5》游戏中的虚拟城市名为"洛圣都"(Los Santos),在《热带刺客》中被戏仿为"圣洛都"。

蜒流淌着关于游戏的光荣与梦想,而我们则目送他们雄心勃勃地走向并不一定是未来的星辰大海。本文撷取的仅仅是电子游戏世代的背景下青年写作新动向的若干个案,随着电子游戏世代的想象力萌发新芽,游戏与文学的结合所带来的可能性尚且值得期待。

"Nothing for something."

重玩与反思
——跨媒介的"时间循环"类型及其中国演变

■ 文／徐天逸

时间,所谓的第四维度,是生活在三维世界中的人类所无法控制的一种客观存在。物理意义上的时间只能单向度地流动,无法被压缩、伸展、颠倒。而控制时间的能力却是人们一直想要拥有的,因此关于时间的虚构与想象也存在于各种叙事之中。叙事中的时间流向则可以不符合于一般自然规律,时间这一维度在虚构的叙事中被挤压拉伸,甚至被打成如莫比乌斯环一样的结。不管是各类思想流派以及宗教中的时间观念,还是科幻作品中的时空旅行,抑或是近来的穿越小说和影视剧,都体现着人类对时间的想象和理解。

而"时间循环"(time-loop)的叙事,即有关一段封闭的时间不断重复再现,是非自然时间叙事中最为特殊的一类之一。"如果你们被困在一个地方,每天都完全一样,做什么都改变不了现状,你会怎么办?"时间循环电影《土拨鼠之日》中这句经典的拷问便构成了"时间循环"类型的叙事语法,故事主人公被困在时间的囚笼中努力挣脱,一次次的循环一方面代表着他们对于再来一次的"重玩"(replay)渴望,另一方面也是对于现状与循环的"反思"(reflect)。

重复、重播、重玩:跨媒介的"时间循环"

"时间循环"故事最早出现在科幻小说中。美国作家马尔科姆·詹姆逊1941年写作的科幻小说《加倍与再加倍》或许是最早出现明确类型特征的"时间循环"

作品。小说使用如下的描述来吸引读者:"他一成不变,每天做着同样的事情——因为每一天都是同一天!"[1]这一作品或许成为后世许多同类经典的灵感来源,但在该小说发表之后数十年,使用同一设定的小说仅仅是零星出现,且数量及关注的稀缺甚至使它们不能被称为一种"类型"。

当时间来到1990年前后,情况发生了改变。好莱坞电影《土拨鼠之日》于1993年上映,主角气象播报员菲尔被困于重复的一天,历经"多年"的尝试,最终脱离循环进入"明天"。同样在1993年,改编自1973年同名小说的电影《12:01》登上银幕,主角在循环的时间内不断试错,找到导致循环的原因并成功解决,脱离循环。进入新千年,这一情节工具被更广泛地应用,《源代码》《明日边缘》《忌日快乐》等一系列作品的诞生,让"时间循环"这一叙事逐渐成为类型。而在国内,2022年影视剧《开端》的热播也让国内观众对这一类型产生了更浓厚的兴趣。

如果回顾"时间循环"成为类型叙事的过程,我不禁产生疑问:在人类漫长历史中从未出现过这一对时间特殊的"循环"想象,那么为何自20世纪90年代之后"时间循环"类型会集中涌现?另外,观察上述"时间循环"作品不难发现影视媒介占据多数,为何它们成为这一叙事的主流载体?若要解答这些问题,我们需要关注"时间循环"类型的跨媒介性,尤其是电子游戏作为媒介在其中的作用。

先让我们来看一个"时间循环"的经典案例,厘清"时间循环"类型的基本语法。2014年,改编自日本轻小说《杀戮轮回》(*All You Need Is Kill*)的电影《明日边缘》上映。该片以神秘外星生物袭击地球为背景,少校比尔首次出战就"折戟沙场"惨烈牺牲,但他却由于某种不明原因重获新生。而在周而复始的生死循环中,比尔越发了解敌人,最终击败了外星人。不难发现,主角在一次一次的死亡中发现了敌方外星生物行动的轨迹,并用一次次循环作为战斗训练的机会,从而累积经验。如果在前一天因为左后方怪物的偷袭而死亡,在第二天比尔就会注意左后方的袭击,制定出新的作战策略。这样经历死亡,却又没有喝下失去记忆的孟婆汤,令主角有能力去打怪升级,对战局进行记忆和背诵,仿佛打游戏一般去"背板"[2],最后以"熟练得令人心痛"的方式通关这一天,逃脱循环。

通过这个例子我们可以找到"时间循环"与电子游戏背后逻辑的共通之处——"时间循环"叙事呈现的便是一种游戏通关的过程。在"时间循环"的类

---

[1] Jameson, Malcolm. "Doubled and Redoubled." *Unknown Fantasy Fictions*, New York: Street & Smith, 1941, www.fadedpage.com/books/20170428/html.php. 本文英文引文均由笔者翻译。

[2] 背板作为一种电子游戏术语,指玩家通过大量试错来记忆关卡机制、敌人技能并总结出应对方法,从而增加自身过关可能的行为。

型中,"replay"这一单词从此有了双重的含义——不仅相同的事件被"重播",剧情的核心更是关于主角的不停"重玩",用再来一次的机会找到叙事中新发展的可能。"重玩"的召唤,便是这一类型叙事的基本语法之一。反观电子游戏的历史发展,不难发现"时间循环"类型在20世纪90年代的涌现并非偶然。在此之前正是电子游戏爆炸式发展的阶段,电脑以及电子游戏此刻对于电影行业已经产生了深远的影响。这一影响首先体现在对流行游戏剧情直接的影视化改编,第二体现在对于电子游戏美学上的借鉴。然而第二点电影有关游戏美学层面上的参考,之前更多来自对游戏画面、音效的直接引用。直到1993年之后,才出现以《土拨鼠之日》为代表的"时间循环"电影借鉴了电子游戏一部分内在的玩法逻辑,使用"再媒介化"(remediation)的方式在影视媒介中再现游戏媒介。①

那么为什么电子游戏的美学值得参考,"时间循环"类型又向电子游戏借鉴了何种深层的玩法机制?电子游戏作为媒介的一大特点,就是其"互动性"的体现。在电子游戏中,游戏设计师主动有意地下放了对文本的控制,以寻求不同于传统文学的叙事方式。在此玩家面对的是罗兰·巴特所说的"可写的文本"②,玩家参与进了写作。这种游戏中的新文本便是游戏研究学者艾斯本·阿尔萨斯所讨论的拥有"遍历性"(ergodic)特征的"赛博文本"(cybertext),在其中读者需要以"不普通的努力去遍历文本"③。换言之,电子游戏的文本欢迎也需要玩家的参与,同时也提供给玩家选择如何阅读或者如何创造文本的权力。这种"互动性"的体现,让电子游戏给予玩家一种进入虚拟世界的可能,并且不同于传统媒介提供的虚构幻想,玩家是可以在这一时空中选择自己的道路,体验日常生活中不敢踏足的那一条路径。不过如果前进在自己选择的奇异道路上,一路上的怪物和障碍带来了失败和死亡,又该如何应对?所以电子游戏还有第二大特点来帮助玩家,就是其"可存档性"。有学者总结电子游戏的存档特性在于以下两方面的意义:其一,返回某个特定的"分岔口"重新做选择,从而遍历游戏中所包含的每一条故事线;其二,返回在探险过程中曾经到达的特定位置,从而避免每次都要从入口处重新开始探险。④通过这一"重玩"的机制,玩家不仅可以通过不断死亡、失败,再不断复活、读档,积累经

---

① Hermann, Martin. "Hollywood goes computer game: Narrative remediation in the time-loop quests Groundhog Day and 12: 01." *Unnatural Narratives — Unnatural Narratology*, Coumbus: Ohio State University Press, 2011, pp.145-161.
② Barthes, Roland. *The Pleasure of the Text*. New York: Hill and Wang, 1975. p.4.
③ Aarseth, Espen. *Cybertext: Perspectives on Ergodic Literature*, Baltimore: The Johns Hopkins University Press, 1997, pp.1-2.
④ 车致新:《遍历与死亡:游戏存档的媒介考古》,《读书》2023年第4期。

验通关游戏,也可以经历数次的重复和循环,遍历游戏的更多可能,完成游戏叙事的书写。值得一提的是,"可存档性"是一个逐渐演化的功能特性。在电子游戏诞生的早期,由于不论游戏机制还是游戏叙事都较为简陋,电子游戏是无须技术层面的存档功能的。而随着游戏的日益复杂,游戏的流程不断增长,游戏的难度也逐渐变高,由此引入了存档的概念,帮助玩家更好地参与进游戏。同时也随着技术的进步,存档在技术层面变得可以实现。因而"可存档性"所代表的对重复循环中改变的期望,是随着游戏发展逐渐生成的,恰恰与"时间循环"叙事的产生时间相契合。

具备"互动性"与"可存档性"特点的电子游戏,与生俱来就有着对"循环"的自反性建构。这种游戏化的思维很深刻地影响到了其他媒介。小说和电影都与电子游戏这一媒介在各种维度上产生互文互动,在原有的媒介中生成新的张力。正如麦克卢汉在《理解媒介》中所说:"任何媒介的内容都是另一种媒介。"[1]电子游戏的流行无疑对"时间循环"的出现、认识以及接受有着促进作用。同时"时间循环"叙事恰恰就是关于游戏性最清晰的重构,也是对于人类真实生活的反思。

可是"时间循环"叙事在各种媒介——小说、电影、游戏中都有存在。这一类型叙事先是在科幻小说中用文字体现,随后如上文所说,吸收了电子游戏的特性后在电影领域大批涌现,而与此同时电子游戏自身的机制就存在着某种循环重复的特点。不过当我们谈到最令人印象深刻的"时间循环作品",毫无疑问影视媒介占据了最高的位置。那么为什么起源自小说、受益于电子游戏的"时间循环",影视媒介反而成为其最好的载体?

使用文字作为载体的时间循环叙事并不在少数,前文中许多关于影视作品的案例都改编自其小说版本。但是在文字媒介中,作者都需要在叙事中告知读者循环的存在。尽管使用一种尽量客观的语言,叙事中仍然多少会带有作者的主观倾向,因为毕竟作者不能用好几段一模一样的话语来完成这个故事。如果小说开头用大段的重复来表现设定,这难免会劝退一些没耐心的读者——一方面读者有着跳读重复段落的本能反应,另一方面又往往会转过头来重新认真阅读它们,像找不同似的希望发现重复之中或许隐藏的细微差别。固然"重复"可以是一种修辞手法,甚至可以与之后小说中每次重复之中细微的差异形成对比,但为了推进叙事,"时间循环"故事的作者必须告知读者发生了什么改变。这一类型叙事的焦点完全在于每次循环的差异,循环自身被用作一种叙事道具,用以展开和承载更多次差

---

[1] [加拿大]马歇尔·麦克卢汉著,何道宽译:《理解媒介:论人的延伸》,南京:译林出版社,2011年,第29页。

异的重复。

但是来到电影等图像媒介，它们可以使用其媒介的特殊性，用与文学不同的方式告诉观众故事是有关循环的。例如影片可以使用完全相同重复的画面和镜头，构成了某种意义上的绝对客观和真实，给观众更多的视觉冲击力以及暗恐（uncanny）的感受。画面中相同的场景、人物相同的动作和语言，每一次重复播放时相较于带来繁琐之感，反而能为观众带来不同的感受——一种熟悉又陌生，旧有又奇怪的"怪熟"之感。当然，时间循环的电影也不可能将相同的一段画面完整地重播数次，所以电影的剪辑技巧在这类电影中就显得尤为重要，蒙太奇中数个镜头的交替需要承担告知观众新一轮循环开始信息的任务。观众因而无须体验叙事中主角一次又一次重复枯燥的旅程，而只需直接跳转到每一次循环中发生改变的地方，体验故事中有趣的部分。

而来到电子游戏，绝大多数游戏其实本质上就已经存在着时间循环的机制——当一个关卡没有办法通过的时候，玩家需要重复尝试多次；又或者是重复玩同一个游戏，以体会不同的可能。但是正如上文所讲到的游戏的"互动性"特点，失去互动特性游戏也就不能被称为游戏，这意味着玩家需要不停地与游戏交互，并且很有可能大多数的交互是循环重复的——就算有着"可存档性"，如果你在抵达下一个存档点前失败了，你读取存档后仍然需要重新经历已经经历过的游戏流程。或许说实时存档的功能已经随着技术发展而存在了，但事实上采用实时存档机制又或者说取消死亡/失败机制的游戏少之又少。这自然是因为游戏性的考量，即游戏需要存在对死亡或者失败的惩罚——不然玩游戏有什么意思？游戏的特点恰恰就是在于玩家必须经受一些重复的过程，不过这可以是魅力，但也可以成为败笔。一些明确以"时间循环"为主题的游戏，因而也面临着游戏设计的难题——游戏既要让玩家明确并体验时间循环的存在（这意味着必须将每一次循环完全展现，让玩家完整经历），但同时又不能让每次循环的操作过于重复和枯燥（不能总是开头要打一级小怪，也不能每次都要和相同的NPC进行重复的对话）。所以在诸如《十二分钟》（*Twelve Minutes*）的时间循环游戏中，循环被限制在一个很短的间隔中以避免重复操作的数量，同时每次重复的对话也可以被快进和跳过；又如《遗忘之城》（*The Forgotten City*）中，玩家可以在每次循环开始派出一名NPC去完成一些重复性的操作。但是，在另一些游戏中，循环中重复的操作恰恰就是游戏的魅力，例如在《无尽之剑》（*Infinite Blade*）中，玩家就是需要一遍一遍去战斗——这些战斗作为游戏的主要玩法，在一些人眼中是枯燥乏味的，但受到了更多玩家的热爱。

回到时间循环叙事的电影中，由于电影并不具备强大的交互能力，而擅长的是线性单向的展示，因而电影提供的恰恰是一款游戏中最跌宕最戏剧性的通关方式——观众不用像玩游戏一般费心去思考怎么过关，也不用体验重复的苦恼，只需要跟随镜头，等待下一秒屏幕上带来的文字所不能带来的怪熟惊喜。此处的叙事自然是由导演精心编排的，是在这一具有规则的限制时空中所有遍历的可能性里，挑选出最极端最有趣的案例放入电影，只呈现精华。一个普通玩家可能并不具备丰富的想象力来踏遍这一时空中的所有可能，他需要一个攻略的指导来满足好奇——所以游戏并不是只有自己玩才是有意思的，有的时候看别人玩才有意思，这恰恰也体现了"时间循环"电影存在的意义。

西西弗斯的反思：打破永恒的轮回

将"时间循环"成为类型仅仅归因于电子游戏的影响似乎还缺少了些什么。更值得关注的一个现象是，尽管"循环"这一关键词一直在人类文化中存在，但是近年来的"时间循环"叙事关注的却更多是重复循环中的不同以及如何打破循环，而非死循环式的永恒轮回，并且循环的跨度也被缩小至一天甚至几小时、几分钟。

希腊神话中的西西弗斯，由于逃避了死亡，被诸神惩罚一次次地将一块巨石推上山顶。这是一个无尽的循环，他只能不断地重复，永无止境地做同一件事情。无独有偶，在东方，《山海经》中记载吴刚被发配到月球去砍伐一棵永远无法被砍断的桂花树。他们似乎永远无法离开这一无尽的轮回，叙事中也并未提供关于他们离开这一循环的努力或者想象，甚至加缪赞扬西西弗斯为"荒谬的英雄"，因为他在循环中是绝望而充实幸福的[①]，甘愿在这一循环中赋予自己生命荒谬的意义。此外诸如佛教中的"六道轮回"观念，历史循环论所曰"分久必合，合久必分"，又或者是"从前有座山，山里有座庙……""既视感（deja vu）"等诸多话语，无不体现了背后隐藏的循环观念。埃及神话中的衔尾蛇乌洛波罗斯（Ouroboros）或许是这一永恒循环的最佳描绘——它吞噬着自己的尾巴而形成一个圆环，自成一体，永远不会发生变化，象征着永恒与无限。在此，因果链同莫比乌斯环一样首尾相连，留下一个没有逻辑起点的循环事件序列，因即是果，果便是因，宿命已经被写定。但是这一对于循环的观念似乎从未受到质疑——毕竟我们自身就生活在一个"循环"

[①] ［法］阿尔贝·加缪著，杜小真译：《西西弗的神话》，北京：生活·读书·新知三联书店，1987年，第155—161页。

的世界中,日升月落、春夏秋冬,正是这些循环让时间有迹可循,也让未来并非是未知的。不过,现代之前所谓的"循环"往往在时间上有着巨大的跨度,不仅超脱人的生死,更多关乎整个世界的创世与毁灭。而这些大尺度的循环并没有困扰到现世中生活的人们。当自身的生命仅仅是时间之轮上的一小截时,无数次的轮回便也和自己脱开了联系。

当代的"时间循环"作品中也有特殊的一部分关于永恒的轮回,但是轮回的跨度却被浓缩至人类可以感知的范畴。如电影《恐怖游轮》中,女主杰西实际上是被困在一个复杂的嵌套循环之中。影片仅展现轮回的一次,即女主一天的经历,却暗示着背后的无尽重复。她每次循环结束都会失去记忆,并再次受到命运召唤去经历这一悲惨的一天,而痛苦的原因正是由她自己一手造成的。这一模式也被学者归纳为"西西弗斯的一瞥"[1],将西西弗斯的无穷苦难压缩进一天之内重新进行演绎。然而并非所有关于死循环的因果叙事都如此恐怖惊悚,可以被简单地归类为"时间循环"之中。一个简单的例子,在《星际穿越》中,男主发现是未来的自己在使用引力波发射信号,最后救了自己。这一因果互联的叙事同样暗示着命定的轮回,但这一轮回却有着宇宙级别的时间跨度,且影片的主题也无关"循环"。相较而言,《恐怖游轮》中将循环的跨度变为普通人能够感知的"一天"之中,无疑为观众营造了一种更容易共鸣的语境。且尽管电影不像其他"时间循环"叙事一样展现了脱离循环的可能,但电影还是呈现了主角注定失败的努力,因而也强化了观众面对时间和命运的无力感。

从千年万年无法感知的轮回到"一日囚"的循环困境,背后映射的是时间的"加速"。哈特穆特·罗萨提出了社会加速批判理论,即现代化的进程让社会以及人类对于时间的感知产生了变化。他认为现代时间结构以一种非常特殊的、命定般的方式发生了改变;这些时间结构是被加速逻辑所支配的,而且这种加速逻辑与现代性的概念和本质有着几乎尚未被人发现的关联。[2]更重要的是,一种悖论被重视:科技的进步本应为人的生活提供更多便利与自由,但现实情况是人的自由时间反而日益匮乏。背后的原因是人们被迫着要不断追赶他们在社会世界与科技世界当中所感受到的变迁速度,以免失去任何有潜在联系价值的可能性,并保持竞

---

[1] Brütsch, Matthias. "Loop Structures in Film (and Literature): Experiments with Time Between the Poles of Classical and Complex Narration." *Panoptikum*, Gdańsk: University of Gdańsk, 2021, pp.83-107.
[2] [德]哈特穆特·罗萨著,郑作彧译:《新异化的诞生——社会加速批判理论大纲》,上海:上海人民出版社,2018年,第4页。

争机会。①罗萨使用了一个有趣的比喻形容人们在加速社会中疲于奔命的现象：电子邮箱永远会被新的邮件填满，等待我们去阅读回复，而随后新的邮件又接踵而至——这一过程就像西西弗斯不断推石头上山一样。但是，电子邮箱被填满的速度必然比西西弗斯推石头上山的速度来得快，这正表明了现代社会飞速的生活节奏。因此，古代以年、世纪，甚至超越寻常时间计量单位的循环结构，在当代变成了一天、一小时、甚至分与秒的级别。

所以循环轮回这一不曾有人质疑的模式，在时间"加速"的情况下再也不是超脱凡间的神话，而与每一个人息息相关。现代性的进程一方面带来的是时间的加速，另一方面导致时间在价值上的改变。韦伯在《新教伦理与资本主义精神》一书中援引本杰明·富兰克林的一段话："切记：时间就是金钱。一个每天靠劳动能赚得十先令的人，如果在半天里外出或闲坐，尽管在这半天里他只花了六便士，也不该算做全部的花销。实际上，他还花掉或应说是白扔了另外五个先令。"②这种功利的理性化倾向，让时间变得宝贵，让人们不敢浪费时间这一资源。随着社会分工的极度细化与社会结构的逐渐固化，普通人们的生活被固化在两点一线、周而复始的重复时空中，"一日囚"成为当代人普遍的精神境遇与生存困境。因此，现代性笼罩下的人们面对日复一日循环无尽的工作生活，渴求一种打破重复与循环的模式。可是人们往往又惧怕真的逃出循环，因为循环至少可以带来确定的未来，而选择逃离则有可能带来更坏的结果。因而人们会幻想"如果"，幻想在生活中进行另一种选择可能带来的后果。也得益于电子游戏的发展，佛罗斯特在《未选择的道路》中用诗歌表达的欲望，通过游戏得到了部分的解决③。电子游戏恰恰满足了人们的幻想需求，提供一种宣泄的出口，提供一种"重玩"的可能。而"时间循环"叙事又为通关游戏提供了一条最具观赏性且具有指引性的路径，满足好奇，抚慰心灵。无法真正逃离循环的人们，在"时间循环"叙事中，同主角一起打破常规，在虚构中寻求一丝慰藉。

不过可悲的是，即便"时间循环"叙事中的人物最终突破了循环的窠臼，他们逃出循环的手段只能依赖于循环自身。通过不断重复，积累经验，然后寻找突破的

---

① ［德］哈特穆特·罗萨著，郑作彧译：《新异化的诞生——社会加速批判理论大纲》，上海：上海人民出版社，2018年，第41页。
② ［德］马克斯·韦伯著，赵勇译：《新教伦理与资本主义精神》，西安：陕西人民出版社，2009年，第25页。
③ "黄色的树林里分出两条路，可惜我不能同时去涉足……"佛罗斯特所渴望的，正是遍历的权力。

循环，他们又陷入到了某种新自由主义逻辑之中，即"打工人"通过不断"内卷"来进行职场进阶的话术体系。甚至，如果当"重玩"这一行为是被迫进行的时候，失去了"无目的的合目的性"的"玩"还能叫"玩"吗？

日本时间循环电影《MONDAYS/如果不让上司注意到这个时间循环就无法结束》暗示了循环之外更习而不察的循环。电影一方面继承了日本轻小说超长的标题名，另一方面讲述的是一个表面喜剧内核却并不轻松的职场时间循环故事。一家广告公司的职员们发现自己在办公室中经历了永无尽头的一周循环，然而逃离循环的关键在于让老板认识并相信这一时间在循环的事实。起先，处于公司底层的年轻员工最先发现这一异常现象，然而告诉职级更高的中年同事之后他们并不相信，甚至会继续自我催眠去病态般地完成工作。当问起"你不觉得我们一直在重复过这一周吗"，他只会回答："这样的生活我感觉已经重复了十年了。"——他默认这一境遇，甚至没有兴趣进行抵抗。终于在多次循环之后，位于公司中层年轻有为的女主发现了不对劲，开始推动层层上报"循环"的计划。他们先需要向自己的直接上级汇报，费尽心思与心机让他们相信之后再去报告他们的上层。最后在说服老板的戏中，他们通过多次循环中不知道改了多少版才无懈可击的PPT，终于使老板相信循环的存在。而老板的相信并不会为局面带来任何变化，关键在于如何逃脱循环。最终，员工们发现满足老板少年时成为漫画家的愿望，帮他完成未出版的漫画才是逃离的唯一途径，而这一荒谬的事情需要全体员工一周的不懈努力。就在此时，面对脱离循环的希望，女主退却了：她希望自己这一周能继续进行原有的工作，与脱离循环之后的生活顺利衔接。事实上在过去的数十次循环中，她都未曾放弃重复枯燥的工作，累计的经验也让她更得心应手，效率倍增。从一开始面对甲方催促的焦头烂额，到踩坑无数之后面对项目的优雅从容，她收获了自信与快乐，也让她不想逃脱这一虚假的舒适圈。对于一成不变生活的想象式抵抗终究无法脱离服务于资本的话语，甚至演变为对循环的顺从与对自身的PUA。或许影片是对于东亚社会现状的反讽，但是最终女主个人意志屈服于集体利益的选择不难让人担忧循环之外跨度更大也更隐蔽、令人习以为常的循环，也示意着"时间循环"类型更多的发展可能。

社会与群像："时间循环"类型在中国的演变

"时间循环"类型近些年在中国也生根发芽，产生了诸多有趣的作品并形成了自己的类型特色。相较于西方叙事中聚焦"个人"及个人英雄主义的叙事，中国的

"时间循环"叙事更多不止关乎个人,而是关注群体,关注人与人之间的社会联系,并与中国当下语境产生联系。

科幻小说首先成为国内"时间循环"类型的载体。程婧波的《去他的时间尽头》与宝树的《时间之墟》分别从微观和宏观切入这一对于时间的幻想。《去他的时间尽头》中,一位中国青年男性在意外车祸身亡后遁入了死亡当日的循环:

> 我的生活轨迹不仅从空间上变成了一个几乎静止不动的点,从时间上来说也是如此。简单,重复,无须思考。一个完美的闭合圆弧。这简直是全世界死宅都梦寐以求的生活。……在这无限循环的时间里,我醉生梦死,甘之如饴。甚至有些害怕这样的日子会在某一天毫无预兆地就结束了。
>
> 但渐渐地,事情开始朝着我始料未及的方向发展。我开始担心这样的日子会永不结束。……也许宇宙是有自我意识的,而且它极有可能想与这个世界上的一切死宅为敌。比如为了惩罚我,它让我过上了之前梦寐以求的生活——足不出户,每天混吃等死,不用关心粮食、蔬菜、季节、刮风还是下雨,不用关心任何人。可是慢慢地,我就厌倦了这样的生活,混吃等死的快乐变成了生不如死的煎熬。我居然萌生出了以前从来没有过的想法——我想要试着跳出这样的轨迹,推开命运馈赠的奇妙礼物,做些改变。①

体验"美梦"之后,主角幡然醒悟:"我只知道在日复一日的重新读档中,我罹患了一种叫作'孤独'的绝症。"②人终究欲望与他者发生联系,"不用关心任何人"的生活只会让人成为非人。于是男主去尝试与这个世界建立更多的联系,做各类善举,去见义勇为,去通过已知晓的未来解救地铁跳轨自杀的女子——如果不是这重复的循环,主角也并不会和他们有任何交集。然而在第132次循环中,一位陌生女子却莫名地闯入了本来毫无波澜的时间线中,而她正是先前被拯救的女生——她在最初的时间线中自杀身亡,却同男主一样在历经百次相同的循环之后,意外地被男主拦下。相遇后他们都成了同一天的囚徒,却因为死亡时间的差异而获得了互相额外的时间。"这感觉真是奇怪,因为被困在时间囚笼的一百三十多天以来,我一直觉得自己是这个世界上最不自由的人。而现在,在月光下,在草地上,我们是方

---

① 程婧波:《去他的时间尽头(上)》,《科幻世界》2020年第7期。
② 同上。

圆百里最自由的两具血肉之躯。"①两个被困循环的人互相拯救,重新为一成不变的人生赋予了意义;循环也为主人公提供一个台阶,去关心他不曾愿意驻足观察的人和世界。在"社交恐惧"成为新一代青年症候群的当下,青年们不敢与陌生人互动,害怕未知的后果。程婧波通过一个"时间循环"的故事,展现了身不由己的男女青年最自由的137次循环,召唤青年被压抑的情感,呼吁他们踏出"孤独",与社会进行更深入的联系。

在《时间之墟》中,整个地球陷入了20个小时的循环,一旦到达跳转点,之前一天人类所留下的所有物理痕迹都将被重置,地球上的一切回归"原始"的状态,而绝大多数人类的记忆却得以保存。宝树在小说中进行了一场疯狂的思想实验,将人类集体置于这一循环之中进行想象。而当所有人都陷入循环时,西方"时间循环"类型中集中于主角一人上帝视角的描写不再成立,所有人对于时间的感知都是相同的线性的。因此,小说中不再出现主角积累经验破除循环的话语,取而代之的是对人类文明整体的反思。例如,他如此构想这个社会的未来:

"不过商品也不会再被消耗了!"韩方接口,"你们想,昨天我们吃的那些食物,现在又回到了超市!每天被消耗的汽油和航空燃油,也回到了油库里。各种在混乱中被毁坏的东西也破镜重圆,如果每天都不停跳转消费这个概念就不存在了。"

"那意味着什么?"马小军还不明白。

"意味着商品经济的终结……"韩方若有所思地说,"不,是意味着我们所知道的任何经济形态的终结。世界恐怕会变得完全不一样。"

"那不是共产主义了吗?"马小军问。

"这个嘛……"②

宝树所想象的异托邦,正如宋明炜评价中国新科幻时所言:"无论采用寓言还是变形的方式,他们的小说让人能够迅速认识到一个包含着各种焦虑、问题、期冀在内的'现实';但与此同时,他们的作品更在这个'现实'的边界上延伸创造出具有高度复杂性的'异世界',那不是简单的小灵通式的新奇技术集合体,而是包含着超

---

① 程婧波:《去他的时间尽头(下)》,《科幻世界》2020年第8期。
② 宝树:《时间之墟》,武汉:长江文艺出版社,2013年,第68页。

越现实、建构理想的各种可能性,促使读者重审理性、改变自我的思维方式。"①无疑这两部中国"时间循环"的科幻作品都以一种"既熟悉又陌生"的方式召唤读者的反思。

同样有关于群体性的梦境,在上海米哈游公司开发的游戏《原神》的一段剧情中也使用了"时间循环"的设置。在第三章第二幕的剧情中,主角陷入了永不结束的花神诞祭。该故事发生的地点为游戏中虚构的须弥城,也是一个以智慧为标志的国度,其中的人们一直过着"无梦"的日子。而事实上,须弥管理机构"教令院"使用名为"虚空"的设备,吸食须弥人的梦境,被剥离的意识聚集在花神诞祭的集体之梦中。人们在又一个花神诞日的梦境中醒来,而本该属于自己的梦境再度被虚空收获,周而复始。游戏作者也借帮助玩家破除梦境循环的小草神纳西妲之口,向玩家问出了富含哲理的问题:"今天已经过了多少次?今天之后有没有可能是昨天?明天这个词是否从来都是被捏造出来的概念?"②但是无论答案是什么,米哈游希望玩家从当下做起:"明天会到来,这件事对所有人来讲都是常识。但其实明天是否真的会到来,只有身处明天的你才知道。"③因而敦促玩家:"我们已经没有无数个花神诞祭可以浪费了,抓紧寻找真相吧。"④明天能否到来仍然要取决于今日的努力,而玩家在电子游戏中的主观能动性无疑强化了对这一剧情的理解与认同。

中国更多的"时间循环"作品同西方一样,多数优秀的内容以影视媒介为载体,例如台湾地区的《想见你》与大陆的《开端》。2019年播出的《想见你》乍一看有关两位演员所扮演的四位角色相互之间的无尽因果轮回,但实际讲述的却是如何跨出永恒的循环。剧中生活在2019年的白领黄雨萱因过于思念已意外去世两年的男友王诠胜,穿越回了1998年,附身在当时的高中生陈韵如身上。巧合的是,除了陈韵如与自己长相一模一样外,陈韵如的同学李子维更是同自己朝思暮想的男友王诠胜有着同样的外貌与性格。然而陈韵如自我的精神却与鸠占鹊巢的黄雨萱起了冲突,最终导致了陈韵如肉体的自我毁灭。思念黄雨萱的李子维随后意外穿越至2011年,进入了王诠胜的身体,以他的名分和尚不知情的黄雨萱恋爱,完成了轮回的闭合。《想见你》并不算一般意义上的"时间循环"类型片,其十余年的轮回跨度着重在于描写恋爱的"甜"与"虐",但剧中最后的处理让它超越了一般的偶像剧。为了避免悲剧的无意义重复,黄雨萱放下了"想见你"的执念,烧毁了剧

---

① 宋明炜:《中国科幻新浪潮》,上海:上海文艺出版社,2020年,第70页。
② 米哈游:《千朵玫瑰带来的黎明》,《原神》2022年11月。
③ 同上。
④ 同上。

中洗脑播放作为循环媒介的伍佰名曲"Last Dance"录音带，亲手斩断了这一不知起点的莫比乌斯环。这无疑是对过命运抗争的胜利，也展现出永恒的循环并非无法改变，人的意志可以改变命定的轮回。

2022年热播的《开端》则由祈祷君的同名网络小说改编而来。女大学生李诗情和游戏架构师肖鹤云遭遇公交车爆炸后起死回生，再次回到公交车发生爆炸之前的时间点。故事似乎和美国2011年的科幻电影《源代码》有着类似的侦探悬疑设定和剧情：在密闭的交通工具及有限的时间内，找到导致爆炸的原因并阻止爆炸发生。只不过一个是在美国的火车上，而另一个发生在更有中国特色的公交车上，并且两部作品解决矛盾的背后逻辑有着各种维度上的差异。《源代码》中主角单枪匹马，并且是"被迫"地进行循环——主角史蒂文斯上尉已在战争中成为植物人，美军通过"源代码"项目将其大脑意识强制注入已死亡乘客的记忆中，通过乘客的视角一次次重新经历死亡。因而他只有一个人被困在等待爆炸的列车之中，周遭的人与物都是回忆中的虚像；而《开端》中的男女主角通过一次次循环的经验，锁定嫌疑人后依靠公交车上众人的帮助并寻求警察力量完成案件的预防。虽然他们也是被未知力量强制拖入循环的，但途中他们不乏下车逃跑逃离爆炸的机会，然而因为对于一车生命的责任感，他们仍然选择了去干涉事件，不让自己离开循环。甚至在多次提前报警而反过来被警察关押时，他们并没有怀疑自己的初心，而是顶着更大的压力继续逆世界而上。电视剧的剧集中，每一集也有着明确的主题，即对于车上一位特定乘客的调查，也顺势揭露了这位乘客背后的故事。公交车本就是极具中国特色的一种载具，是一代中国人每天离不开的事物。但是尽管在公交车上我们可能与他人有着物理意义上紧密的联系，他们却仍然是自己生活之外的陌生人。《开端》巧妙地使用了"时间循环"的模式，将每位乘客的故事带给了观众，将社会百态、个中辛酸呈现出来。正如原作者祈祷君在《开端》网文更新时所讲："'开'系列的每一本，写的都是我们这种'普通人'如何破除命运桎梏的故事啊。"[①]《开端》让观众可以带入自我，以中国现代的语境想象普通中国人遇见循环的反应。

从另一个角度而言，《开端》是对"穿越"这一类型的反省。穿越文、穿越剧曾在国内有着超高的热度，其经典的套路为来自现代的主角穿越回过去，用现代的知识体系改变历史。这种当时猎奇新颖的情节，通过时代地位的虚幻压制，让人们找到了共同的优越感。然而因为该类型往往对历史进行篡改，央视于2011年下

---

① 祈祷君：《开端》第25章《第十九次循环》，晋江文学城，2019年。

发了对于穿越剧的"限播令":"个别申报备案的神怪剧和穿越剧,随意编纂神话故事,情节怪异离奇,手法荒诞,甚至渲染封建迷信、宿命论和轮回转世,价值取向含混,缺乏积极的思想意义。"[①]某种意义上来说《开端》也是一种穿越,但不同于渲染"宿命论""轮回转世",它批判的恰恰是这些不良价值观。通过"时间循环"的类型叙事,李诗情与肖鹤云穿越回的仍然是当下,依靠的并非对于历史居高临下的时代优越,而是自身努力换回的宝贵经验;穿越的目的也并非为了"爽",叙事的动力存在于当代中国青年宏大崇高,却含蓄表现的理想之中。《开端》正是中国"时间循环"类型涌现的一个"开端"。立足于当代中国,聚焦于人物群像,召唤青年反思的力量让"时间循环"在中国仍然有着长足的发展空间。

---

① 国家广播电视总局:《广电总局关于2011年3月全国拍摄制作电视剧备案公示的通知》,国家广播电视总局官方网站,2011年3月31日。https://www.nrta.gov.cn/art/2011/3/31/art_38_1150.html。

讲坛

断了线的人,说不的人

断了线的人,说不的人*

■ 文 / 贾行家

各位老师知道我的惶恐,我今天是以告解者的姿态,面对空中说话。

然而我选择了与心情相反的语气,一种鲁莽到轻慢的语气,这符合各位对东北人的印象,也适于描述这些事:三十年前的东北还发生了什么?今天,东北成了一个比喻,我们到底是在用什么来比喻什么?

我很早从各位老师的著作和研究里建立了对文学的印象:小说被称为虚构,因为它要建立一个完整的世界,无论那看起来和现实多么近似,都是独立的疆域。它也让我醒悟到:我也是活在自己选择的世界里,人没法直接生活于现实。我下面要说的,就是这么个世界。

有种人适于用来描述它——歹徒。他们穿行于关于东北的小说、影视剧之间,危害人民群众生命财产安全,之后被赋予新的象征,新的孤独,好像人能借此完成某种救赎:在那个人人都不大知道该干什么的时候,他们是少数知道自己该干什么的人,而且知道自己该往哪里去。

这里面没什么浪漫成分。二十年前,我的第一份工作是在哈尔滨一个公安分局里当内勤,经常在下午翻弄堆在深绿色铁皮柜深处的案卷,那只铁柜还装过几支六四手枪,歹徒和警察都很不喜欢那种款式。我那时发现,一旦了解了一件事,就

---

* 2024年3月23日,由王安忆教授在复旦大学召集"铁西区的故事"论坛,作家贾行家应邀出席并演讲。此为作家提供的演讲稿。

很难再相信它。

那些下午，让我想起第一次来上海，是1997年，上高中的时候。我来上海是见我父亲最后一面。我们是从机场打车去的医院。司机是位儒雅的本地师傅，说上海人这几天晚上不大出门了，因为前几天出了起抢劫杀人案。我用一种奇怪的自豪语气说：这种事在我们哈尔滨每个礼拜都有，进到腊月，天天都有，直到歹徒回老家过年。他们在街上杀人，在银行门外杀人，在公交车上杀人，在楼道里杀人，用一种叫"刨锛儿"的尖锤子，专打人的后脑，都是致命伤。当我历数到抢劫出租车时，被旁边的人狠狠地捣了一下，才闭上了嘴。

在几年后的那些下午，我看到了确切数字，刑警们回忆，那些年有着"出不完的现场"，多数案件情节近似，比如，是某个抢劫犯最早发现那种叫"刨锛儿"的锤子很趁手，在人后脑造成的小小血洞非死即残，引发模仿，在都市传闻里，他们成了同一伙人。我们喜欢用这些传闻组织世界，但不大为之恐慌，大家更畏惧路数分明的、易于理解的厄运。

后来，刁亦男导演拍了电影《白日焰火》，我的城市意象有了光影形式。我生活片中一模一样的街区和气氛里，有人指责这部电影颓废荒诞时，我就给他讲下面这件事。

东北罪案爱好者都知道一个叫蒋英库的人。他是个检察官，也是个统治了十来名杀手的天杀星。和那些用暴力构建秘密社会的黑道不一样，他喜欢制造难以理解的恐怖。起诉书里的数字是：他在十数年间，残杀了二三十人。杀一个男人时，往往顺带杀死一个无辜的女人，以便伪造私奔。他杀死同族兄弟里的同伙之后，又让死者的儿子从乡下到县里来，接着替他杀人。办案民警说，真实数字是没法统计的，蒋英库在肇东县城街里搞了家陶瓷公司，在地下室砌了座很大的炉子，取证困难。附近的人都知道他在那里面烧什么。

蒋英库的最后犯案，是因为借调省城的时候，杀了两名高检检察官。办案的是我们这个分局，有个刑警搜到了一只两三斤重的金元宝，问蒋英库是怎么来的？他说那是杀了陪他过夜的女人，扒下她们的金首饰，铸起来的。办案人说，你也来捧一下这只元宝，知道知道什么叫头皮发麻。这些事来自那只铁皮柜里的某一页纸。

这些老刑警自信可以看出真凶，说天生的杀人犯就是和正常人不一样。这些信念支持他们滥用刑讯手段。然而我理解他们，在时常感到头皮发麻的年头，谁都想要个解释，好让自己在这个世界上活下去。

那个抢枪抢车再抢银行的犯罪年头结束了，这类事大约也不再能见到了，现在的标志性罪案是网络诈骗。据说，这是肯定性暴力在取代否定性暴力，这种改变和监控技术、网络技术互为表里,在这套通过建立概念增大事件间隙的说法里,我倒是挺喜欢"否定性"这个词,那的确是一群总是在"说不"的人。

我们在格林童话和《水浒传》里,在土匪胡子出没的东北记忆里,不断遇上这些冷血者,我们无从理解他们,更可怕的是,我们往往也识别不出他们。这让他们制造的混乱和恐怖,可以跨越历史和文明,似乎代表人的某种本性。脑神经科学把他们描述为一定概率下的变异。如果接受这一点,就等于认为人的内心有一些不可触碰的黑箱。我们能做的,只是把目光收回到因为熟悉才显得安全的地方;或者打开电视,用暴力场面取乐,在屏幕上,歹徒手握暴力,冷酷而熟练,多由长得不错的演员扮演,在同样熟练的运镜下,他们有了一种优雅的魅力。

还有种可笑的文字现象:对他们内心进行阐释的工作,居然都是我们这些材料员完成的,在批捕之后,他们的内心动机,从判决书到新闻报道,被一站接一站地传抄成了"好逸恶劳,仇恨社会……手段极其残忍",仅仅代表没人关心这些。直到前几年,有位被告在宣读完死刑判决后,当庭反驳:自己是报仇,不是神经病,不仇恨社会。反正我知道我的动机是什么,我是为了赶上食堂开饭,从上一份文书里抄来的。写那份文书的人,在当警察之前,是在秋林公司卖秋裤的。

我不知道虚构这件人类历史上最古老的事情意义何在。我只是想,如果讲故事的人没有用自己的感知和理知,独自进入那口黑箱子,在种种讲述之外建立讲述,对那些恐怖的"说不的人"建立理解,故事的疆域便无法形成,便无权再使用这些对象,只能任由它们发生。我只是想,虚构和非虚构的界限不像是"是不是真的发生",那对刑警重要,对文学不重要。当石头沉至水底很久,讲故事的人才开口说话。

我们还是回到1997年的那辆上海的出租车上吧。那时候我为什么要在这座安定富足的都市面前,为目睹的混乱自豪?尤其还是在去见我父亲最后一面的路上?除了少年人的愚蠢,我自以为那算是种见识,这种见识在平衡车窗外发达的都市景观给我的困惑:我也见过点儿什么,而现在要去见更多。我的意思是,窗外的世界让我觉得我不配活着,我急需建立一个世界让自己活下去,在那个世界里,人人都活得像个幸存者,内心有些无法修复的东西。

这两年有三部热门电视剧,按播出时间是:讲西部的《山海情》、讲东北的《漫长的季节》和讲上海的《繁花》。我看到一条很好的评论,"很难想象,这三部剧发生在同一个时代"。我们当然知道这在感慨什么,我们喜欢发类似感慨,诸如"上海比哈尔滨发达二十年","东北提前三十年经历了大家要经历的"——所以我说东北是个比喻。

这个感慨很便利，以至我们忘了它也只是种比喻。这个比喻否定了"这里"和"那里"共同存在于此时此刻的基本事实：没有哪个地方的时间会真的停滞，历史不会倒退，历史只是让我们不喜欢。所有的共在事态会相互纠缠，相互叠加，共同修改此时此刻，我们身处其中，既彼此损害，也彼此关切。事态这个概念的本分，就是动摇人建立"真实感"的结构。于是，现代社会有两类常见风险：一类来自系统复杂性在不断提高，相应的技术是元宇宙依靠的强加密，直到完成彻底的去中心；另一类是建立强力的中心，削减和管制差异，直接抹除复杂性，代表性的技术是大数据和人工智能。未来将在这两极间摇摆，或者更复杂，我们在比犯罪更恐怖的战争里，同时看到了18世纪的狂热精神和无人机。我扯得太远了，我只是因为想到了一个直播间可以在一个夜晚制造什么样的文学期刊销量数字。

我只是想到了，文学和历史也共同告诉过读者：强大的力量可以为所欲为，却不会得偿所愿，永远如此。

各种强大力量导向的未来，没一个是我喜欢的，因为都讲不成好故事。我只是想再描述一次基本情景：20世纪90年代之所以长期无人认领，也许和那种"同在性"有关。当年的某个时刻，我们在共处的这个强大一致的系统里，同时接收到了指令。我们东北人关上电视，合起报纸，不知道发生了什么，心下一片茫然，我们解读不出那条指令里的关键符号，除了忘掉，别无他法。我一直不明白"错失历史机遇"指什么，难道我可以看见我理解不了的东西吗？比如说，与此同时，在上海那边，很多人都看见了那个符号意味着：过去只能悄悄干的事儿，现在不违法了。于是很快，电视剧《繁花》里的一顿晚饭的价钱，可以在东北的某个镇上买下一条人命。于是某个时刻，东南沿海的世界似乎达到某种自洽、充盈，而我们那边，发生了一场向内的爆炸，人的生活和心灵纷纷破碎，开始彼此遗忘。即便这种不算复杂的同在局面，也不太能形成有包容性的讲述。

另一种伤感是，如今，许多人被迫停下来了，发觉自己正在一种失重感中下坠，才想去认领那个年代，搞清楚接下来会发生什么，这时候，大家纷纷把眼光投向东北，用的是刚办完住院手续之后看隔壁床病友的眼神。我是如此同情这一点，然而——

尊敬的各位老师，我来到这里，还是想诉说这种难以用语言说清的同在性，诉说我们不只是来自一个从前的比喻。

一年多以前，有位在上海的老先生问我："1949年以后的中国，唯一被建设起来的新文化，是东北大城市代表的工人文化。90年代中期，那些工厂在那场内爆里消失了，而相关的生活方式，好像也一道被炸得干干净净，真是这样吗？这不合理啊，碎片也应该有一些的呀。"

我只想到一种解释。那不是在自然环境之间自在生长出来的啊，也不是我们在世俗生活中自为和习得的，它秩序井然，但是缺少天然的韧性；这种文化的解释权，以及传递和濡化过程，向来由不得我们。那间大礼堂，很多年前用来开批判会、公审大会，后来开表彰大会，最后开改制动员大会，都不是我们能选的。我们只是在食堂里办婚礼，再把生出来的工厂子弟送进厂办技校，为之自我感觉良好。而礼堂、食堂和学校的图纸，也是在大江南北的各个厂区间传递，连砖瓦钢筋都是按批文、用火车从远方拉过来的，它们在本地建筑中显得很突兀，就像礼堂里的普通话在本地方言中的突兀。

另一种痛苦，也许是更真切更持久的痛苦，在于：我们过去用来讲述自己的故事，不是我们的外婆讲给我们的，我们的喉咙里从来没有唱过自己的歌谣，悠扬的，鄙俗的，污秽的，天真的，都没有。假如一个不该消失的东西竟消失了，很可能意味着它从来就没来过。按说，生活环境可以自然地把一切事物联系到一起，让它们具有意义，然而，假如这一切从来就没有真实存在过呢？

我还记得那些人。过去，他们所说的以及所做的，可以被这个系统解释，或者说被完好地封闭起来。他们的行为，无私的加班加点，苦练钳工技术，以及在车间里偷件、搞搞男女关系，都直接能获得一个说头。不只里头的人，外头的人也用它观测世界。我听城郊村里的老人讲，就在那些年，村里的日子好一些了，苞米面和碎碴子都用来喂鸡，要么拿到集上卖，有城里人骑自行车过来买，是拿回去自己吃的，他们奇怪：城里出啥事儿了？

是生活在目睹我们。假如生活从来就没有到来过呢？或者它来过，又叫我们恐慌地交出去了，我们去哪里寻找能解释自己的记忆现实？

如果用流行的心理学语言，那就是一场集体的创伤后应激障碍，最先到来的不是疼痛，而是漫长的麻木，想要走到最后的和解阶段，需要建立起一种叙事。不过，我们这些断了线的人，总是被当成比喻的人，好像从来没拥有过自己的故事，没有过从外婆那里来、可以让子孙耐心听完的故事。据说，认知失调也会使人变得更暴力，而且这种愤怒不会因为释放而减弱，就像是蝗灾里的蝗虫，不断地摩擦毁灭性的情绪共振。

在这个环境和记忆结构被抛弃之后，一定有人会领悟：其实什么都没变，只是曾经笼罩一切的盖子被揭掉，世界露出了不可理解的本相。和这种虚空中的黑暗比起来，没有爱的黑暗、丧失正义的黑暗，都只是投靠和模仿。据说，爱因斯坦合上卡夫卡的小说之后说"人的大脑没这么复杂"，然而，没人比他更知道物理世界多么难以统一，那还只不过是诸多难以计算的世界中的一个。人的大脑往往只是反射中的镜像，复杂程度取决于相对之物，比如在从前的结构里，小恶和大恶编织起来的事态，比如此刻我心里的伪善和话语里的遮蔽，都在模仿这种黑暗。

有一些人在用行动"说不"。即便用最冷漠的方式观看，他们也比我们这些呆滞的人有价值，在整齐划一的黑暗里，逃离和反叛是个体涌现的常见形态。一个独自"说不"的人总是更值得倾听和描绘。他说的话将是刺耳的，是破坏性的，长久沉默的喉咙也只能发出生锈的摩擦声。

于是，在这个回应消失以后的世上，有人用黑暗模仿黑暗，这成了发生于90年代东北的一类故事。这些故事往往有个滑稽开头，再慢慢地滑向凄惨。

我总喜欢讲下面这件事，这类犯人被称为蠢贼。那一天的日子好查，是2002年11月8日，十六大开幕当天，我们那儿下了入冬的第一场雪，落地就化，在街上冻成了一层黑色冰壳。那天下午，有三个人持截断枪管的猎枪，抢劫了区环卫局财务室，开了一枪，打伤一人，丢了六万块。这个挂牌督办大案实则是笑话，从一开始就失控了：财务室里只有一个女会计，抬头看见他们进来，没有任何惊疑，直接猛扑了上去，狂吼着最野的脏话，要用指甲抓破他们面罩下面的脸，出于本能，前头的劫匪掉头就跑，出于本能，后头的两个也推挤着往外跑。其中最贼的那个，顺走了桌上的两摞钱，像在菜市场偷了两个萝卜。据现场回来的刑警说："那个老娘们贼虎，有一百八十多斤，搁我我也害怕。"

落在最后的人为了跑得快点儿，从楼梯缓台上直接跳到了前厅，摔断了腿，开的那枪是因为走火。这个哥们儿是坐公交逃离现场的，因为下雪，到被抓的四十分钟以后，车还没开出三站地。当他们被问到为什么选了这一天，都有点儿困惑，不知道是在问什么，他们不关心国家大事。那一天是另外一个策划者选的，那个人知道局里今天发工资，那个人常年卧床，每周都要去做透析，对结果无所谓，只是找不到体面同伙。

我还见过一个绑架犯，在临被抓前十分钟，还在给被装成绑架者家属的警察打电话，一遍遍地询问他哥取钱去了那么久，怎么还没回来，像个焦急的母亲。我记得他，因为他看起来是那么像我，只是他通过了国家司法考试，我考不过；我找到了一份工作栖身，他没找到。

滑稽故事和恐怖故事之间，只差一点儿血腥的练习，一点儿失控中的运气。最后这件事，发生在今天主题里的铁西区，这个比喻中的比喻。

话说1996年3月8日，铁西区兴工街饲料厂的三名职工，从银行取钱返回时，被尾随车辆上的两个人枪击，两死一伤，二十万现金被抢，全程不到80秒。这被称为"三八串案"。很多老师都有印象。

这伙抢劫犯在十二年里,作案劫杀几十起,杀死24人,抢得300万元。开头的几年,也有类似的滑稽场面。但是他们学得很快,抓住了暴力犯罪的行动重点。到落网的时候,有人犯了个在传统暴力年代和电视年代很难避免的错误,用这五个罪犯拍成了一部半电视剧半纪录片的东西,让他们成了东北记忆的一部分,成了被传诵、被赋予新的象征的对象。二十年后,这些影像上传B站,年轻看客发现:这些歹徒依据性格禀赋,在团伙里建立了相应位置,比职场合理得多。

尤其是那个叫孙德林的首犯,和赵本山眉眼近似,理性和洞察力也近似。我下面摘的是他片中的原话。

孙德林回忆,因为少年时在青年点打架被劳教过,在工厂无望入党提干,"就这么萌发了一种重新设计自己人生的想法……以最快的速度,最简便的手段,把自己没有享受着的、没有得到的东西,或者跟其他人的差距,给补偿上。如果我以前就是一个非常清白的人,恐怕也能委曲求全地在这个所谓的正路上周旋周旋,等待时机,重新发达。我对法律不太尊重,什么制度哇,纪律呀,我对这些东西都比较反感,始终在抗衡"。

他对同伙的观察是"心理素质差的人,犯罪意识本身就很薄"。他们是"知惊不知死,是属猪的,一捆就嗷嗷叫,但是捅刀的时候并不懂。"

有趣的是,他对这套片子的结果早有预计,说"我不主张拍什么电视剧,但是我制止不了。你要拍的时候,对细节问题要有所回避"。他们果然成了被竞相模仿的对象,比如我们那儿的那伙蠢贼。

孙德林在被要求向公众普及一些防范知识时说:"如果你碰到不蒙面的抢劫犯,应该反抗,你不反抗他也要灭口。被抢的出租车司机只有反抗,从我的角度,目的是要用他的车,这个车得在自己手里安全使用一段时间,虽然我用车只有一两个小时,最关键的时候,可能是一两分钟,那也必须灭口,不反抗没用,白送一条命。"

孙德林一再提到从小和父亲关系紧张。我们的童年伙伴里常有这种狠角色,天生就知道要想什么和不用想什么。当他无端受罚挨打之后,会去犯下相应的过错,如果预计不出过错的结果,就按喜欢的方式来,爱咋咋地。他觉得自己只是在做世界刚对他做过的事,不然呢?如果窥准某个时机,他也会从垄断暴力的人那里把暴力夺下来,在黑暗里赢下一个回合,与其说是报复,不如说是顺应。而在被吞噬前赢下一个回合,就是他的故事和他的证悟。

我看这片子时,正好读到《好人难寻》。幸运地晓得了那个"不和谐的人"为什么要说"如果上帝说话不算数,你只能好好享受仅有的这几分钟,杀人放火烧房子都行，别的坏事儿也行。没有乐趣，只是些无谓的坏事（No pleasure but meanness）"。他是个在黑暗里走得更远的人，见到了更怪异的景象。在小说最后，他扣动扳机前的刹那，和老太婆分享一些只有他俩能看见的事儿。当然，后来读到奥康纳的小说集和生平，我知道自己理解错了，奥康纳终归要比世上的人相信得多。

如果世界不可理解，那么文明中的规则也很难说是深思熟虑之后的产物。我们人性中的高贵法则，很可能只是发端于简单的状态，是偶然结果。当然，捡来的钞票也是钞票，这种幸运更要捍卫，因为它难以再现。如此说来，我们三十年前试图保护不理解的东西并不可笑。可是，那些与文明搏斗的人，那些说不的人，也总是让我们这些喜欢故事的人流连不去。

在片中，孙德林用当时盛行于东南沿海地区的企业家精神谈论他的犯罪。遗憾的是，他的对话者是个自称作家的演员，完全问不出像样的问题。那个人的认知如此平庸，自我感觉又那么良好，浪费了这场和见识过怪异景象的将死之人的交谈。《摩诃婆罗多》中以为"世间奇事，是人皆见他人垂死，皆不信己亦将死。"

今天的观众不难发现，孙德林看到了某种善恶之外的什么东西，几乎带着同情，只说对方能懂的话。死刑犯临刑的早上前砸开脚镣，套上新衣服，到一切结束的时候，法警有时间去镇上喝白酒，整个社会即将进入新年。对于将死之人，那是最后的天启时刻，在片中，孙德林最后的话留给了他的女儿。他说："生活这玩意儿就是有苦有甜，日子要抻着过。"如同寓言里的狐狸，这个人再度空着肚皮挤过了栅栏。

团伙里有个地位不如孙德林的歹徒，在和作家对峙时拒绝交流，他说："我就作为这么一个公正的实验品，试验一下，没有别的，我现在就是个活尸，没啥说的。"最后，作家羞恼地说："你应该在心灵中有所悔改，你这个人就是不讲道理，要是讲道理，不至于走到今天这步！我对你的心理研究已经很清楚了，我认为我的访谈成功了。"我从来不觉得我有资格被称为作家，但我那时候决定：不能当这样束手无策的作家。

因为相对于亡命徒的孤独，作家的孤独还容易忍受一些。也因为文学是我相信的事。活着的起始问题不再是活着，而是怎么继续活，如同黑暗的起始问题不是为什么黑暗，是那束劈开黑暗的光，它到底在哪儿？我们在遍及的黑暗中，觉悟到这个世界居然存在，因此渴求不可得的真理，奋力相爱，品尝仅存的生活，为了美而悲伤，这才是奇妙之事。在世间诸多自诩是光的事情里，我信赖文学。我见识过伟大的故事家，把黑暗凝结为一些时刻，从中艰难地建立赞美性，向冥冥之中的观看者吁求：我们这些将死之人，值得继续活下去。

  尊敬的各位师长，我作为一个不理想的故事读者来到这儿，为了面见各位而荣幸，这里有伟大的故事家在座。我相信庄严而谦卑的写作没有如传闻所言，在这个平庸年头里发生了不可逆的崩溃。我知道文学以及被文学关联起来的事情，会再一次够到我们这些断了线的人。

  我相信你们。

2024 年 3 月 21 日

勘误说明

《文学第十八辑：欧美诗歌与动物伦理》（2024年6月出版）刊发杜英教授专著《冷战文艺风景管窥：中国内地与香港，1949—1967》书评，在"书评与回应"栏辑封（第215页）上，将书名中的年份误植为《冷战文艺风景管窥：中国内地与香港，1949—1976》。特此说明，并向杜英教授及读者致歉。

谈艺录

《维罗纳二绅士》:"一部轻松愉快的意大利式喜剧"

《维罗纳二绅士》:"一部轻松愉快的意大利式喜剧"

■ 文/傅光明

《维罗纳二绅士》是最早莎剧之一,具体创作日期无法确定,一般认为写于1589—1593年之间,有些学者认为它是莎士比亚第一部剧作,因为它在全部莎剧中第一次展示出一些日后更多细致处理的主题和母体,例如,这是他第一部女主角乔装男孩的戏。该剧涉及友情与背信不忠的主题,友谊与爱情之间的冲突,以及人们在恋爱中的愚蠢行为。有学者将普罗透斯小丑式的仆人朗斯和他那条名叫"克莱伯"(Crab)的狗,视为该剧之亮点,并称"克莱伯"为"莎剧正典中最抢镜的无台词角色。"该剧一般被视为最薄弱的莎剧之一,也是所有莎剧中出场演员最少的一部。

一、写作时间和剧作版本

1. 写作时间

梁实秋在其所写《维罗纳二绅士》译序中,援引"耶鲁本编著"卡尔·扬格(Karl Young)的"综合意见":"有资格的批评家们的主张,是自1591—1595年之间,大多数赞同1591—1592年的说法。目前所有的版本既表现出青年作家的作风以及修改的痕迹,我们可以猜想此剧于1590—1591年,作者或其他的人于1594—1595年又加以改动。我们可以确知的是,此剧有些不成熟的地方,也有些因改动剧本而生出的不规律之状态。"梁实秋认为:"这一见解是可以认定的。"①

时至今日,随着多种莎剧注释新本的出现,关于该剧写作时间的"见解"有了权威性更新。在此基于库尔特·施吕特(Kurt Schlueter)所写《新剑桥版·导论》中相关资料做一综述。②

在1623年"第一对开本"《威廉·莎士比亚先生喜剧、历史剧和悲剧集》(*Mr. William Shakespeares Comedies, Histories, & Tragedies*)出版之前,只有弗朗西斯·米尔斯(Frances Meres,1565—1647)在其1598年出版的《智慧的宝库》(*Palladis Tamia, Wits Treasury*)书中提及该剧,并称赞莎士比亚是一位完美的喜剧和悲剧作家:"关于喜剧,请看他的《维罗纳绅士》《错误》《爱的徒劳》《爱得其所》《仲夏夜之梦》《威尼斯商人》。"尽管所提剧名并不完整,但无须怀疑:《维罗纳绅士》(*Gentlemen of Verona*)即《维罗纳二绅士》(*The Two Gentlemen of Verona*);《错误》(*Errors*)即《错误的喜剧》(*The Comedy of Errors*)。

施吕特指出,"第一对开本"中的悲剧列表显示,并不代表创作时序;喜剧亦然。同时,该剧写作严重仰赖葡萄牙作家豪尔赫·德·蒙特马约尔(Jorge de Montemayor)1559年出版的田园牧歌小说《狄安娜七卷书》(*La Diana*)中的一章,这一事实无助于确定写作年代。因为,这部以西班牙文写成的散文浪漫传奇,1542年首次发表,1578年由尼古拉斯·科林(Nicholas Collin)译成法文。巴塞洛缪·扬格(Bartholomew Yonge)的英译本虽在1598年问世,1582年却已译竣。另外,1585年1月3日,还有一部当时由"女王剧团"(Queen's Men)在格林威治宫(Greenwich Palace)演出过、后来失传的匿名作者的戏剧《菲利克斯和菲洛米娜的历史》(*The History of Felix and Philiomena*),其中有一插剧情节,可能与莎士比亚使用的故事来源相同。假如这部匿名戏剧确实对蒙特马约尔的故事做过处理,亦有可能为莎士比亚提供了最初构想。然而,鉴于该故事与莎剧戏文之间存在大量细节关联,不妨假定,莎士比亚通过英译本对蒙特马约尔有了认知。

施吕特认为,《维罗纳二绅士》中使用的戏剧技巧十分有限,它严重仰赖独白和对白,人为地平衡一对恋人和一对仆人,一些台词的抒情性及风格上的另一些特点,都显出它在早期莎剧正典中的地位,但具体写作时间和地位如何,或多或少仍只能猜测。莎学家钱伯斯(E. K. Chambers,1866—1953)提出,它写于1594年或

---

① 梁实秋:《维洛那二绅士·序》,《莎士比亚全集》(第一集),北京:中国广播电视出版社,1995年版,第91页。
② 此节论述参考 Introduction, *The Two Gentlemen of Verona*, Edited by Kurt Schlueter, Cambridge University Press, 2003, pp.1-2。

1595年，在《驯悍记》之前，在《爱的徒劳》和《罗密欧与朱丽叶》之后。另一莎学家霍尼希曼（E. A. J. Honigmann）认为，它写于1587年，是莎士比亚第一次试手写喜剧。显然，这一看法并非基于与文本相关的新材料，而源于对莎士比亚编剧时间的过早推断。钱伯斯曾列过一份莎士比亚"学徒期编剧年表"，霍尼希曼认为，需向该表发起挑战，他反对正统的"晚开始"和"早开始"理论，这两种理论都试图重新界定一些早期莎剧与那些传统上被视为其"源戏剧"（source plays）的剧作的关系。他强调，这些剧作无须早于同类莎剧，即可与艺术上成功的莎剧一争高下。换言之，他并不觉得该剧在艺术上十分幼稚。

霍尼希曼把戏剧家乔治·皮尔（George Peele, 1556—1596）1591年所写《骚乱不断的英格兰国王约翰王朝统治》（The Troublesome Reign of John, King of England），视为早期英国戏剧编年史里的新基石，在他看来，该剧完稿时间紧随莎剧《约翰王》和《理查三世》之后。鉴于本·琼森（Ben Jonson）曾提及莎剧"塞内加式的悲剧"（Senecan tragedies）时期，霍尼希曼将《泰特斯·安德洛尼克斯》（Titus Andronicus）的写作时间暂定在1586年，1587年《维罗纳二绅士》紧随其后。然而，传统观点认为，《错误的喜剧》是莎士比亚喜剧创作生涯的起点，在该剧中，他可以利用在拉丁文法学校时阅读拉丁喜剧的体验，这似乎比看到他以更多原创性冒险的《维罗纳二绅士》来开启戏剧生涯，更为可信，他在这部剧里找见一种自己独特的喜剧基础，并在他的许多成熟剧作中返回来重新使用、发展这些戏剧手段。

对莎士比亚实验性喜剧的写作时间及排序，仍是一个猜想，但无论早期莎剧如何排序，《维罗纳二绅士》完稿于16世纪80年代末，并非不可能。2008年"牛津版"该剧编者罗杰·沃伦（Roger Warren）提出，该剧是莎士比亚文学里现存最古老的一部戏，写作时间应在1587—1591年之间。他甚至提出假设，莎士比亚来伦敦之前可能已写成该剧，并打算用当时最当红的著名丑角演员理查德·塔尔顿（Richard Tarlton）饰演普罗透斯的仆人朗斯。这一观点或许源于塔尔顿在舞台上与一只狗一起表演过几场极受欢迎的欢闹戏，像剧中朗斯牵着他的狗"克莱伯"演戏一样。塔尔顿1588年9月去世。但沃伦注意到，剧中几段台词似乎取自"大学才子"之一的诗人、剧作家约翰·利利（John Lyly, 1554—1606）的剧作《迈达斯》（Midas），后者至少完稿于1589年底。由此，沃伦认定，1590或1591年是该剧最有可能的确切写作时间。

不过，无论如何，遗憾的是，关于《维罗纳二绅士》的演出记录，伊丽莎白时代只字未留。

2. 剧作版本

梁实秋在《维罗纳二绅士》译序开篇说明，该剧"无四开本行世，初刊于1623年之'第一对开本'，列于喜剧部分，占页20至38，为全集中之第二部剧本。此剧在版本方面之最显著的特点，是完全没有'舞台指导'，上下场亦几全付阙如（除每景首尾之外）。任何剧团不可能根据这样的版本上演。……伊丽莎白时代的舞台剧通常约为3 000行，但此剧只有2 380行，很可能原剧本经过删削，约少了600行"①。

简言之，关于该剧版本，如英国当代莎学家乔纳森·贝特（Jonathan Bate）在其编注"皇家莎士比亚剧团版"《莎士比亚全集》（简称"皇莎版"）《维罗纳二绅士·导论》中所说："1623年'第一对开本'是唯一最早印本，据'国王剧团'（King's Men）专职抄写员拉尔夫·克莱恩（Ralph Crane）之誊抄本印制。印刷质量大体良好。"②

二、"原型故事"

1.《维》剧之于蒙特马约尔的小说《狄安娜》

莎士比亚在写《维罗纳二绅士》（以下简称《维》）时，借鉴了葡萄牙作家豪尔赫·德·蒙特马约尔所著《狄安娜七书》（*Los Siete Libros de la Diana; The Seven Books of the Diana*）（以下简称《狄安娜》，*la Diana*）中的"二书"。这位一生几乎完全用西班牙语写作的葡萄牙小说家、诗人，生于临近葡萄牙科英布拉（Coimbra）的旧蒙特莫尔（Montemor-o-Velho），他的名字"蒙特莫尔"（Montemor）源于此，西班牙文拼作"蒙特马约尔"（Montemayor）。尽管母语是葡萄牙语，但他只在《狄安娜》"六书"中，用葡萄牙语写了两首歌曲和一段短文。他的散文风格对16世纪用法语和英语写作的诗人、作家多有影响。

先简单说下"二书"中的情节，菲利克斯先生（Don Felix）给所爱的菲莉丝梅娜（Felismena）写了封情书，表白情感。菲莉丝梅娜像《维》剧中的朱莉娅一样，假意拒绝此信，拿送信来的女仆发火撒气。像《维》剧中的普罗透斯一样，菲利克斯由父亲打发出门，乔装成一男孩的菲莉丝梅娜尾随跟踪，并成了他的侍童，随后获

---

① 梁实秋：《维洛那二绅士·序》，《莎士比亚全集》（第一集），第89页。
② 参见 *The Two Gentlemen of Verona* · Introduction, Jonathan Bate & Eric Rasmussen 编，北京：外语教学与研究出版社，2008年，第55页。

知他爱上了西莉亚（Celia）。此后，菲利克斯派菲莉丝梅娜当他的信使，与西莉亚交流。西莉亚对菲利克斯的爱嗤之以鼻，却爱上这位乔装的侍童（菲莉丝梅娜）。最终，经过树林中一场战斗，菲利克斯与菲莉丝梅娜重逢。然而，当菲莉丝梅娜自揭身份时，西莉亚因没有与《维》剧中的瓦伦丁对应之人，伤心而亡。

如前所说，巴塞洛缪·扬格的《狄安娜》英译本虽在1598年出版，但据他在序言中自称，早在十六年前（约1582年）即已译竣。莎士比亚可能读过扬格的一份英译本手稿，也可能与这个故事的法语版邂逅，或从那部由《狄安娜》改编而来、匿名的英国戏《菲利克斯与菲洛米娜的历史》，获知这个故事。

以下参照库尔特·施吕特（Kurt Schlueter）《新剑桥版·导论》，再对情节详做描述。①

蒙特马约尔的"狄安娜"的故事以序幕开篇，写女主人公由一种竞争性的超自然力命中注定将遭受不幸的恋爱，却被赋予一种特殊的坚韧天性。长大后，发现一位地位显赫的邻居之子执着而用心地追求自己。意识到命运安排，她不愿谈恋爱。最终，追求者贿赂她的女仆，把情书交给她。《维》剧第一幕第二场与此形成对应，十分相似，除了这一剧情，朱莉娅因缺乏菲莉丝梅娜的动机，在接受求爱者给她那封情书时，表现得不那么勉强。普罗透斯在一幕三场读的她那封信，比菲莉丝梅娜对她的菲利克斯先生的答复更具约束力，菲利克斯只是通过持续一年左右的炫耀性求爱，成功赢得她的爱。菲莉丝梅娜终于亲口答应，这时，菲利克斯的父亲出面干预，以他该出门办点事为由，将他送到一外国宫廷。菲利克斯动身时，他那颗破碎的心不许他离开恋人，但菲莉丝梅娜对他的忠诚有怀疑，立即扮成一个侍童，紧随其后。等她到达时，发现菲利克斯已爱上西莉亚小姐，并偷听到他正用一首小夜曲向西莉亚求爱。

比较来看，莎士比亚在《维》剧中将普罗透斯的求爱时间缩短，代之以离别时的告白。他还出于要强调教育主题，改变了父亲送儿子远离家乡的动机。此外，《维》剧延长了普罗透斯离别和朱莉娅决心尾随两者之间的时长。但尽管朱莉娅得到更大信任，处境却和菲莉丝梅娜一样糟。两人都设法在各自不忠的恋人那里谋到差事，向他们晓之以理，但均遭到为情敌跑腿的羞辱。然而，这些相似之中存有重大差异：菲莉丝梅娜乔装打扮与昔日恋人说理，得到完全认同，却发现无法改变旧恋人的意图。这大体归因于她的恋爱命定不快乐，这倒使不忠的恋人至少在

---

① 此节论述参考 Introduction, *The Two Gentlemen of Verona*, Edited by Kurt Schlueter, Cambridge University Press, 2003, pp.6–14。

一定程度上，多少摆脱掉个人负罪感。在这种情形下，出于对菲利克斯因求爱不成所遭痛苦之怜悯，菲莉丝梅娜试图诱导西莉亚对他表示一些好感。西莉亚爱上乔装侍童的菲莉丝梅娜，起初顺从了她的意愿。但这造成更大痛苦——不仅对菲莉丝梅娜，对西莉亚亦然，因为她一定将侍童尽力帮助主人视为对她自身表达爱意的拒绝。菲莉丝梅娜陷入双重困境，每个举动都会带来新痛苦。出于对菲利克斯渴望得到西莉亚爱情信物时的怜悯，出于当他似乎得到这些信物时的自身缘由，菲莉丝梅娜遭受了最大痛苦。西莉亚之死打开唯一活路，菲莉丝梅娜幸存下来，这可能归因于她有特殊的坚韧天性。菲利克斯绝望逃离。菲莉丝梅娜尾随寻找，漫游世界，成为一名亚马逊族女战士（Amazon），凭其坚韧救出许多有生命危险的人，其中一个原来是她心爱的菲利克斯。他们在远离宫廷和城市的一个绿色世界重逢，并有望结合在一起。但这一团聚能否花开绽放，仍取决于超自然的指令能否中止，这一指令命定她要在恋爱中遭受不幸。

施吕特继而分析，由于《维》剧中对应西莉亚的角色西尔维娅，对瓦伦丁有过坚定承诺，所以，她既不会接受普罗透斯的求爱，也不会爱上替他跑腿的侍童。莎士比亚为感谢西莉亚对菲利克斯表露出的好意，把主题替换成讨要一幅肖像画。朱莉娅的痛苦则集中在她扮演阿里阿德涅（Ariadne）的故事里，阿里阿德涅是一个遭不忠情人遗弃的女人的神话原型。为促进自身利益，朱莉娅比菲莉丝梅娜表现得更理智、决心更明确。她决心利用乔装优势，挫败反常的恋人向自己的情敌求爱。为达到目的，她甚至想向西尔维娅透露真实身份，但觉得没必要，继而放弃。无论西莉亚之死，还是西尔维娅严词拒绝普罗透斯，都未能解决这对恋人不正常的依恋。最后，朱莉娅的追求，在与《狄安娜》中大致对应的远离宫廷之地，通过主动行为，获得意外成功。因此，不难得出结论，蒙特马约尔小说中的"菲利克斯与菲莉丝梅娜"情节，为莎士比亚提供了一个求爱故事，在莎剧故事里，男、女正常角色反转过来。莎士比亚甚至通过缩短朱莉娅不愿接受恋人求爱的情节、通过让她更坚定追求自己的目标，强化了这些特征。他还增加了第二幕第二场普罗透斯与朱莉娅告别一场戏，在这场戏，为拴牢恋人，朱莉娅试图发起订婚，尽管普罗透斯对这份契约热切分享，却似乎并未预见到这是订婚。

按双重剧情的风格，莎士比亚发现、甚或发明了一种求爱故事，来折射"菲利克斯与菲莉丝梅娜"的故事。初看起来，因是派男性去求爱，"瓦伦丁与西尔维娅"的剧情似乎谈不上原创。但作为一个求爱男主角，瓦伦丁表现出比史诗或戏剧更富抒情性的特质。人们对他的最好看法是，永不要对他的善意心存怀疑。他对恋爱缺乏兴趣，这与朱莉娅最初的不情愿造成一种平行。一遇见西尔维娅，他顿生爱心,却奇怪地保持被动。照侍童所说,他花时间笨拙地盯着她看,表现出传统情人的所有迹象。第二幕第一场,正由于西尔维娅主动让他替她给自己写封信,才使这对男女有了决定性联系。如果仆人不把这封信的意义解释清楚,这个计策甚至会失败。当瓦伦丁在第二幕第四场再次登场时,卷入与情敌(图里奥)一场言语冲突,这位情敌除了确实讨姑娘父亲喜爱,几乎没机会挤掉他。父亲的反对十分可怕,为此,这对恋人只能选择逃避,而无法克服。于是,他们酝酿出一个私奔计划。剧中未明确这个计划由谁发起,但有理由推测,多半由西尔维娅想出来,计划包括借助一副绳梯爬上她住的塔楼顶层。绳梯作为一件能够发现瓦伦丁的工具,似乎是为了给他营造一些浪漫英雄的假象。计划未能实施,部分归因于瓦伦丁把计划事先泄露给旧日好友(普罗透斯)——为争夺爱情,这位好友把内情透露给西尔维娅的父亲——部分归因于男主角(瓦伦丁)盲目走进这位父亲为他设好的圈套。当这名罪犯因绳梯之罪证及一封几无必要写给自己新娘的诗文信被定罪时,这位小气的家庭暴君滥用身为那片领土首脑的权力,将他放逐。流放路上,他很幸运地落入一伙亡命徒手中,他们没抢他半点钱财,选他当了首领,将所有财宝交他处置。而他,并未积极运用这份权力来实现自己的目标,却把时间花在为西尔维娅叹息及提高手下这伙人的品行上。当西尔维娅一路尾随,跟他进入森林,他有幸控制住两位情敌和敌视他的那位父亲,他尽力使期盼已久的新娘免遭其中一位情敌强奸,但不一会儿,他为效仿古代的理想友情模式,又表示准备放弃这梦寐以求的战利品。诚然,这仍是一种虚无姿态,因为通过朱莉娅的干预,无论西尔维娅这个战利品,还是潜在的战利品获得者普罗透斯,均无机会接受或拒绝这一提议。幸福结局由公爵来完成,他宣布,与之前所做裁决相反,英雄(瓦伦丁)势必有资格实现如其早先界定的完美绅士的理想。因此,大多英雄求爱之成功,并不取决于自己所做的决定和行动,而取决于所获机缘及自己所爱那位小姐的善意和主动。因此,这一平行剧情,不仅折射出与蒙特马约尔小说有显著差异的情节,还呈现出一种求爱故事的滑稽剧表演,这类故事在教育家赫伯特·斯宾塞(Herbert Spenser, 1820—1903)的教育小说中充当一种媒介工具。

2.《维》剧之于埃利奥特的《总督》

对莎士比亚有重大影响的另一素材来源,是提倡人文主义绅士教育的英国学者托马斯·埃利奥特(Thomas Elyot)1531年出版的《被任命为总督的博克》(*The Boke Named the Governour*,以下简称《总督》)一书中"泰特斯(Titus)与吉西普斯(Gisippus)亲密友情的故事"。这是都铎王朝时代论述教育的主要论文。尽管乔瓦尼·薄伽丘(Giovanni Boccaccio)在《十日谈》(The Decameron)里讲了同样故事，但《维》剧和《总督》两者间语言上的相似性表明，《维》剧的主要来源是埃利奥特的《总督》，而非《十日谈》。在这个故事中，泰特斯与吉西普斯形影不离，直到吉西普斯爱上索弗洛妮娅(Sophronia)。吉西普斯介绍索弗洛妮娅认识泰特斯，但泰特斯被嫉妒心征服，发誓要引诱她。听了泰特斯的计划，吉西普斯做出安排，他们在新婚之夜交换位置，以此将友谊置于爱情之上。

施吕特注意到《维》剧这一与此平行的剧情，且使用了前面提及的薄伽丘的故事里考验友情这一主题。薄伽丘在故事里，结合了世界文学发展出来的对英雄式友情的两种考验：把自己的新娘送给朋友、为朋友献出生命。后者的主题单独出现在罗马传说"达蒙与皮亚厄斯"(Damon-and-Pythias)类型故事，或"俄瑞斯忒斯-皮拉德斯"(Orestes-Pylades)神话中。然而，在薄伽丘笔下精当的三元结构中，泰特斯的生命冒险被用作最后的证据，证明他值得接受吉西普斯早先作为友情见证赠与他的新娘。拿新娘当礼物作为一案例提出来，双方进行争辩，新娘及家人反对，双方朋友却公开支持。盖因罗马人比希腊人更了解友情的传说，罗马人泰特斯在同新娘希腊亲属的辩论中获胜。此处，施吕特特别强调，貌似为防止女权主义批评，薄伽丘让一个女性叙述者来讲这个故事，听众不论男女都对她表示认同。重要的是，这一剧情发生在古典时代，当时男女关系既没受到宫廷爱情观，也没受到柏拉图式和新柏拉图式对其重新解释的影响。埃利奥特的故事版本保留下古代背景，将争论元素删除，或因埃利奥特无法想象，任何一位读者都可能想通过真正模仿故事中所讲述的奇妙友情考验，来证明自身勇气。

不过，莎士比亚的男主角选择了效仿吉西普斯的做法，因其他背景发生了根本性改变，这一表现甚显怪异。几乎在整部剧中，瓦伦丁和普罗透斯均被视为"朋友"，"朋友"一词在现代意义上弱化了。施吕特分析，在他们第一次出场相互话别时，尚没有成为英雄式友情候选人的资格，因为与泰特斯和吉西普斯相比，他们因各自价值观和意图之不同而分裂。哪怕交流中使用亲切称谓，也不能表明两人间有一条独特纽带：普罗透斯后来对图里奥几乎同样使用"朋友"称谓。其实，周围人并不认可这两个年轻人因极为特殊的爱好和义务绑在一起。普罗透斯的父亲把他们说成伙伴，而非朋友。这位当父亲的，似乎倾向于轻视瓦伦丁的社会地位，并不能辨识对理想友情至为重要的一种平等。的确，反讽的是，戏文中"朋友"一词多在涉及友情破裂时出现。稍作考证很有意思，该词最早用来指亲戚和熟人，并非指理想或普通友情意义上的朋友。当普罗透斯假意向遭放逐的瓦伦丁示好友情之时，"朋友"一词出现了，这是剧中所呈现的现实和用来描述这现实的语言之间的典型差异。相反,当瓦伦丁试图以"朋友"一词安抚那些亡命盗贼时,他们拒绝这个称谓,自称他的"敌人",却把弄来的所有财宝,连同他们自己,都交由他掌控,以此表达敬爱和赞佩。剧中没一处将常用来描述理想友情的"另我"(拉丁语:alter ego)公式,用在瓦伦丁和普罗透斯的关系上,二人也从未被称作"两颗灵魂合为一体"。

简言之,"另我"即另一个自我,通常被认为与一个人常态或原有性格有明显差异。拥有一个"另我"之人需过双重生活。公元1世纪时,古罗马哲学家西塞罗(Cicero)创造出这一词汇,作为其哲学建构的一部分。但他将该词形容为"一个第二自我,一个值得信赖的朋友。"到19世纪初,心理学家开始用"另我"描绘解离性人格疾患。

不过,按施昌特分析,在剧中,这个同一性公式可能包含在瓦伦丁遭放逐时的抱怨里,他在抱怨中描述他与西尔维娅的结合:"死,是放逐我自己;/西尔维娅就是我自己。/从她身边遭放逐,/就是自己放逐自己。——一种致命的放逐!"【3.1】因此,他把强迫分离看作以自我毁灭告终。尽管朗斯提出要打瓦伦丁,和普罗透斯关于西尔维娅个性坚定的叙述,滑稽性地减少了瓦伦丁的毁灭幻想,但瓦伦丁仅表现出的伤悲,是因与西尔维娅分离,并非因与他所谓的朋友分离。

更有甚者,剧中没人在新娘令人惊叹的求婚之前采用"另我"公式。瓦伦丁在对普罗透斯破坏友情的抱怨中,使用了同一个身体器官间分裂的比喻:"当一个人的右手向胸窝发假誓。"【5.4】无疑,该剧表明,倘若瓦伦丁甚至期望他的朋友遵从对友情的描述,而这一描述大大低于"另我"公式所描述的友情本质,那他就误判了现实。虽说这个比喻包含有机统一,但它由利用身体的不平等部分来传达。当要强调实际利益时,它出现在关乎友情的文学里。不平等与实用性两个时刻,均使这种联盟低于友情的最高概念。但即便这种低级的友情观念,对这部剧也不适用,因为瓦伦丁并未显出需仰赖普罗透斯相助。批评家们偶尔会提及这个事实,即与泰特斯相比,普罗透斯几乎配不上瓦伦丁给他的好处,但问题的关键在于,人们对女人的态度发生了改变。在薄伽丘的小说里,尽管吉西普斯爱恋、尊敬、看重索弗洛妮娅,但对他来说,恋人没朋友重要,他视朋友为独一无二、不可替代之人。该剧则表明,对于瓦伦丁,西尔维娅才是不可替代的唯一,是他继续存活的必要条件,整个剧情似乎都证明,没有所谓朋友,他能过得很好。

3.《维》剧之于约翰·利利的《尤弗伊斯》

诗人、剧作家约翰·利利(John Lyly)1578年出版的《尤弗伊斯:智慧的剖析》(*Euphues: The Anatomy of Wit*)对莎士比亚编创《维》剧,亦有重要影响。这是一部表面谈教育,尤其谈及爱情和友情的小说,至少在某些方面,它是对薄伽丘的故事一种不同类型的重写。像埃利奥特的《总督》一样,《尤弗伊斯》描述两个形影不离的好友,直到一个女人出现才分开;也像《总督》和《维》剧一样,故事以一位朋友为挽救友情而牺牲女人收场。然而,如杰弗里·布洛(Geoffrey Bullough)所说,"莎士比亚对利利的亏欠可能技巧多于材料。"另外,利利的《迈达斯》(Midas)可能对《维》剧中朗斯和斯比德谈论挤奶女工优缺点那场戏有影响,因它与《迈达斯》剧中卢西奥(Lucio)与佩特鲁斯(Petulus)那场戏十分相似。

由此,施吕特指出,从友情考验这一主题来分析,能发现莎士比亚创造出一个忠实朋友的模仿品,并将其与一个不忠诚、不值得交往的朋友连成一对。小说中的尤弗伊斯(Euphues)和菲洛图斯(Philautos),比《维》剧中的普罗透斯和瓦伦丁,更自觉地称自己为朋友。他们打算按英雄式友情的榜样来生活,包括泰特斯和吉西普斯,但由于他们在友情的真谛上自我欺骗,考验自然以失败告终。他们把友情当成共同追求快乐、而非美德的习俗。利利添加进反讽意味,至少在道德层面,他笔下的女性地位远低于薄伽丘认可的索弗洛妮娅。菲洛图斯和泰特斯一样,当面对爱上朋友未婚妻这一事实,同样经受了自我煎熬的独白,甚至一些相同论点再次出现。普罗透斯的独白以欺骗瓦伦丁的决心结束,这与菲洛图斯和泰特斯两人所受煎熬类似。由于普罗透斯和菲洛图斯一样,采纳了泰特斯反对的那些论点,因此可以说,他的决定是基于菲洛图斯的例子。至少可以想象,那个时代的观众从利利的《尤弗伊斯》看《维》剧故事,恰如从薄伽丘的"泰特斯和吉西普斯"的故事来看《尤弗伊斯》。

4.《维》剧之于罗伯特·格林的中篇小说《塔利斯之爱》

施吕特在《新剑桥版·导论》中指出,由于一些评论家造成这一印象:伊丽莎白时代的观众惯于将把新娘让给朋友,视为一种对英雄之宽宏大量的经久考验,由此,应把罗伯特·格林(Robert Greene)的中篇小说《塔利斯之爱》(Tullies Love)纳入莎研视野,这篇小说是对薄伽丘"菲利克斯"故事的另一种改写。小说中,年轻的西塞罗,友情观的主要倡导者,按其所宣扬的友情观念生活着。格林在这部浪漫传奇里,让年轻的西塞罗扮演泰特斯。因该故事假装具有传记性,将薄伽丘设定在古罗马时代的故事背景保留下来。但格林笔下的女主人公与薄伽丘笔下的索弗洛妮娅完全不同,格林按宫廷浪漫传奇故事中的女性来构思女主人公,将她描绘成一个美貌和美德的奇迹。她声名远扬,传进一位年轻罗马指挥官的耳朵,放弃指挥权要赢得这个美妙女人。实际上,在表示不愿接受这个具有军人名望和无可挑剔社会信誉的杰出青年求婚时，她更像宫廷爱情故事里的女主角，而非《维》剧中的西尔维娅。求婚者与年轻的西塞罗成为朋友，尽管西塞罗的社会地位相对较低，却以雄辩力著称，他多次与小姐见面，替朋友求婚。结果，小姐爱上这位媒人，鼓励他向自己求爱。尽管西塞罗与世人一样钦佩这位美德典范，但他拒绝为追求个人利益违背朋友。可是，他本人也深爱这位小姐，在相似情形下，他对泰特斯内心痛楚感同身受。

施吕特继而分析，在利利和格林写的这两个故事里，第一对恋人很清楚朋友的灾难，——这与第二对恋人的打算完全相反，后者宁死也不把情形告诉朋友。在两个故事里，第一对恋人都退后一步，宣布放弃早先的求婚，并积极协助朋友获得或留住他们渴望的小姐。但不同在于：在"薄伽丘—埃利奥特"的版本中，第一位恋人让出已接受他作丈夫的订了婚约的新娘，且为使这位新娘婚姻圆满，必须隐瞒她所认可的那个人的身份。格林的版本则避免任何有违情感、道德或法律礼仪的行为。年轻的罗马战士并未放弃他可能认为属于自己的东西，也没欺骗小姐去接受她不想要的东西。无须对两位朋友中任何一位的行为表示赞同或反对，但在格林眼里，他们的行为足够奇妙，可以围绕它，建立一个关于理想友情的故事，好像他们是泰特斯和吉西普斯一样。为确认这一论点，第三位求婚者出现了，其社会地位也比小姐喜爱的西塞罗高得多，但到眼前为止，他一直表现出怪异的粗野，不愿去爱，不愿去学习。但一遇到喜爱西塞罗的这位小姐，他竟奇迹般地改变自己，很快成为学识渊博的模范朝臣。因恳求无法赢得心仪的小姐，他最后诉诸武力。在随后的内战中，第一位恋人与小姐喜爱的第二位恋人联手，对付第三位恋人。这样，他们以甘冒生命危险，既证明了友情，又胜利维护了这位小姐行使自由选择的权利。他们不仅打败强大的对手，还因此赢得罗马社会的一致认可。

施吕特最后强调，若把莎剧中"瓦伦丁—西尔维娅—普罗透斯"的剧情和格林的故事视为对薄伽丘的故事，而非埃利奥特的故事版更为现代的改编，应注意到，两者都认同提升相关的女性地位，但在表现男性角色上有所不同。格林让他们两人（西塞罗和泰特斯）像薄伽丘笔下的人物那样值得一写，却让他们摆脱掉所有可能招致的指责及读者看起来不可接受的东西，莎士比亚则把额外污点加在两人（普罗透斯和图里奥）身上：一个背叛，一个愚蠢。从这个角度看《维》剧，很难断言莎士比亚并非有意写一部浪漫传奇滑稽剧，或者说，他意在把瓦伦丁的求婚当作绅士行为的一个标志，和后天处理自己情敌朋友的一种能力。

5. 次要素材来源

除以上所述，《维》剧另有其他次要素材来源，包括阿瑟·布鲁克（Arthur

Brooke)的长篇叙事诗《罗梅乌斯与朱丽叶的悲剧历史》(*The Tragical History of Romeus and Julie*)。莎士比亚据此写成《罗密欧与朱丽叶》(以下简称《罗》),《维》剧中也写到一位劳伦斯修道士。《罗》剧与《维》剧另一处相同场景是:《罗》剧中的罗密欧像《维》剧中的瓦伦丁一样,打算靠一副绳梯骗过新娘(朱丽叶)的父亲(凯普莱特)。

再次,菲利普·西德尼(Philio Sidney)的浪漫传奇《彭布罗克伯爵夫人的阿卡迪亚》(*The Countess of Pembroke's Arcadia*)也可能对莎士比亚编写《维》剧产生影响,因为《彭布罗克伯爵夫人的阿卡迪亚》中有个角色把自己打扮成未婚夫的侍童,尾随出门,随后,主要人物之一成为一群希洛特人(Helots;古斯巴达的国有奴隶)的队长;在《维》剧中,遭放逐的瓦伦丁成为一群盗贼的首领,与此对应。

另外,梁实秋在译序中提到,"在若干细微情节及词句上",《维》剧可能受了1581年译成英文的意大利人马特奥·班戴洛(Bandello, 1485—1562)的小说《阿波罗尼乌斯与希拉》(*Apollonius and Sylla*)的影响。①

三、剧情梗概

第一幕

维罗纳,一广场。瓦伦丁和身陷与朱莉娅恋情的普罗透斯告别。他要离开维罗纳,前往米兰,求学上进。他希望普罗透斯能与他结伴出行,去看外面世界的奇妙,而非懒洋洋闷在家里,用漫无目的的懒惰消耗青春。普罗透斯并不羡慕瓦伦丁去追猎荣誉,他甘愿留在家乡追猎爱情,哪怕荒疏学业,虚度时光。

朱莉娅在自家花园与女仆露切塔聊天。在与朱莉娅交谈过的成群体面绅士里,露切塔觉得普罗透斯最好,而且最爱朱莉娅。朱莉娅想多了解普罗透斯的心思,露切塔拿出普罗透斯刚派侍童送来的一封书信。朱莉娅责怪露切塔怎敢擅自接受调情的诗行,与人串通,图谋自己的青春。她让露切塔原信退回,刚骂走她,又马上叫住。她嗔怪愚蠢的爱情那么任性,她想看信的内容。露切塔把信丢在地上,再随手捡起。朱莉娅假意说信是哪个心上人写给露切塔的韵体诗,露切塔说自己高攀不起。主仆发生口角,朱莉娅一气之下,将信撕碎。露切塔看出朱莉娅只是假装不在乎,却真心期盼再有一封信惹自己这么生气。果然,露切塔走后,朱莉娅捡起碎纸片,拼凑出信的抬头称呼是"仁慈的朱莉娅",行文中有"为情所伤的普罗

---

① 梁实秋:《维洛那二绅士·序》,《莎士比亚全集》(第一集),第91页。

透斯"和"可怜的遭遗弃的普罗透斯,痴恋的普罗透斯,致亲爱的朱莉娅"。她断定普罗透斯爱自己,自己也堕入情网。她把信对折,期盼心里的两个人的名字"一上一下。现在亲吻,拥抱,争斗,遂其所愿"。

安东尼奥家中。仆人潘蒂诺劝主人别再让儿子普罗透斯把时间耗在家里,年轻时不出门游历,等年老时,那是一大耻辱。安东尼奥说一直在苦心谋划,考虑到儿子时间的损耗,若不在世上经考验、受指导,岂能成为有教养的人:经历凭勤奋获得,圆满随光阴飞逝而来。潘蒂诺提议把普罗透斯送到瓦伦丁当差的米兰宫廷。安东尼奥见儿子在读信,那是儿子天使般的朱莉娅写来的甜美诗行。父亲问是什么信,儿子谎称只是瓦伦丁来信问候。父亲要儿子次日动身前往米兰,与瓦伦丁一起,在宫中待段时间。普罗透斯慨叹:"啊!这爱情的嫩苗多么像/四月天变幻莫测的壮丽,/此刻展露出阳光的一切美景,/一片阴云瞬间夺走一切!"

第二幕

米兰公爵宫中一室。瓦伦丁爱上米兰公爵之女西尔维娅,却不直接表白。西尔维娅命他给自己所爱之人写情诗,他尽力往好里写。见到西尔维娅,他递上信,很礼貌地说:"按您指令,我为您那位私密匿名恋人,写了一封信。若非出于为小姐您尽本分,我不愿干这种事。"西尔维娅夸信写得很有学者文风,把信递回,表示不再劳烦他。瓦伦丁以为没写好,说只要对小姐有好处,愿写一千回。但西尔维娅说:"这信,先生,是我要您写的,但我不想要了。给您吧。我愿这信写得更动情。"瓦伦丁疑惑不解。西尔维娅走后,仆人斯比德提醒瓦伦丁,这是小姐借巧计在求爱,所爱之人正是瓦伦丁。因出于羞怯难开口,才"教恋人亲手给自己写信"。

维罗纳,朱莉娅家中。普罗透斯向朱莉娅辞别,朱莉娅给他一枚戒指作为信物,说表示只要不变心,自然很快回来。普罗透斯给朱莉娅一枚戒指,作为交换。朱莉娅希望"用神圣一吻给契约盖印"。普罗透斯以真心忠诚起誓:"倘若一天里滑过一小时,没为你朱莉娅叹息,随后一小时,叫一些可怕的厄运因我健忘的爱心,折磨我!"

米兰。公爵向瓦伦丁打听是否熟悉普罗透斯,瓦伦丁不由夸赞:"他岁数年轻,经验老到,头未灰白,判断成熟。一句话,——我现在给予他的所有赞美,远落后于他的价值,——他心灵和外表无一不完美,美化一个绅士的所有高贵美德无一不备。"普罗透斯来到公爵府,瓦伦丁和西尔维娅热情接待。瓦伦丁告诉普罗透斯,以往对爱神的鄙视使他遭受痛苦惩罚,他深爱西尔维娅,"除了情话,现在无话可谈。哪怕单提到爱情这字眼儿,我就能吃好早中晚三餐,睡大觉"。但公爵为女儿选中了有钱的图里奥,瓦伦丁的情敌。瓦伦丁说,与西尔维娅订了婚,两人把结婚时间,他如何用绳梯爬上她的窗户,及巧妙逃离的每个细节,设计商定好一切方法。普罗透斯从见到西尔维娅那一瞬间,便将昨日与朱莉娅的恋情完全忘却。他见异思迁,爱上好友订了婚的新娘,"现在未经考虑就这样爱上她,将来又该怎样凭更多的思虑宠爱她?我所见,只是她的外表,已使我的理性之光迷乱。待他日见识她的完美品性,我没有理由不变成睁眼瞎"。

  普罗透斯意识到对恋人、对朋友、对所发誓言的背叛:"遗弃我的朱莉娅,我将背弃誓言;爱上美丽的西尔维娅,我将背弃誓言;伤害我的朋友,将是更大的背弃。正是起先给我誓言的那股力量,引我犯下这三重背弃。"但他为赢得西尔维娅的爱,下决心把瓦伦丁告诉他的"贴心话",透露给公爵,"立刻把他们打算乔装私奔,通知她父亲,盛怒之下,他定会赶走瓦伦丁,因为他有意把女儿嫁给图里奥。但瓦伦丁一离开,我要凭一些花招巧计,迅速挫败愚笨的图里奥的蠢行"。

  朱莉娅对普罗透斯变心毫不知情。她让露切塔给她准备几套"适合好人家侍童"穿的衣服,她要女扮男装,前往米兰,去找普罗透斯。露切塔提醒她,"怕的是,他见了您,未必高兴"。朱莉娅毫不担心,认为"普罗透斯的一千条誓言,一海洋泪水,无尽之爱的证明,担保我受欢迎"。露切塔说:"这一切都是虚伪男人们的差役。"朱莉娅认定普罗透斯决不是卑贱的变心男人,"他的话是契约,他的誓言是神谕,他的情爱诚挚,他的思想纯净,他的眼泪是从心底派出的纯真使者,他的心,与欺骗远如天地之隔"。

第三幕

  普罗透斯向公爵表示,出于报答公爵"所施厚恩"和本分,宁愿选择挫败朋友的预期计谋。他告诉公爵,瓦伦丁打算今夜拐跑西尔维娅。公爵起初并不担心,他每晚让女儿睡在塔楼顶层,钥匙拿在自己手里。普罗透斯说瓦伦丁现在去取绳梯,一会儿路经此地。公爵截住瓦伦丁,假意讨教,说自己爱上一位女士,女士丝毫瞧不上他"这老年人的口才",该如何"才能受她阳光明媚的眼神眷顾",并说家人已将这位小姐许配给一位出身高贵的青年绅士,为防她与外界交往,家门上锁,钥匙藏得安稳,夜里也没谁能去见她,"寝室很高,远离地面,建得十分倾斜,没谁能爬上去,不冒眼见的生命危险"。瓦伦丁献计:"一个梯子,用绳子精心做的,配一对锚钩,抛上去,只要利安德甘愿冒险,就能攀上另一个希罗的高塔。"瓦伦丁答应七点前,给公爵弄来一副绳梯。公爵又问绳梯如何不被发现,瓦伦丁说裹在一件长披风里。公爵说着要穿跟瓦伦丁一样的披风,趁机撩开披风,发现里面藏着一封相约私奔逃跑的信，一副用来攀上塔楼解救西尔维娅的绳梯。公爵不许瓦伦丁做任何辩解，下达放逐令："但你若在我领地里逗留，比给你最快速离开我王宫的时间更长，以上天起誓，我的愤怒将远超曾给予我女儿、或你本人的爱意。快走！我不要听你徒劳的辩解；但凡爱惜自身生命，快离开这里。"

普罗透斯出卖朋友没被发现。他假意要送瓦伦丁出城门，说西尔维娅如何替他求情，"但甭管跪下的双膝、举起的纯洁双手、伤心的叹息、深沉的呻吟，还是银色的泪流，都无法穿透她冷漠的父亲。瓦伦丁，一经抓获，非死不可"。还希望瓦伦丁"能写信来，写给我，我把它送达你心上人乳白色的胸怀"。

公爵安慰图里奥，说瓦伦丁已被放逐，不用担心西尔维娅不会爱他。公爵跟普罗透斯说，自己多想促成图里奥与西尔维娅成婚，"怎么才能让这丫头，忘掉瓦伦丁的爱，去爱图里奥先生"？普罗透斯说："最好的办法是，用谎言、胆怯和出身卑贱，诋毁瓦伦丁。"图里奥连忙插话："一旦您把她对他的情爱解开，那情爱难免缠成一团，对谁都没好处，您得准备把情爱缠在我身上，贬损瓦伦丁先生时，尽可能夸赞我，这样就行。"公爵正式拜托普罗透斯，"凭借说服力塑造"西尔维娅恨瓦伦丁，爱图里奥。普罗透斯趁机出主意，要图里奥凭几首哀感的、里面以精构韵律写满效忠誓言的十四行诗，去缠住她的情欲，"献完您深切伤情的哀歌，晚间领几位可爱的乐师，探访您小姐的窗口。伴着乐器，唱一首幽怨的悲曲。夜色死寂，正适合甜美倾诉这相思苦。这样能赢得她，否则休想"。

第四幕

瓦伦丁和仆人斯比德走进米兰和维罗纳间一处森林，遇到一伙强盗。这些因各种罪名遭放逐的不法之徒，见瓦伦丁外表英俊，谈吐不凡，会说外国话，不仅放弃抢劫他身上本没什么可抢的财物，还强迫他答应做"野盗帮"首领，像他们一样，生活在这片荒野。瓦伦丁接受提议，但条件是，"不准对无辜女人或穷苦过路客犯下暴行。"强盗们本身"痛恨这种邪恶下贱之事"，当即表示，把弄来的所有财宝，连同自己，一切由他掌控。

普罗透斯发现无法动摇西尔维娅对瓦伦丁的爱，她"太贞洁、太诚实、太神圣"，当他发誓对她真心忠诚，她嘲笑他对朋友不忠；当他对她的美貌献上誓言，她指责他打破誓言，遗弃了朱莉娅。尽管如此，他仍像小巴狗儿一样，她越用脚踢他的爱，他爱得越厉害，对她不停摇尾讨好。他打算在假意帮图里奥的同时，继续求爱。

图里奥带来几位乐师，来到西尔维娅窗口下，献上赞美的夜曲："……让我们为西尔维娅歌唱,/西尔维娅那样非凡;/她胜过在这愚蠢的尘间/栖身的每一个生灵:/让我们给她,戴上花环。"

图里奥和乐师走后,西尔维娅在窗口出现。普罗透斯表白自己一片真诚爱心,西尔维娅断然拒绝,严词痛斥:"你这狡猾、发假誓、虚伪、不忠之人!你用誓言骗了多少人,你真以为,我如此浅薄,如此没脑子,会受你的恭维话诱惑?回去,回去,向你的恋人忏悔。"普罗透斯谎称爱过一位心上人,但人已死去。西尔维娅说,"可你的朋友瓦伦丁活着。我和他,你就是见证人,订了婚。你这样一味强求,伤害朋友,不觉羞愧吗?"普罗透斯竟说:"听说瓦伦丁也死了。"西尔维娅表示:"如果这样,假定我也死了。因为我的情爱,你可以安心,埋在了他坟墓里。"普罗透斯不死心,恳求"让我把它从土里耙出来"。西尔维娅挖苦道:"去你的小姐的坟茔,从那里召唤她的爱情;或至少,把你的、与她的爱情同葬。"求爱不成,无奈之下,普罗透斯希望西尔维娅能把挂在卧室里的本人那张画像,赐予他,"我要对着那画像诉说,对着它,叹息、哭泣。因为,既然您完美的实体本身另有所忠,我只是个影子,只好向您的身影献出真爱"。西尔维娅答应了。这一切都被躲在附近、乔装成男童、化名塞巴斯蒂安的朱莉娅,听闻目睹。

西尔维娅得知公爵父亲要逼她嫁给愚蠢的图里奥,决心逃走,去曼图亚寻找瓦伦丁。她恳请埃格拉慕陪她同行,因为这位绅士深爱故去的妻子,"在她坟前立誓要十二分忠贞",终身不娶。

朗斯有了麻烦。主人普罗透斯让他把一条"小松鼠"般可爱的狗送给西尔维娅,他给弄丢了,只好拿自己从小养大的杂狗"克莱伯"凑数,结果在公爵家桌子底下,克莱伯一泡尿使整个房间充满尿骚气。普罗透斯大怒,命朗斯快去找回那条"小松鼠",否则不要回来。这时,普罗透斯派他新雇佣的侍童塞巴斯蒂安(朱莉娅),把一枚戒指连同一封信交给西尔维娅,去换取西尔维娅的画像。这枚戒指,正是普罗透斯与朱莉娅在维罗纳分别,两人交换信物时,她送他的那枚。朱莉娅出于对她内心依然深爱着的这位负心汉的怜悯,不得不前往公爵府,替他捎口信。西尔维娅将普罗透斯的信撕碎,"我知道里面塞满爱的表白,充满新发明的誓言。他会轻易打破这些誓言(撕信),像我撕碎这封信一样"。继而拒绝戒指,"因我听他说过一千遍,与他分别时,他的朱莉娅把这个给了他。尽管他虚伪的手指亵渎了这枚戒指,我的手指却不能让他的朱莉娅如此蒙羞"。塞巴斯蒂安(朱莉娅)深受感动,对着西尔维娅的画像,不由慨叹:"啊,你这无知觉的画像!你将接受崇拜、亲吻、敬爱与仰慕。他(普罗透斯)的偶像崇拜若有几分合理,那该用我的实体替代你的神像。你的主人待你如此亲切,为此,我要善待你。否则,以周甫(朱庇特)起誓,我早挖出您有眼无珠的双眼,让我的主人爱不了你。"

第五幕

埃格拉慕与西尔维娅在一修道院碰面之后,陪伴她逃向曼图亚。获知这一情形,图里奥"出于向埃格拉慕复仇,并非为了要爱不计后果的西尔维娅",追踪而去。普罗透斯"出于对西尔维娅的爱,并非对与她同行的埃格拉慕的恨",紧随其后。塞巴斯蒂安(朱莉娅)"出于挫败那爱情,并非要恨为爱而逃离的西尔维娅",一路紧随。

在曼图亚边境森林,那伙强盗先抓住西尔维娅,后被普罗透斯救出。普罗透斯向西尔维娅讨要奖赏,只求赏赐"一个柔情眼神"。西尔维娅拒绝,"我若让一头饥饿的狮子抓住,宁愿给这野兽当顿早餐,也不愿虚伪的普罗透斯来救。啊,上天,判定我多么爱瓦伦丁,他的生命之于我,恰如我的灵魂一样珍贵!"普罗透斯再次恳请,西尔维娅痛斥他背弃朱莉娅,"你现在不存一丝忠诚,除非你竟有双份忠诚,那远比不忠诚更坏。……你这假冒真心朋友的骗子!"在爱欲下失去理智的普罗透斯要动手强逼西尔维娅顺从他的性欲。恰在此时,一直躲在近处、做了强盗首领的瓦伦丁,上前怒斥"恶棍,松开那粗鲁、野蛮的触碰,你这邪恶的朋友!"继而悲情长叹:"密友伤害最深。啊,最该诅咒的时代! /所有仇敌中,最坏那个竟是一位朋友!"普罗透斯深感愧疚,请求宽恕:"若衷心歉疚,能替罪行作一笔足够的赎金,我这就奉上。"瓦伦丁表示原谅,愿再次视他为诚实之人,"为展示我的友情坦率、慷慨,/愿把西尔维娅之于我所有的一切,给予你"。听到这句话,塞巴斯蒂安(朱莉娅)晕倒在地。瓦伦丁见"他"一身男装,连声呼喊"喂,孩子! 喂,小伙子! 怎么了? 怎么回事? 抬头,说话"。"他"醒来,说自己主人命"他"把一枚戒指送给西尔维娅小姐。拿出戒指,普罗透斯惊呼,这是自己送给朱莉娅的。"他"显出朱莉娅真身,痛斥普罗透斯"多次以发假誓劈开靶心! ……你该深感羞愧,我竟身穿这种不得体的衣服! 羞耻心发现,女人更换衣装,/比起男人变心,那污点更小"。至此,普罗透斯痛悔不已。瓦伦丁把两人的手牵在一起,"祝福,促成这幸运的结合"。

强盗们把公爵和图里奥抓了来。瓦伦丁命放开二人,一面对公爵表示欢迎,一面拔出剑,勒令图里奥不许追求西尔维娅。公爵赞美瓦伦丁先祖之荣耀和今日之勇气,不愧为出身高贵的绅士,同意他迎娶西尔维娅。瓦伦丁请求公爵宽恕这些强盗,因为他们都是具有可贵品质的遭放逐者。公爵答应赦免,并请瓦伦丁安排一切,回米兰,两对恋人一同举行婚礼。

四、"一部轻松愉快的意大利式喜剧"

1. 莎士比亚喜剧的基础

英国18世纪诗人、文评家、《莎士比亚全集》编注者塞缪尔·约翰逊（Samuel Johnson，1709—1784）在他那篇著名的《莎士比亚戏剧集·序言》（The Preface to Shakespeare）中指出："当我阅读此剧时，不禁想我看到了既严肃又可笑两者都有的场景，看到了莎士比亚的语言和感情的实质。它的确不是他最有力的思想感情奔放的力作之一，它既没有许多性格的多样变化，也没有许多生活的引人注目的描写，但是它的思想道德的丰富内涵，远远超出他的大多数戏剧。其他戏剧，就个别章节和某些诗行来说，很少有比这部剧更多的诗行或章节是如此惊人的完美。我也乐于相信，它不是一部很成功的戏剧。"①

显然，约翰逊对《维罗纳二绅士》这部莎士比亚戏剧生涯早期学徒之作过于溢美，严格说来，该剧所表现的"思想道德"的内涵远不够丰富，不过在舞台上以轻喜剧方式演了男女间的忠贞爱情和男男间的忠诚友情应为何物；剧中"诗行或章节"远不到"如此惊人的完美"程度，不过是对古罗马喜剧和文艺复兴时期初兴的悲喜剧的承继和实际练手。理由很简单，因为莎士比亚编写这部剧的时候，还仅是一个初学者。但毋庸讳言，他有十足的喜剧的基础，这才是他一出手虽显幼稚、却亦显不凡的主因。

英国中世纪文学专家、学者内维尔·考格希尔（Nevill Coghill，1899—1980）1950年在《论文与研究》杂志第3卷（Essays and Studies，Ⅲ，1950）发表论文《莎士比亚喜剧的基础》（The Basis of Shakespearian Comedy），意味深长地以莎士比亚与本·琼森两者之喜剧对比开篇，认为同莎士比亚相比，"琼森的喜剧不是什么可笑的东西。一种严峻的伦理观以嘲讽的口气惩罚着剧中人物；对他们的缺点尽情揭露，对他们的罪行竭力谴责；对一些笨伯，就因为笨拙迟钝而受到鞭笞。琼森喜剧中人物也可以部分地说明琼森的态度：那都是些市侩、暴发户、江湖医生、骗子、受骗者、吹牛的、横行霸道的、卖淫的。他们之间，谁也不喜欢谁。如果琼森写的是好人遭难，他所强调的不是好人而是遭难。对后面一点，琼森使劲了平生气力"。言外之意，琼森不大会写喜剧。然而，"莎士比亚喜剧的内容就不同了。在这里王孙公子、贵族仕女和商人、织工、木匠、村姑、友好的恶棍、小学的教师以及山村的治安

---

① 张泗洋主编：《莎士比亚大辞典》，北京：商务印书馆2001年版，第677页。

官等摩肩擦背、熙来攘往；就在这些人之间也不乏慷慨好义之士；甚至于还有好心肠的老鸨慷慨解囊抚养私生子"。

考格希尔认为，不仅可从莎士比亚和琼森对待喜剧的不同态度里，看出两种相反的气质，还应看出源于两种理论在作用。"因为莎士比亚在设计喜剧时并不是简单地听从自己的性格行事；同样，琼森也不是这样。每个人都在继承早期的传统，继承中古的和文艺复兴时期的传统，而这些传统的共同思想根源便是第四世纪的拉丁语法家，尤其是伊万提乌斯（Evanthius）、迪奥米狄斯·格拉玛提库斯（Diomedes Grammaticus）和埃利乌斯·多纳图斯（Aelius Donatus）等人的著作。"

考格希尔为进一步阐明琼森和莎士比亚所编"讽刺的与浪漫的喜剧来源"，刻意对这三位拉丁文法家"不太连贯的"关于喜剧"东鳞西爪的意见加以整理"。

伊万提乌斯在《论戏剧或论喜剧》（*De fabula or De comoedia*）中说："悲剧与喜剧各自具有特殊标志，第一点，喜剧中人物是中产者；他们面临的危险既不严重，也不紧迫；他们的行动引向快乐的结局。悲剧则与此相反。还有一点应注意：悲剧表现为生活应当逃避；喜剧则认为生活很有意思。"

迪奥米狄斯在《语法学》（*The Ars Grammatica*）中说："喜剧与悲剧不同，悲剧讲的是英雄、将相、帝王；喜剧讲的是平常人。前者充满悲哀，遭受放逐或屠杀，后者则充满爱情与拐骗幼女等。还有，在悲剧里，幸福的环境时常——也可以说永远——会引向悲哀的结局，原来的幸福生活与家庭将遭遇不幸，……因为不幸是悲剧的属性。……最初的喜剧诗人所陈述的是旧情节，内容有趣而技巧不高。……到第二代才有阿理斯托芬（Aristophanes），欧坡里斯（Eupolis）和克拉提努斯（Cratinus），他们着重主角的脾性，编写讽刺喜剧。第三代有米南德（Ménandros）、（锡弗诺斯的）第菲利乌斯（Diphilus of Siphnus）和（叙拉古的）费利蒙（Philemon of Syracuse），他们使喜剧减少讽刺，着重各种有趣的误解。"

多纳图斯在《语法学》（*The Ars Grammatica*）中说："喜剧的故事是关于城市公民的各种性格，人们从故事里认识到哪些生活是有用的，哪些是有害的，应如何躲避。"

综上，考格希尔做出归纳："讽刺的喜剧写的是关于中等生活，住在城里的普通群众。它以刻薄的语言尽情揭露主角的缺陷；这种喜剧指出生活中哪些是有用的、急需的，哪些是无用的、要躲避的。浪漫的喜剧把生活写得很美好，人要抓住它。喜剧与悲剧不同，其变化是向好的方向转变而解决一切混乱与误会。这种喜剧一般包括着恋爱和拐带女人。"在考格希尔的知识视野里，12世纪之前，似乎没什么关于喜剧之为何物的描述，译过柏拉图和亚里士多德的罗马作家波伊提乌斯

(Boethius,约480—524),给悲剧下过定义,却从未谈及喜剧。仿佛在13世纪法国学者、百科全书编撰者、多明我会修道士文森特·德·波维(Vincent de Beauvais, 1190—1264)说出简单的喜剧公式——"喜剧是一种诗,使一个悲哀的开端得到幸福的结尾"——之前,不曾有关于喜剧的理论。考格希尔强调,波维的这一简单公式"正是莎士比亚的真正基础——烦恼变为快乐的故事。这一公式并不那么简单。它不只是人类喜剧的本形,也是一切现实的本形,宇宙的故事本身对那些好人说,就是喜剧;神圣的喜剧(The Divine Comedy,中文译为"神曲"——笔者注)所以但丁看出了这一点,便用以名其诗;从地狱开始,通过净土,上升而为天堂。"简言之,从中世纪佛罗伦萨诗人但丁(Dante,1265—1321)到英格兰诗人杰弗里·乔叟(Geoffrey Chaucer,1343—1400),中古欧洲的诗人们对于4世纪所提喜剧描述中的"讽刺因素",继续选择遗忘,"而它所提出的浪漫因素却被提升到神仙境界;迪奥米狄斯作为主题提出来的爱情,变成了极乐世界的幻想中心。但是谦卑的乔叟却满足于用他的才力讲述纯属人间的喜剧"。乔叟在《坎特伯雷故事集》(The Canterbury Tales)里,借骑士对僧侣故事的评论,最早表达出对喜剧的想法,"温暖的、人间的、慷慨大方的想法"——"例如一个人一向都处境困难,/一旦爬出来,就感到万分庆幸,/此后要永远生活在繁荣兴旺中,/这样情节才能令人欢欣。"

进入文艺复兴时期,喜剧观变得完全不同,对此,考格希尔诗意地评说:"讽刺在冬眠千余年之后,突然从平地兴起,迷住了新的理论家。这些理论家认为喜剧的唯一职责是讽嘲;它并不一定和悲剧对立,也不必包括任何叙事的线索(像文森特所认定的)。喜剧的职责是惩罚与遏制;它应该是社会伦理学使用的工具。"随即,考格希尔特别提到诗人菲利普·锡德尼(Philip Sidney,1554—1586)在1583年所写的《为诗辩护》(An Apology for Poetry)中提出的喜剧观:"喜剧要描述我们生活中常犯的错误,诗人应竭力揭示生活中最可笑、最难堪的情节,使得任何观众都不愿再作这种人。"考格希尔认为,中古和文艺复兴时期的"浪漫的和讽刺的喜剧"这两种理论,"都源于晚期的拉丁语法家而大盛于都铎王朝。对这类背景,进行选择时,一个聪明作者一定要按个人之所长来决定。琼森采用的是皮鞭子,而莎士比亚却效法乔叟"。

照考格希尔所说,"聪明作者"莎士比亚并未立即这样做,在喜剧方面,莎士比亚最初想学的是古罗马喜剧家提图斯·马西乌斯·普劳图斯(Titus Maccius Plautus,公元前254—公元前184)。普劳图斯在喜剧《安菲特律翁》(Amphitryon)开场白中宣称,他把这部将神祇、国王、平民和奴仆等各类人物混杂一起的戏,称为"悲喜剧"(tragicomedy)。一千五百多年之后,文艺复兴时期,两位先后生于意大利费拉拉(Ferrara)的诗人、剧作家钦齐奥——本名乔瓦尼·巴蒂斯塔·杰拉尔迪(Giovanni Battista Giraldi, 1504—1573)——和乔瓦尼·巴蒂斯塔·瓜里尼(Giovanni Battista Guarini, 1538—1612)倡导一种悲喜混杂的"新悲剧",确立起悲喜剧的地位。受其影响,十分自然地,莎士比亚把早期几部试验性喜剧,几无例外都写成了"轻松愉快的意大利式喜剧"。诚然,莎士比亚匠心独运地把普劳图斯式和文艺复兴式两种喜剧元素,融入自己的喜剧。

考格希尔继而指出,随着喜剧写作日渐成熟,莎士比亚的爱情主题日渐增加。可以说,他终于明白喜剧的中心是爱情。正如其悲剧以许多死亡为结局,喜剧也以许多人结婚为结局;这些都是基于互爱,或已显出可能发展为互爱的婚姻。考格希尔认为,莎士比亚笔下的恋人,大都像可能生活在13世纪上半叶的法国诗人纪尧姆·德·洛里(Guillaume de Lorris)所著浪漫传奇寓言长诗《玫瑰传奇》(*Roman de la Rose*)里的恋人一样,既一见钟情,又都温柔多情,因为爱情基本上是高雅人的经验,换言之,不论社会地位高低,只有天性温文儒雅之人才能谈情说爱。"莎士比亚为了寻求文雅,开始臆想与探索所谓莎氏的""黄金时代"(古希腊罗马神话中的理想时代,那个时代,人们过着无忧无虑、简单淳朴的田园牧歌式生活。——笔者注)的世界——"这是从《皆大欢喜》中找到的词句。莎氏发现这个世界里有王子,有农民,态度都很文雅,很自然。这是个出走他乡的或乡村里的世界,与此对立的是琼森的那个以暴露为宗旨的、城市居民的世界。莎氏喜剧中最大的险情是恋爱;其他险情或意外是嫉妒与变心、认错了人、谣传的死亡、离别与重逢、男女乔装和其他一切不大可能的情节。这些可以幻想到的纠缠不清的情节,终因情况好转而大快人心地得到解决。这是伊甸的世界,这里的苹果还没有开花。"

由此,考格希尔认为,尽管《维罗纳二绅士》没有取得像《错误的喜剧》和《驯悍记》这两部"'中等生活'的喜剧那样的成功",却是"这种喜剧的第一个尝试"。①

2. 朗斯和他的狗:悲喜剧,亦或浪漫剧?

"这种喜剧"正是梁实秋在译序中援引"新剑桥本"编者、剑桥大学教授亚瑟·奎勒-库奇爵士(Sir Arthur Quiller-Couch, 1863—1964)所说的"一部轻松愉快的意大利式喜剧"。"意大利式(Italianate)"这个形容词内涵丰富:"意大利是伊

---

① 内维尔·考格希尔:《莎士比亚喜剧的基础》,殷宝书译:《莎士比亚评论汇编》(下),中国社会科学院外国文学研究所外国文学研究资料丛刊编辑委员会编,北京:中国社会科学出版社,1985年版,第257—266页。

丽莎白戏剧的传统的背景,一方面是罪恶、凶杀、堕落,一方面是音乐、歌舞、爱情故事。维罗纳是朱莉娅(《维罗纳二绅士》)与朱丽叶的背景;威尼斯是夏洛克与奥赛罗的背景;朗斯与兰斯洛特(《威尼斯商人》)这一对宝贝可以放在二者任何一处。后来本·琼森写喜剧把背景放在英国的伦敦,是一大革新。以爱情与友谊穿插起来的错综故事,在意大利喜剧中颇为常见。女主角化装为男童,情人在楼窗对话,长篇大论的有关爱情的讨论,这都是意大利的传统戏剧形式,莎士比亚在戏剧结构上接受此一传统,因为伊丽莎白时代一般人的品味欢迎此文艺复兴的风格。《维罗纳二绅士》是典型的意大利式喜剧,如果莎士比亚在其中表现了他的独创性,那独创性不在布局结构,而在其中几个人物的个性之刻画。莎士比亚还在年轻时期,手法尚未纯熟,但是他的艺术手段和心理观察之细微深刻则已见端倪。一般人都会感觉到,朱莉娅是后来的薇奥拉(《第十二夜》)与伊摩琴(《辛白林》)的雏形,西尔维娅是波西亚(《威尼斯商人》)与罗莎琳德(《皆大欢喜》)的前驱。所以在研究莎士比亚的艺术的过程,这一出戏是很重要的,虽然它本身不是最成功的作品。……唯莎士比亚没有能充分把握剧情,没有能做更深刻的剖析,没有写出更充实更动听的戏词而已。"①

由梁实秋所言,可小结三点:第一,聪明的莎士比亚为迎合伊丽莎白时代剧场观众喜爱文艺复兴喜剧风格的品味,刻意以典型的"意大利式喜剧"开启编剧生涯。第二,以瓦伦丁与西尔维娅、普罗透斯与朱莉娅、普罗透斯与西尔维娅、图里奥与西尔维娅之间的男女"爱情",及瓦伦丁与普罗透斯两位绅士间的男男"友谊""穿插起来的错综故事",搭起戏剧结构;女主角朱莉娅乔装成男童,图里奥与西尔维娅、普罗透斯与西尔维娅的"楼窗对话",角色间关于爱情的长篇讨论,均随剧情发展与之相配。第三,戏剧"学徒""手法尚未纯熟"的莎士比亚在写朱莉娅和西尔维娅时,不可能对未来要写的以前者为"雏型"的薇奥拉与伊摩琴和以后者为"前驱"的波西亚与罗莎琳德未卜先知,所以,这部剧同后来的《第十二夜》《辛白林》《威尼斯商人》和《皆大欢喜》相比,是那么幼稚,不成功、不深刻、不充实、不动听,但综观莎士比亚整个"艺术的过程",该剧堪称莎士比亚喜剧艺术调音定调的起点先声。

同理,亦可套用考格希尔所言,《维罗纳二绅士》剧中"最大的险情是恋爱":"恋爱"之成为"险情",皆因普罗透斯背叛友情,抛弃恋人朱莉娅,追求密友瓦伦丁热恋的西尔维娅。俗话说的"朋友妻,不可欺"在此变成"朋友妻,白不欺"。好在

---

① 梁实秋:《维洛那二绅士·序》,《莎士比亚全集》(第一集),第92—93页。

莎士比亚把普罗透斯与朱莉娅和西尔维娅的"三角恋"控制在"爱我的（朱莉娅）我不爱，我爱的（西尔维娅）不爱我"的限度里，未将"险情"扩大。因为他要塑造形象上构成鲜明对照的"二绅士"：一个是重哥们义气高于男女恋情的无私情圣瓦伦丁，一个是"变形"的精致利己主义者普罗透斯。他刻意为这两位绅士好友取名"瓦伦丁（Valenine）"和"普罗透斯（Proteus）"已泄露天机："瓦伦丁"即"情人"之意，源自情人们的守护神"圣瓦伦丁"，"圣瓦伦丁节"（Saint Valentine's Day），即每年2月14日"情人节"由此而来；"普罗透斯"则源出古希腊神话中能随意改变形体并具有先知力的海神，又名"海上老人"。从"普罗透斯"字面义来看，他若不变心，对不起这个名字！然而，普罗透斯在剧中无半点先知力，否则，他岂能背弃朱莉娅，向西尔维娅求爱，最后落得独对西尔维娅的画像苦恋单相思？不妨把这视为莎士比亚卖弄的反讽小技。

除此之外，"其他险情或意外是嫉妒"：普罗透斯嫉妒瓦伦丁与西尔维娅相爱；"与变心"：普罗透斯见异思迁，对朱莉娅变心；"认错了人"：普罗透斯认不出女扮男装的朱莉娅，把"他"雇为侍童"塞巴斯蒂安"；"谣传的死亡"：普罗透斯为追求西尔维娅，谎称听说朱莉娅和瓦伦丁已死；"离别"：瓦伦丁与普罗透斯、瓦伦丁与西尔维娅、普罗透斯与朱丽叶离别；"与重逢"：瓦伦丁与西尔维娅、普罗透斯与朱莉娅重逢，圆满完婚；"男女乔装"：朱莉娅为寻找普罗透斯，乔装成男童；"和其他一切不大可能的情节"：最大的不可能，莫过于瓦伦丁在宽恕普罗透斯出卖友情、背叛恋情，甚至企图强奸"朋友妻"的三大过错之后，竟"反常和荒谬"地将新娘拱手让给刚表示改过自新的普罗透斯；另一个不可能不在其下，在此之前，遭放逐的瓦伦丁遇到一伙强盗，这群亡命徒不仅不劫财，还以他长相好看、会说外国话为由，硬逼他答应做了首领。

对于瓦伦丁"出让新娘"这一实难理解、遑论接受的蠢行，美国学者、教育家乔治·皮尔斯·贝克（George Pierce Baker, 1866—1935）在其1907年出版的《莎士比亚作为戏剧家的发展》(The Development of Shakespeare as a Dramatist)书中指出："再没有比该剧最后一幕处理更糟糕的了。我们正在期待看到的每一件事都没有做到。瓦伦丁，像《皆大欢喜》中的被放逐的公爵一样，在自言自语后就退到一旁，看着穿过森林走来的旅客。由仍假扮侍童的忠实的朱莉娅陪伴的普罗透斯，找到了西尔维娅，企图强迫她接受他的爱。瓦伦丁从旁听到了，跳了出来，指责他的朋友。如果莎士比亚不希望用朱莉娅和普罗透斯的意外情节来带住这场戏，或者延长普罗透斯和西尔维娅之间的戏，在瓦伦丁再次出现时，他就有机会写出强有力的最后一场，在这场戏中，四个人物感情的相互作用，可能会导致一个圆满的结局。

"很难使人相信瓦伦丁那样快就原谅了普罗透斯,甚至走得这样远,居然提出要把西尔维娅让给普罗透斯,这真是反常和荒谬的了。当朱莉娅显出真身,普罗透斯突然回心转意也同样荒诞可笑,叫人难以置信。在发生所有这些出人意外的事情之后,可能,人们情愿同意朱莉娅愉快地接受一个那样没有价值的人普罗透斯易变的爱情。"[①]

或由此,英国学者亨利·巴克利·查尔顿(Henry Buckley Charlton, 1890—1961)在其1938年出版的《莎士比亚喜剧》(Shakespearian Comedy)通论中,将《维罗纳二绅士》视为浪漫喜剧:"就它的情调来说不能说是喜剧,而是一部浪漫剧。在表演此剧时,也应该掌握这个方面,那就是为什么它的人物很少像有血有肉的人,缺少血肉,他们就很难成为戏剧形象,作为每一个戏剧形体,都是被塑造出来最大限度地表现性格中的人性。也许《维罗纳二绅士》中的人物在人们意识中是可笑的,但这一意识在写作之初绝没有进入作者的心中。瓦伦丁是为寻求同情,而不是为了观众的大笑;他满以为赖以生活的理想能得到世人的认可。但在实践中,这些理想却使他陷入最可笑的境地。他把世界从同情的赞许转移到怀疑的诘问心情。浪漫喜剧的主角似乎不比它的小丑更好,所以颠倒混乱就是传奇世界,这个世界正是小丑施展才能的地方,至少表现出理智和常识的模糊迹象。例如,图里奥在剧中是昏聩糊涂的人,当然未尝不是一个大傻瓜,但剧的末尾将他轻蔑地排除在外,意味着情况转向完全不能的方面。面对瓦伦丁以剑相胁,他放弃对西尔维娅的要求,认定为一个不爱自己的女人去冒生命危险,那才是大傻瓜。这便引起观众把图里奥叫成一个蠢人,因为他在剧中表现得有着世俗聪明,为活命可以牺牲一切。"[②]

显然,今天来看,可把"浪漫喜剧"作为该剧不成熟的一个理由,即莎士比亚只想通过剧中"爱情与友谊穿插起来的错综故事",做个意大利式喜剧的编写试验。恰如英国文学批评家德莱克·特拉维尔西(Derek A. Traversi, 1912—2005)在其1938年出版的《莎士比亚:早期喜剧》(Shakespeare: The Early Comedies)书中所说:"作为一个早期的试验,利用传统方式来探索正确的创作方向,如果又是为了表现生活,那应该看看《维罗纳二绅士》……《维罗纳二绅士》指明了作者后来更为成功的发展。在后来的喜剧中运用的许多手法和技巧,如女扮男装,以女性特有的机智对付背叛她的恋人;在两个朋友之间的关系,一个忠诚的朋友盲目信任另一个阴谋坏蛋;还有宫廷里的尔虞我诈和森林中的纯朴生活,等等这类描写都第一

---
① 张泗洋主编:《莎士比亚大辞典》,第678页。
② 同上书,第678—679页,文字有改动。

次出现在这部喜剧中。我们一定看到瓦伦丁所做的明显荒谬愚蠢的事情,就是最后一场里,他竟不加思考地立即让出自己的恋人,给那出卖他的人,这是后来喜剧中极有意义的表现手法的第一次尝试。这些描写与传统做法当然并非完全绝缘,而是在它基础上有所发展,成为揭示人的种种关系的手段,尤其是爱情关系;也是用来表现对待爱情本身的真实态度,在这种态度中,诗和现实主义,传奇和喜剧,都是千变万化地联系在一起。虽然对这部早期作品看得太多是危险的,但其结局值得我们注意:像其后来更为伟大的剧本一样,结局是敌对双方和解复交,情人们重新结合,逃犯们也回到文明的社会生活。"①

至此,不妨设想一下,假如莎士比亚仅在他第一部试验喜剧里写了"爱情与友谊"的故事,那只不过是意大利式喜剧的老把戏,乏善可陈,事实上,在写戏之初,莎士比亚便对这老把戏了然于胸。正因为如此,这在任何一位莎学家眼里大同小异,如德国19世纪史学家、文学批评家格奥尔格·戈特弗里德·吉维纳斯(Georg Gottfried Gervinus, 1805—1871)在其四卷本《莎士比亚》(*Shakespeare*)中论及该剧时说:"这部戏剧是表现爱情的力量和本质,特别是爱情对一般判断力和习惯的影响,同时,它没有借助更多现成的观念。在这里,爱情的双重性质从一开始就以同等强调和绝对平衡显示出来,这使歌德对莎士比亚作品深为感动。诗人用他自己的特别审美技巧,轻易地解决了这一双重问题,这在他这部青年时代的作品中看得很清楚,几乎在所有莎剧中都能一再遇到。戏剧结构和设计是在严格的对应中实现的;人物和事件是那样精确地放在相互关系和反衬对照中,以至于不仅仅那些相同的性格,甚至那些相反的性格,都起到彼此相互解释的作用。"然而随后,吉维纳斯笔锋一转:"但在粗鲁的朗斯和他的狗克莱伯的故事中,存在着一种更为深刻的意义,这种意义对文雅的读者来说,毫无疑问是最令人不快的。就愚蠢的有着一般兽性的粗人来说,对他的畜牲的同情几乎超过了对人的感情,他的狗就是他最好的朋友。他为它遭受鞭打,他把它的过失说成自己犯的过失,并且愿意为它牺牲一切。而在最后,如同瓦伦丁和朱莉娅的自我牺牲一样,他甚至愿意舍弃这个朋友,为了主人的需要,准备放弃他最好的财富。把这样一个能为别人自我牺牲的孩子,放在普罗透斯身边,一个极端自私、出卖朋友和背叛爱情的典型,自然形成强烈的对照。"②换言之,就戏剧思想的深刻意义来说,"朗斯和他的狗克莱伯的故事"超乎"爱情与友谊"的故事之上,难怪哈罗德·布鲁姆在其《莎士比亚:人类的发明》

---

① 张泗洋主编:《莎士比亚大辞典》,第679页,文字有改动。
② 同上书,第678页。

中评析该剧,索性将"爱情与友谊"抛到一边,几乎全篇在谈朗斯和他的狗克莱伯。容后叙。

诚然,关于朗斯和他的狗克莱伯的意义与价值,绝非布鲁姆的发明,19世纪,不仅吉维纳斯早有洞见,另一位德国思想家恩格斯(Friedich Engels, 1820—1895)更为激赏。1873年12月10日,身在伦敦的恩格斯在写给卡尔·马克思(Karl Marx, 1818—1883)的信中说:"单是《(温莎的)风流娘儿们》的第一幕就比全部德国文学包含着更多的生活气息和现实性。单是那个朗斯和他的狗克莱伯就比全部德国喜剧加在一起更具有价值。莎士比亚往往采取大刀阔斧的手法来急速收场,从而减少实际上相当无聊但又不可避免的废话。"①

不过,必须说明,"朗斯与狗"并非莎士比亚的发明,这一灵感也许应归功于理查·塔尔顿曾在舞台上牵着狗表演过几场欢闹戏。

3. 在乔纳森·贝特莎评视阈下②

英国当代莎学家乔纳森·贝特(Jonathan Bate)在其编注"皇家莎士比亚剧团版"《莎士比亚全集》(简称"皇莎版")《维罗纳二绅士·导论》中开篇点明,剧情一切冲突的戏剧性皆出于:"你怎样才能同时对自身、对最好的朋友、对性欲的对象忠心?尤其当你深爱之人刚巧是你最好朋友的女友?"

贝特首先表明,该剧各个方面都是后期莎剧发展的一个原型。比如,让朱莉娅乔装成男童,因伊丽莎白时代法律禁止女性登台演出,让饰演少女主人公的男童"女扮男装"是多好的噱头,乔装成侍童的女主角在莎士比亚后来更著名的几部喜剧(《威尼斯商人》《第十二夜》《皆大欢喜》)中反复出现。再如,不法之徒的场景将剧情从"文明"社会引入"荒野"或绿色世界,这里令人惊讶的剧情进展,可谓《仲夏夜之梦》剧中魔法森林和《皆大欢喜》剧中阿登森林的预演。同时,"普罗透斯的独白提供出一个经受个人身份和意识危急的莎剧角色的早期例证——我们已进入这片区域,它将在理查三世、理查二世,最终哈姆雷特的自省中,引向不同(当然也更复杂)的方向"。

随后,贝特着手分析剧情。该剧以瓦伦丁和普罗透斯两位绅士的友情开场,瓦伦丁的名字足以暗示他是位忠诚的恋人,普罗透斯反常善变。但最初,瓦伦丁的追

---

① 《马克思恩格斯全集》第33卷恩格斯致马克思信(1873年12月10日),北京:人民出版社,1973年,第108页。
② 参见 The Two Gentlemen of Verona · Introduction, Jonathan Bate & Eric Rasmussen 编,第52—55页。

求关乎"荣誉",而非性欲,他打算去米兰城寻求命运,而非"懒洋洋地闷在家里"。"他这个计划会立即激起该剧许多最初的伦敦观众的兴趣,他们自己正是从外省跑到京城——确实像莎士比亚本人写这部戏之前不久所做的那样。"

与瓦伦丁相比,贝特认为,普罗透斯经受了一场心理而非身体旅程:为了爱情,他舍弃自我、朋友和一切。对朱莉娅的渴望,使他"变了形",荒疏学业,虚度时光,去"同好言劝告作战"。"那个时代的说教文学对这种自虐充满告诫,年轻绅士理应学习良好品行和良好公民的艺术,莫因感情之事和女性化影响分心。舞台将后一类引入表演,这可部分解释伊丽莎白时代'清教徒'对戏剧表演的抨击。"

剧中有两个极富特色的小丑式角色:瓦伦丁的仆人斯比德与普罗透斯的仆人朗斯,二人是朋友。贝特认为,该剧一开场就建立起代际与性别间的对立,莎士比亚随后借助诙谐的戏谑,在主仆间设置了一场跨越等级障碍的对话。斯比德在此对宫廷痴恋情人的特征做出剖析:他观察主人双臂抱胸,好似忧郁不满;唱起情歌;独自漫步;叹息,好似丢了字母课本的学童;哭泣,用呜咽的嗓音说话;禁食,好似在节食。"尽管该剧对稚嫩恋情给予赞扬——实则也指涉到它潜在的破坏力——同时也对宫廷爱情习语发出嘲讽,尤其通过有教养之人矫揉、毫无新意的诗歌用语和各自仆人粗犷散文体表述间的对比。"

接下来,贝特把瓦伦丁的仆人斯比德(Speed)和普罗透斯的仆人朗斯(Lance)这两个丑角做对比:"斯比德"字面义暗示脑子快,这从他嘴皮子利落、能意识到两位绅士的弱点得到印证。他似乎总比瓦伦丁快上一步,凭着与观众共享的旁白预告主人如何迈出下一步。"朗斯"字面义也暗示脑力强,贝特在此不忘找补一句:"同代人常夸赞莎士比亚本人有个像他名字中'矛枪'(spear)一样锋刃的脑子。"然而,莎士比亚在剧中以反讽之笔刻画朗斯,故意令其做事方式全不在点子上:他算丑角一类,凡事皆出错,弄混字音——把"浪荡儿子"(prodigal son)说成"怪异儿子"(prodigious son),把"一个显眼的情人"(a notable lover)听成"一个显眼的笨蛋"(a notable lubber)。当他试着用自己的鞋、拐杖、帽子和狗表演与家人话别的场景,却闹出一场乱子。

在此不难发现,贝特对朗斯和他的狗克莱伯的喜剧功用评价不高,几乎一语带过:"舞台上一条活狗带来的不可测的结果,本该成为笑料,实则归因于朗斯自己无能。在第四幕结尾,又有一场朗斯与狗的'双人戏',朗斯再次做了仆人应顺从主人的即兴表演。恰如朗斯把普罗透斯交办的事弄糟,克莱伯也没能遵从朗斯的意愿:'难道我没叫你随时关注我,照我做的去做?你何时见我抬腿,对一位贵妇人的裙撑撒尿。'"这与哈罗德·布鲁姆把朗斯和他的狗的"双人戏"视为该剧最大亮点形成鲜明对照。

不过，贝特并未否认朗斯的喜剧功效，这典型体现在第二幕第五场和第三幕第一场朗斯与斯比德插科打诨、耍贫斗嘴那两场戏里，当斯比德嘲笑瓦伦丁变成一个情人时，朗斯也像主人一样向欲望低了头。他爱上一位挤奶女工，用贝特的话说，"这个未出场的野丫头性格类型之原型，将化身为《错误的喜剧》中的胖厨娘和《皆大欢喜》中的牧羊村姑奥黛丽。朗斯那张接地气的挤奶女工长处、短处的属性列表，堪称宫廷恋人对各自情人所列清单的滑稽戏仿。"

贝特在对比瓦伦丁和普罗透斯这两位维罗纳绅士好友及各自小丑式仆人斯比德和朗斯之后，继而对西尔维娅和朱莉娅这两位时刻牵动剧情走向的女性角色做对比：身为米兰公爵之女，"西尔维娅是位宫廷传奇的美貌女子，男人们专注凝望和奇妙欲望的对象，一位供奉在基座上膜拜的女人，很少透露自己的内心生活"。反之，朱莉娅性情外露，毫不遮掩内心，从动身追寻普罗透斯那一刻，便从家庭生活走向危险。"她这一决定透露出性别双标在莎士比亚时代无处不在：一个大小伙子会因闲待在家遭谴责，一个年轻女子离家却要冒成为丑闻对象的危险。"

随后，贝特透过剧情分析，运用戏剧化讽刺对比场景是莎士比亚最喜欢的技巧之一：第二幕第四场，普罗透斯来到米兰公爵宫，一见之下，爱上西尔维娅；第六场，变了心的普罗透斯要背弃誓言，遗弃朱莉娅；第七场，身在维罗纳家中的朱莉娅决定动身，踏上寻找男友的危险旅途，她要见证自己对普罗透斯爱心不变。在此，贝特提及第二幕第四场，瓦伦丁把最好的朋友普罗透斯介绍给自己深爱的姑娘，这场戏很短，却写得非常精妙。其实，亦可把这技法称为莎士比亚式语言游戏之一种，莎士比亚从开始写戏那一刻起，心里便十二分清楚，单凭这种逗趣兼调情的耍嘴贫游戏，就能轻松征服观众。此处，莎士比亚巧妙写出礼貌和求爱两类用语之间的对应：瓦伦丁恳请西尔维娅"用一些特别恩惠"欢迎普罗透斯，并"接受他与我同做您的仆人"。瓦伦丁这一礼貌用语的意思当然是"请尊重我的朋友"，贝特在此强调，"但在宫廷习语中，甘为仆人与那类示爱用语是同义词，这给了普罗透斯一个机会，使他把自己导入一个情敌角色——当西尔维娅谦称自己是'卑微的女主人'时，他立刻回应说：'除您自己，谁说这话，我和谁一决生死。'在某种意义上，该剧之关键在于'女主人'（mistress）一词的双重（女主人；情妇）含义"。

由此，贝特对普罗透斯在前后相连的两次独白中探讨自身转变，做出分析。首次独白出现在第二幕第四场普罗透斯瞬间爱上西尔维娅之后，他把对朱莉娅的旧爱比成一尊蜡像，将对西尔维娅新的欲望比为一炉火，旧爱与新爱"好比一尊蜡像面对一炉火，原有印象"被融化掉。同时，他意识到自己爱上的"只是她的外表"——一幅美丽"画像"。"当在后面场景中,关于外表美丽的'影子'(shadow)与内在人格的'实体'(substance)间的一系列问题提出时,该剧开始对爱情本质做更深入探究"。剧情发展到同幕六场,普罗透斯第二次独白,独白的关注点与这一主题形成对应:立誓与违誓、发现与失去自我,及"甜美诱人的爱神"(sweet-suggest Love)与"友情的律法"(the law of friendship)三者间的冲突。简言之,全剧中这最长一段独白的核心是,普罗透斯决心为爱情犯下"三重背弃"——遗弃朱莉娅;爱上西尔维娅;伤害瓦伦丁,——"用自己替换瓦伦丁;用西尔维娅替换朱莉娅。"普罗透斯何以如此"变形"?第五幕第四场,整个剧情到达危机点,莎士比亚让普罗透斯以一句发问给出答案:"恋爱中,谁会顾及朋友!"当时,普罗透斯把西尔维娅从强盗手中救出,他要她以爱情回报,遭拒,盛怒之下,一把抓住她,试图动粗强奸。

任何一个时代,大凡剧作家皆为舞台演出写戏。按贝特所述,在莎士比亚最后几年戏剧生涯之前,舞台上演的莎剧尚无幕间休息。尽管如此,常在第四幕开场便出现一眼即能察觉的剧情变化。剧情一直缠成团,正好此时开始拆开。该剧亦不例外,第四幕开场,舞台场景一下从米兰宫廷、从米兰和维罗纳城内,转到两城之间一伙有教养的强盗居住的森林,这标志着剧情到了转折点,"强盗之一'以罗宾汉那位胖修士①的秃头皮起誓',这些亡命徒唤起的是'绿林好汉'快乐的哥们情谊,去除了旧故事里的暴力和政治癖好"。

朱莉娅爱普罗透斯无果,乔装男童离开家一路追寻,当得知男友爱上西尔维娅,却受雇为侍童,以"塞巴斯蒂安"之身替这位背弃自己的前男友给"情敌"捎口信求爱;普罗透斯爱西尔维娅,求爱遭拒,越遭拒,越活缠死追。第四幕第二场,普罗透斯的独白将这种近乎病态的爱欲凸显出来:"当我发誓对她真心忠诚,她拿我对朋友不忠嘲笑我;当我对她的美貌献上誓言,她叫我自己想,如何打破誓言,遗弃了爱恋的朱莉娅。尽管这一切尖刻的讥讽,哪怕最轻一句,也能杀死一个恋人的希望,可是,像小巴狗②一样,她越用脚踢我的爱,我爱得越厉害,对她不停摇尾讨好。"

随着剧情转折,普罗透斯改变了求爱策略,他给愚蠢的图里奥出主意,让他领几位"可爱的乐师"到西尔维娅窗口下,伴着动听的夜曲"唱幽怨的悲曲"求爱。他深知图里奥是公爵相中的女婿,答应帮图里奥向西尔维娅求婚,实则为了自己。

---

① 胖修士(fat friar):传说中绿林英雄罗宾汉(Robin Hood)的告解神父塔克修道士(Friar Tuck),修士头顶无发。
② 小巴狗(spaniel):一种长毛垂耳短尾矮足的小犬。

果然,图里奥和乐师们前脚刚走,他立刻求爱,再次遭拒。他谎称朱莉娅和瓦伦丁已死,西尔维娅坚决表示情爱已埋入瓦伦丁的坟墓。无奈之下,普罗透斯讨要挂在卧室里的西尔维娅本人的画像,"我要对着那画像诉说,对着它,叹息、哭泣。因为,既然您完美的实体本身另有所忠,我只是个影子,只好向您的身影①献出真爱。【4.2】"在此,如贝特所说,在剧情最丰富的第四幕场景中引入音乐,为的是设置夜间场景,好让普罗透斯来到西尔维娅窗下,向她求爱,"却不知扮成侍童的朱莉娅偷听到一切——这是她灵魂的暗夜。但在随后一处大胆且非常莎士比亚式的剧情转折里,当(第四幕第四场)普罗透斯与乔装的朱莉娅迎面相遇时,对她的男儿身颇为喜爱:'你名叫塞巴斯蒂安? 我很喜欢你,要马上雇你做点事。''雇'(employ)和'效劳'(service)两词包涵干家务事和性事的双关意。先于《第十二夜》中的薇奥拉,朱莉娅发现自己陷入痛苦境遇,要给她真想成为他'女主人'的那个男人当'仆人'。之前,普罗透斯只把朱莉娅看成装饰性的金发女子,如今,在他眼里,她是塞巴斯蒂安,不经意间他开始直觉感受她的内在品性"。

贝特指出,这一刻,这部戏在复杂性和自我意识的技巧上达到高潮。莎士比亚将两幅图景提供给观众:西尔维娅的画像与塞巴斯蒂安(乔装的朱莉娅)的描述。塞巴斯蒂安说自己曾在圣灵降临节表演节目时,穿上"朱莉娅小姐的裙服",扮演过阿里阿德涅(Ariadne),那个在古希腊神话里遭提修斯(Theseus)嫌弃、遗弃的恋人——"我演阿里阿德涅,因提修斯发假誓和不讲情义的逃离,悲愤不已②。【4.4】"——"两幅对照图景,有效地将这一场景变成一句莎士比亚式的断言,即不仅演员之艺优于肖像画家之艺,且他自己对爱情的戏剧化也优于宫廷传奇的静态视觉。"至于画像,套用朱莉娅独白中的话来说,则好比传奇女子,只是一幅"无知觉的画像",接受"崇拜、亲吻、敬爱与仰慕"。反观演员,却能如此令人信服地唤起情感的真实痛苦("演得活灵活现"),观众会为之动情落泪。在此,贝特做出评判:"没有谁比普罗透斯更擅用连珠妙语——宫廷恋人的一切叹息和诗意夸张——表达永恒崇拜,但他反常善变,则透出这一准则本质虚伪。自相矛盾的是,倒是这位演员真心实意:'塞巴斯蒂安'真身是朱莉娅,她并非因提修斯,而只因普罗透斯'发假誓和不讲情义的逃离,悲愤不已'。"

---

① 此处在玩语言游戏,普罗透斯先拿"影子"(shadow)自喻,后以"身影"(shadow)代指西尔维娅的画像。
② 此处化用古希腊神话中阿里阿德涅(Ariadne)与提修斯(Theseus)的故事:克里特国王弥诺斯(Minos)之女阿里阿德涅,爱上雅典英雄提修斯,帮他杀死迷宫中人身牛头怪弥诺陶(Minotaur)。提修斯将阿里阿德涅带走,后背弃誓言,将其抛弃。

贝特指出:"画家们能运用技巧引起人眼的错觉——透视的深度错觉,根据观者所站位置在外观上有所不同的变形描绘——但戏剧想象力能做得更多。想象中的塞巴斯蒂安扮演阿里阿德涅的表演,映射到在戏剧世界成功表演了塞巴斯蒂安的朱莉娅,和在台上成功表演了朱莉娅的男童演员身上,男童在戏台上第一次把生活带入戏剧。"这里所说"第一次把生活带入戏剧",指上文所引乔装成侍童塞巴斯蒂安的朱莉娅,在替主人向西尔维娅求爱时,虚构描述自己曾把遭提修斯无情抛弃的阿里阿德涅演得多么出色,朱莉娅的裙服"十分合身,在所有人看来,这件裙服早给我做好了。……我流着泪,演得活灵活现,我可怜的女主人①,深受触动,辛酸落泪。我若没在心底感受到她的悲痛,宁愿死去!【4.4】"简言之,乔装的塞巴斯蒂安是"虚假的",朱莉娅是"真实的",朱莉娅以这种方式让塞巴斯蒂安演活了她被普罗透斯抛弃的真实际遇,像阿里阿德涅遭提修斯厌弃一样。

贝特接着说:"贯穿莎士比亚整个戏剧生涯,他要回到这种复杂的幻觉与现实的分层效果,依照其核心信念,我们全都是世界大剧场里的演员。"

在贝特眼里,第四幕既是剧情发生关键转折的一幕,亦是最深情的一幕。第五幕,剧情快速导向莎士比亚惯常的喜剧性结局,以快乐的强盗们的森林来收尾。但他认为,不同于《仲夏夜之梦》里的魔法树林,这里不存在复杂的心理环境。"相反,这地方剥去了文明社会的抛光外表,允许人们各按欲望冲动行事。此处,心理一致性并非重点:前一刻,普罗透斯还在威胁要强奸西尔维娅,后一刻,瓦伦丁却意在通过把西尔维娅让给普罗透斯,证明绅士友情高于爱欲。我们确实得到了期待与渴望的结局,但这突如其来的收场是莎士比亚没耐心或不成熟的标记——可话说回来,他的头脑如此焦躁不安地创新,以至于他对结局从不真正上心。"

事实上,莎士比亚每一部戏皆难逃草率收场之嫌。理由十分简单:赶紧编完这一部,飞速开笔下一部!

4.哈罗德·布鲁姆眼里的《维罗纳二绅士》②

英国19世纪文学批评家威廉·赫兹里特(William Hazlitt, 1778—1830)在其《莎士比亚戏剧人物论》(*Characters of Shakespeare's Plays*)书中认为:"它(《维罗纳二绅士》)是以很少劳动或修饰把一部小说的故事戏剧化了的作品,但其中有许

---

① 我可怜的女主人(my mistress):朱莉娅指自己。
② 此处参考 Harold Bloom, *Shakespeare: The Invention of the Human*, The Berkley Publishing Group, pp.36-40。

多章节具有高超的诗的精神和无与伦比的有趣而精巧的幽默。毫无疑问,这些都出自莎士比亚自己的创造,还有,在整个故事处理中,有一种不自觉的优雅和美妙构思与措辞都指明这是莎士比亚的作品。这部喜剧中人们所常见的角色风格的确是奇思妙想的产物——他们有的可能不尽如人意,但他们并不贫乏,而是丰富充实的人物。朗斯和他的狗的一场(不是第二幕,而是第四幕中那场),是诙谐幽默的笑剧方面的完美杰作;我们也不会以为斯比德从瓦伦丁的种种表现,证明他的主人陷入情网的这一行为是智力或感官有什么缺憾,虽然这一方式可能受到批评,因为它还不够单纯到适合现代人的欣赏趣味。"①

不难看出,赫兹里特像他前辈约翰逊一样,对《维罗纳二绅士》赞誉有加。称剧中角色虽有"不尽如人意"之处,却"丰富充实",且"角色风格的确是奇思妙想的产物"。除此之外,更刻意强调第四幕中那场戏(第一场),"是诙谐幽默的笑剧方面的完美杰作"。换言之,《维罗纳二绅士》之所以堪称"一部轻松愉快的意大利式喜剧",全仰赖普罗透斯的仆人小丑朗斯和他那条会演戏的狗"克莱伯"。

然而,美国学者、"耶鲁学派"批评家哈罗德·布鲁姆(Harold Bloom,1930—2019)不像约翰逊和赫兹里特两位前辈那样厚道,他在莎评名著《莎士比亚:人类的发明》(Shakespeare: The Invention of the Human)中点评《维罗纳二绅士》,起首即毫不客气地指明,该剧在莎士比亚所有喜剧中最弱,若仅因它在各方面都比《错误的喜剧》和《驯悍记》逊色,也可能是最早的一部。无论在莎士比亚时代、还是当今时代,该剧从未流行过,若非有活色生香的小丑朗斯和他那条名为"克莱伯"的狗完成部分拯救,该剧可能会遭摒弃,"除了朗斯本人,克莱伯比剧中任何一个角色更具个性。学者们把《维罗纳二绅士》尊为许多更好的莎士比亚喜剧之前兆,包括超赞的《第十二夜》,但这对于普通戏迷或读者没多大帮助"。也就是说,《维罗纳二绅士》之能成为好看卖座的喜剧,朗斯和"克莱伯"起了部分拯救作用。

由此,布鲁姆以犀利的调侃笔墨说,导演和演员最好把该剧演成一部滑稽剧、或模仿戏,目标是剧名所提两位维罗纳朋友。"普罗透斯,这个多变的无赖,几乎反常到了足够有趣,瓦伦丁,则被朗斯贴切地称为'笨蛋',仅当我们认真看待他的反常行为时,才值得考虑,因为剧名似乎远超出一种单纯的受压抑的双性恋。"在布鲁姆眼里,该剧讲的就是瓦伦丁与普罗透斯的特殊关系,剧情甚至并无荒谬可言。普罗透斯或多或少爱上迷人的朱莉娅(朱莉娅更以爱来回报),他不情愿地前往米兰皇宫,在那里与他最好的朋友瓦伦丁一起学习处世之道。瓦伦丁痴恋西尔维

---

① 张泗洋主编:《莎士比亚大辞典》,第677页。

娅（西尔维娅暗自回应），他的仆人斯比德是一个常规小丑，斯比德的朋友是普罗透斯的仆人朗斯。似乎专为证明朗斯和他的"克莱伯"上演了一出"笑剧的完美杰作"，布鲁姆将朗斯在第四幕第四场开场时的长篇独白全文摘引，指出"听朗斯讲述他的狗，是领会莎士比亚之伟大的开始。"这是整部剧中第二长的一段角色独白，仅比普罗透斯第二幕第六场那段长篇独白短一点，难怪布鲁姆要单挑出来：

朗斯　当一个人的仆人跟他像狗一样耍赖，您瞧吧，那够受的。——这条狗我从小喂大，我从水里把他救出时，他三四个瞎眼的①兄弟姐妹都淹死了。我训练过他，正像有人说的那样，"我要这样训练一条狗。"我的主人派我把他当件礼物送给西尔维娅小姐，我刚进餐厅，他就走过去，从她木盘里偷走一只阉鸡腿。啊！一条杂狗当着众人面，管不住自己，这是件糟糕事。我愿有条狗，像人们说的，把他当成真正的狗，有狗样子，可以说，精于一切狗事②。若非我比他更有脑子，把他的错算我在身上，我真觉得，他早被吊死了。我极为肯定，他为此遭了罪，你们来评判。公爵桌子底下有三四条绅士模样的狗，他一头扎进去。刚进去，——请别怪我说粗话，——撒泡尿的工夫，满屋都能闻见他。一个说："把狗赶出去！"另一个说："这是哪种狗？"第三个说："用鞭子抽出去。"公爵说："把他吊起来。"我之前闻惯了这味道，知道这是克莱伯干的，便走向鞭打狗的那家伙，说："朋友，您要鞭打这狗？""对，以圣母马利亚起誓，要打。"他说。"您错怪他了，"我说，"您所知的这个事，是我干的。"他不由分说，用鞭子把我打出屋子。有多少主人肯为仆人做这样的事？不，我可以发誓，我为他偷人家香肠坐过足枷③，否则，人家弄死他；还为他咬死人家的鹅站过颈手枷④，不然，人家要他遭罪。——（向克莱伯。）这会儿你想不起来了。不，我跟西尔维娅小姐话别时，您耍的把戏，我可记得。难道我没叫你随时关注我，照我做的去做？你何时见我抬腿，

---

① 瞎眼的（blind）：指刚生下尚未睁眼的狗崽儿。
② 原文为 "I would have, as one should say, one that takes upon him to be a dog indeed, to be, as it were, a dog at all things." 朱生豪未译；梁实秋译为："我愿有一条能努力维持狗的体面的狗，无论做什么事都能像一条狗。"
③ 足枷（stocks）：古时刑具，主要用来惩戒破坏社会治安者，套足枷坐在地上示众，故称"坐足枷"（sat in the stocks）。
④ 颈手枷（pillory）：古时刑具，主要用来惩戒破坏社会治安者，将手连同脖颈套入木架，站立示众，故称"站颈手枷"（stood on the pillory）。

对一位贵妇人的裙撑撒尿？莫非你见我玩过这招儿？【4.4】

　　足以见出，布鲁姆太喜欢朗斯这个角色，称他"是一个令人振奋之人（或索性叫他牵狗之人），我有时纳闷，他何以浪费在《维罗纳二绅士》上，这对他来说一点都不够好。余下的情节是，普罗透斯爱上西尔维娅的画像，诽谤瓦伦丁，直到这个笨蛋遭放逐，流放中瓦伦丁被一个非法团伙选为首领"。对于朱莉娅，布鲁姆似乎没多大热情，只称她是莎士比亚此类乔装角色中的头一个，她扮成男孩去寻找普罗透斯，并有幸听到普罗透斯向西尔维娅袒露情爱，同时，发誓说自己的爱情已死。西尔维娅眼光独到，鄙夷这个无赖，由勇敢的埃格拉慕爵士陪同穿过森林去寻找瓦伦丁，当亡命徒们抓住埃格拉慕本该保护的小姐时，这位爵士以真正的"巨蟒剧团"（Monty Python）风格逃之夭夭（巨蟒剧团是20世纪70年代走红英国的喜剧团体，以尖诮的喜剧风格著称，擅用极正经的态度表现荒唐。——笔者注。）随即，布鲁姆以不无揶揄的口吻犀利指出："当普罗透斯和乔装的朱莉娅救出西尔维娅时，这场闹剧达到顶峰，普罗透斯当即试图强奸西尔维娅，却因瓦伦丁出现受挫。两位绅士间继而发生的事如此明显怪异，怪异到莎士比亚无法指望哪个观众能接受，即使作为闹剧。"布鲁姆再做摘引：

瓦伦丁	你这劣等朋友，等于说，不忠诚，没有爱，——因为眼下这就算朋友。——奸诈之人！你欺骗了我的希望。若非亲眼所见，无法劝服自己。此刻我不敢说，我有个朋友活着世上。你驳倒我才行①。当一个人的右手②向胸窝发假誓，还能信任谁？普罗透斯，很抱歉，我决不再信任你，为了你的缘故，要把这世界算作陌路人。密友伤害最深。啊，最该诅咒的时代！所有仇敌中，最坏那个竟是一位朋友！
普罗透斯	羞愧和内疚战胜我。宽恕我，瓦伦丁。若衷心歉疚，能替罪行作一笔足够的赎金，我这就奉上③。我过去犯下罪过，现在真心痛苦。
瓦伦丁	那我算得到报偿。我再次视你为诚实之人。

---

① 原文为"thou wouldst disprove me."朱生豪未译；梁实秋译为："你会要证明我错误。"
② 右手（right hand）：代指知交好友，即普罗透斯。
③ 原文为"if hearty sorrow/Be a sufficient ransom for offence, /I tender't here."朱生豪译为："如果真心的悔恨可以赎取罪行，我向你表示悔恨。"梁实秋译为："如果真心的悔恨可以成为充分的赎罪的代价，我奉上我的赎金。"

> 若有谁对悔罪,心怀不满,
> 天地不满。因为天地满意。
> 永恒的愤怒①,由悔罪平息,
> 为展示我的友情坦率、慷慨,
> 愿把西尔维娅之于我所有的一切,给予你。

朱莉娅　　啊,我大不幸!(晕倒。)【5.4】

布鲁姆由此评说,朱莉娅的反应至少能使她得到某些即时解脱,而当可怜的西尔维娅在贪淫的普罗透斯抓住她要动手强奸时,喊出"啊,上天!"之后,再无一句台词。布鲁姆发出疑问:"在《维罗纳二绅士》最后100行角色对白期间,扮演西尔维娅的女演员自己该怎么办?她该用手边最近一块松动的木块猛击瓦伦丁,但那不会让这个笨瓜脑子开窍,或让其他任何人明白这一疯狂举动。"剧情继续发展,朱莉娅显出女儿身,指责变心的普罗透斯理应深感羞愧:

朱莉娅　　羞耻心发现,女人更换衣装,
　　　　　比起男人变心,那污点更小②。
普罗透斯　比起男人变心!真的,啊,上天!男人若不变心,他就完美了。犯一次错,使他浑身是错,让他四处犯罪。不忠之情尚未开始即跌落。西尔维娅脸上有什么,我若以恒定的眼神,岂能看不出朱莉娅脸上更鲜嫩?
瓦伦丁　　来,来,各伸一只手。(普罗透斯与朱莉娅牵手。)让我祝福,促成这幸运的结合。如此两位好友长久结仇,实为憾事。
普罗透斯　上天作证,我的心愿永远满足。
朱莉娅　　我的也是。【5.4】

---

① 永恒的愤怒(th'Eternal's wrath):即上帝的愤怒。参见《旧约·出埃及记》32:11-12:"但是摩西向上主——他的上帝求说:'上主啊,为什么向你的子民这样发怒呢?'"《诗篇》110:5:"主在你的右边,/他发怒的时候要痛击列王。"《约伯记》21:20:"罪人该接受自己应得的惩罚;/他们该体验全能者的愤怒。"《新约·以弗所书》5:6:"上帝的愤怒要临到悖逆的人身上。"
② 原文为"It is lesser blot, modesty finds, /Women to change their shapes than men their minds."朱生豪译为:"可是比起男人的变心肠来,女人的变换装束还算是怎么一回事。"梁实秋译为:"不过就羞耻而论,女人改变衣服/比男人变心该是较小的一种错误。"

布鲁姆分析说:"至少,几乎遭强奸的西尔维娅得以保持说不清道不明的沉默;在此很难获知普罗透斯与瓦伦丁,到底谁更蠢。在全部莎剧戏文里,没什么比改过自新的普罗透斯的实用主义更叫人无法接受:'西尔维娅脸上有什么,我若以恒定的眼神,/岂能看不出朱莉娅脸上更鲜嫩?'这意味着:任何一个女人可以和另一个女人做得同样好。莎士比亚暗示,所有男人均可用随便两个女人的名字替代西尔维娅和朱莉娅。"

最后,布鲁姆归结为,即便最严肃的莎学家也能意识到剧中一切都有毛病,但莎士比亚显然毫不在意。布鲁姆自问,被各自严厉父亲送去皇宫的无赖(普罗透斯)和傻瓜(瓦伦丁),不知怎么最终来到米兰,亦或他们仍在维罗纳?随即自答,显然,这无关紧要,他们同样无关紧要,他们不幸的年轻女人(朱莉娅和西尔维娅)也无关紧要。"重要的是朗斯和他的狗'克莱伯'",至于其他,布鲁姆的结论是:"莎士比亚对爱情和友情同样做出愉快而刻意的滑稽模仿,从而为其高雅浪漫喜剧——从《爱的徒劳》到《第十二夜》——之伟大,清理场地。"

换言之,莎士比亚的幼稚学徒之作《维罗纳二绅士》是伟大喜剧《第十二夜》的奠基之作!

对话

世纪之交的风景与记忆：关于周嘉宁小说集《浪的景观》的研讨

世纪之交的风景与记忆：
关于周嘉宁小说集《浪的景观》的研讨

■ 文/张新颖 等

金理（复旦大学中文系教授）：各位尊敬的嘉宾、老师、同学们，下午好！在正式议程开始之前，请容许我做两点引言。第一，《浪的景观》这本小说集周围的朋友们都觉得很好、很重要，但是还没有得到比较充分的讨论。我很好奇这位作家的转变，周嘉宁出道很早，如果站在她青春文学写作时期向未来张望，我很难想象嘉宁会写出《基本美》《浪的景观》这样的作品，出现如此巨大的转型。很多作家喜欢说"吾道一以贯之"，希望批评家去寻找其作品当中前后贯穿的蛛丝马迹。但是我有一次给嘉宁写邮件，她在回复中对自己"少作"的态度之严厉，让我很吃惊。这位作家如何层层上出走到今天，是我很想探究的论题。

第二，以周嘉宁为个案，她为青年文学、甚至当代文学到底提供了什么。我去年把手头能够找到的、时间下限划到21世纪的中国当代文学史著作，检索了一遍。发现其中大概至少已经有15种文学史开始把嘉宁和我所属的这个代际的文学设立专门章节进行讨论。一方面觉得很惶恐，一方面觉得很可怕，文学史居然是这样来叙述我们这一代。当然也知道不能太当真，从长程的视野来看，哪怕一代人在文学史上消失也是很正常的现象。但确实也发现有意思的问题，比如文学史的叙述策略发生改变：以前会把一个时段的文学贡献落实到代表性作品上，但是到了21世纪以后只罗列作家，不再谈作品，言下之意是这些青年人可以作为文学现象或者文化现象，但是他们的作品不值得展开文本分析。其实我很长一段时间里面也是这样认为的。然而《浪的景观》出版之后，心里面就笃定、踏实了一些：我们这一代人好像从此可以开始交卷了。下面先请毕胜社长致辞。

毕胜（上海文艺出版社社长、总编辑）： 不能算致辞，只能算感谢，谢谢金理教授，对我来说我觉得很开心，回到母校来召开周嘉宁《浪的景观》研讨会，这部作品给中国原创文学贡献了新的价值和社会意义。首先还是代表文艺社向主办方复旦大学中国当代文学创作与批评研究中心、上海东方学者建设计划表示感谢，向出席今天研讨会的各位师长、各位同学表示诚挚的谢意，也向周嘉宁表示祝贺，谢谢你的信任。

《浪的景观》出版以来收获了广泛的赞赏和好评，是一部在文学观念、写作手法、叙事美学都取得突破的优质作品，也是"80后"小说家在处理个人记忆和时代记忆相结合方面所收获的具有标志性意义的一部作品。周嘉宁用三部中篇小说从不同的叙事维度共同构建了千禧年前后复杂而辽阔的城市生活景观，将细腻而幽微的个人记忆与磅礴而深远的时代生活实现了文学上的联系，可以理解成是一个青年小说家回首时代生活并进行复行的一次青春漫游。这部作品我觉得不仅仅是周嘉宁个人写作道路上的一次提升，也是上海文艺出版社在文学原创领域的一大收获。听说周嘉宁也正在创作新的长篇，相信又是一部沉甸甸的好作品。

张新颖（复旦大学中文系教授）： 这部作品出版以后，我在一个地方推荐时说它是我这一年看到的最好的一部小说集。当然一个成熟的人不会这样说话，因为你说一个人最好，那就得罪了更多的人。但这个话的毛病不在这，在哪呢？这是一句废话，这是一句庸俗的话。这个话里面包含了把这个作品和其他作品相比较的意思，一旦比较起来那就庸俗了。我觉得周嘉宁这个作家，她不大和别人作比较，是一个很有定力的人，更重要的是她跟她自己比较，比如刚才金理说的这部作品在她的创作道路上的意义。但是我又不太同意金理说的，当然我也不同意周嘉宁自己说的。以前那些作品，她当然不愿意再提了，但我觉得她还是这样的一个人。她虽然年轻，但有一段漫长的写作历史，她一步一步走过来始终有一个很好的可以叫作品质或者是质地的东西。有的人没有这个东西，但是也可以做一个文学。这样说又糟糕了，又带有比较的意思了。有这样的一种质地、品质，你回过头去看，并不惊讶会有《基本美》或者《浪的景观》这样的作品。以后的作品我们不知道，但我觉得她还可以再往前走。这样一个品质或者质地是什么东西我也说不清楚，但是这里面有一种可以说的——不可以说的部分当然更多一点，可以说的部分少——但是我们可以明确地感受到这样一个人她对自己的经验、情感、想象的一种很诚挚的、不断反省的执着,有这样的东西才会有今天的《浪的景观》。

关于《浪的景观》,周嘉宁自己有一个说法是"考古"。一个年轻人是不会考古的,只有当生命的经验有了累积的层次以后,他才会回过头去,回到某一个时段的考古层。因为周嘉宁以前也写青春,但是当你在青春的时候写青春,和你已经不再是青春的时候写青春,还是非常不一样的,这个不一样就是因为有了累积的层次,所以再写青春的时候就是一个考古的行为。这个考古层当然就像毕社长刚才讲的,它有个人经验的考古,当然又是和时代、社会、城市的变化联系在一起的。有了这个考古层之后,它就会变得比较丰富。比如这个小说里面没有写今天,但实际上这个考古行为是发生在今天的,所以这个小说有一个对照的层次。今天的人处在今天的环境里来写21世纪之初的经验和状态,这个就不一样。我其实很喜欢看到有累积层次的文学,因为有累积层次后你看到的东西就不一样。如果没有累积层次,你看到的就是你看到的。比如过去,如果我从复旦的东门走出去,往大学路方向一走,就是周嘉宁写到的铁轨。我们再往那边走,走到财经大学,复旦大学到财经大学这样短短的距离之间是农田,再往下走就是江湾机场,进不去的,但是周末会放露天电影。再一直走下去就走到复旦的新校区,全是草、树,比人高得多。如果你有这样的经验,你看到一栋楼的时候,你会看到这栋楼原来是什么样的,原来也许是废墟或者是什么,就有了这样的层次。这个不仅仅是一个城市景观,这个会牵扯出很多互相的关系,就会产生很多的问题,可以做很多探讨,我就不具体展开来说。

岳雯(《文艺报》副总编辑):《浪的景观》是一本挑选读者的书,它也许不会适用于所有读者,甚至同一个读者,也并不是任何时候都可以进入,可能需要一个契机,是对读者要求很高的一本书。读这本书的时候,我突然发现,周围全部安静下来了,仿佛在无边无际的宇宙中漂浮,然而并不觉得孤独,反而充盈、自在。这本书抓住了我,坦率说,它不是情节性很强的书,但是你会被一种情绪抓住,你愿意一直沉浸在情境里,有那么一刻你好像是在人世间,但是又离世间很远。这是我读这本书的感性经验。那么,这样的感受从何而来?

如果冒险去命名,我以为,周嘉宁创造了"干燥美学",一种独属于自己的个人风格。每个作家都会有自己偏好的词,那么对于周嘉宁而言,她擦亮的词汇是"干燥"。比如,她会说,小说里的世界是一个干燥清洁的世界,"时间的漩涡干燥寂静""空气干燥,预示着接下来又是过度明亮的一天",如此种种,不胜枚举。"干燥"是她独特的语汇和发明,她由此创造了一种"干燥美学"。其一,周嘉宁的小说人物都有一种无所事事的勇气，以及敢于一事无成的勇气。现代社会的一个显著特征是，我们每个人生活在庞大的体系与制度中，过着一种制度化的生活。尽管倦怠的时候大家嚷嚷着要逃离，要精神退休，但不过是说说而已，实际上是非常难的。但是，周嘉宁在小说中为年轻人创造了一个精神上的空间，他们要么是在某个写作营，要么脱离了日常生活，做电台，介绍摇滚乐队，即使《浪的景观》中"我"和群青在人民广场的服装档口卖牛仔裤，那也不过是一种自我表达的方式，他们过着一种纯粹的精神生活，大部分时候是敢于无所事事。周嘉宁逃脱了生计问题，她不谈每个人如何生存，怎样应付日常生活，一切都是精神性而非日常性的。评论家或许会把这样的行为解读为与现代社会体系的对抗，我不这么想，对抗意味着承认框架的存在，我觉得周嘉宁没有这个意思，她不是反现代性的，而是非现代性的。其二，小说中的人物有一种社团感。社团不同于共同体，共同体的联结更为密切、有机。社团是松散的、多人的、非固定的，是来来走走，具有流动性的，你可以随时随地推门进来，也可以随时随地推门出去。社团里的人以爱好彼此识别，但并不深度绑定。社团允诺给人最大的自由。无所事事也好，一事无成也罢，内在的精神质地是自由。自由是生计意义上的，也是情感关系意义上的。他们不把性别作为一个定义自己的方式，而是以中性的姿态和方式去生活。所以，周嘉宁的人物往往显现出雌雄莫辨的气质。他们在情感的连接上也是含混的、边界不清晰，比如《再见日食》里拓和泉，《浪的景观》里"我"和小象的关系，《明日派对》里"我"和潇潇的关系，他们不执着于给关系命名，即使内心涌动着极为强烈的澎湃情感，但这种情感是自己一个人的事情，既不用情感去要求他人，也不用情感来定义自己，在内心自我完成。因此，小说呈现出梦幻感的质地。大家无时无刻不意识到我们相聚的此刻，是极为美好的时刻，而且也洞悉，因为美好，所以会消失，朋友们会散场，会不再见。就像周嘉宁所说的，"所有人只是借此耗在一起，将私心杂念抛于脑后，共同度过一些坦率而毫不拘泥的时光"。因此，小说叙事动力不来源于环环相扣的情节，而来源于一个个脱离现实的集体生活画面。画面构成了生活美好的瞬间，也是生命最本真的质地，是生命让人回味的地方。

  这是周嘉宁的"干燥美学"。在上海这么一个潮湿的地方，当周嘉宁每每将大湖视为生命能量的补给站，当她将小说以"浪的景观"命名时，这里面蕴藏着她对于小说，乃至于对生活、对世界的某种想象。说到这里，我想起多年前来上海，初次认识了今天与会的小伙伴们，那时候大家都很年轻，也会像《浪的景观》里的年轻人成宿谈文学，聊着聊着，天就亮了，中间有人扛不住就睡过去了。现在想起来，那样的时刻与《浪的景观》形成了同构。周嘉宁所描述的那一切，其实也是我们经历过的真实不虚的生命,我们也是从浪的景观里走过来,现在已然成了沙滩上的前浪。小说与生命交织,感谢周嘉宁,唤起了我们对于生活的感知,这大概也是文学的意义。

何同彬(《扬子江文学评论》副主编):岳雯刚刚提出一个"干燥美学",我在想:我应该提一个什么美学? 一开始张新颖老师说,我们今天来参加会议的人大都是同时代的,我看这部作品的时候在很多片段很感动,就是因为作品里面饱含着我们同时代人的情绪和记忆,里面的很多经验也和南京的经验非常相似,起码和我亲身经历的经验很相似。

前段时间《钟山》以前的同事和我说10月份有一个"迁徙计划"的活动,你有没有时间去一下? 我说和我有什么关系? 他说周嘉宁《浪的景观》入围了"迁徙计划"。我听说之后就去网上看,果然"迁徙计划"里面有《浪的景观》,上面有一句话特别有意思,算是"迁徙计划"给《浪的景观》的"授奖词",说它是"一部小型上海外贸服饰市场兴衰史"。我看到这句话的时候非常感慨,其实"迁徙计划"的评审老师都是喜欢《浪的景观》、看得懂《浪的景观》的人,但是要给它这样一个荣誉,还是必须要将它放在一个与时代同频共振的宏大叙事中评价,这是一个无奈的合法化的过程。

我当初看到这个作品的时候就非常喜欢,其中很大的原因是我在小说中看到了我自己,尤其世纪之交的时候有一些经验是非常相似的。世纪之交,到周嘉宁写出《浪的景观》,过了二十年,这二十年我们的时代和个人经历了、发生了太多事。《再见日食》里面有一句话,主人公要去一片树林,入口处写了一个牌子:"前方黑暗,请不要继续向前。"我看到这句话时有一个可能不太合适的感想,《浪的景观》所描述的世纪之交,无论是个人经验的景观,还是文化思潮的景观,在当下我们真正进入一个新的时代后回看,就像《明日派对》里面"我"和欧老师对话的时候说的,会不会是因为我们太好运了? 欧老师作为一个长辈可能觉得"我"这个感慨莫名其妙,每一代人都有每一代人的好运,但是"我"觉得这个好运可能比较短暂,所以还面临一个问题,我们的好运持续了多久? 这个作品带给我的一个感慨是,我们这一代人——"80初"的人已经过了四十岁了——在这个年龄阶段,又在这样一种时代氛围里,如果一定要给它一个美学,我所给的美学可能没有那么好,从我个人角度来说,这个美学里面必然携带着一点时代的感伤、哀伤。

昨天在北师大我们刊物做了一个工作坊,我一开始以为这种工作坊就是和作者们、专家们沟通一些办刊的想法,不会有太多实质性的学术内容。但没想到陈晓明老师一发言,他就特别认真,出人意料的认真,而且还特别感伤,可能和他最近的思考和精神状态有关。他情绪沉郁,对这个时代无论是知识分子还是作家、批评家的处境,表达了很多不是特别积极的看法。比如说,没有历史感、现实感,也没有激情、信仰,理论发动机也没油了,基本上要什么没什么。前几天南京有一个画展,那个画家是苏童的朋友,他发言的时候说靳卫红给那位画家写过一篇文章,其中有一句话是"我们这一代人未曾拥有过一个稳定的文化",苏童说靳卫红这句话对他触动非常大,他也借此抒发了他的一些情绪:"我们这一代人没有自己稳定的文化,这是我们的一个痛,一种虚弱。我们这一代艺术家在这样的状态下应该怎么生存?基本上是只能随着你本人的节拍摇摆,然后迷路。"这些都让我想到《浪的景观》这部小说集里面表达的时代情绪。

我离开《钟山》之前还编了一个小说是韩东的《峥嵘岁月》,所有熟悉韩东文学经历的人,一看《峥嵘岁月》这部中篇小说就知道那里面那个姓马的人其实就是后来在监狱里去世的萧元,也是20世纪90年代的风云人物。韩东后来还写过一个小说叫《伪装》,写的是南京一个文艺青年,当然他去世的时候已经不算文艺青年了,他去世是在2017年,从一个很高的楼上跳下来。后来李纯写过一个文章叫《一个叫吴宇清的男人决定去死》。吴宇清身上的文学青年属性让我想到周嘉宁小说里面的张宙,一个音乐节目主持人,他跟吴宇清的经历特别相似。何平把《伪装》看作一个罗曼蒂克的消亡史。如果用这样一种情绪来看《浪的景观》,那它写的也是一场罗曼蒂克的消亡史。从我个人经验的角度来看,我为什么说它有一种淡淡的哀伤,也是因为我觉得在这样一个时代,我们这一代人的罗曼蒂克真的是消亡了。当然不一定是周嘉宁主观要做这样一个事,但我仍然觉得这本书对"80后"写作来说,就像本雅明在论述普鲁斯特时所说的,"这标志着那些花费了一生心血的作品乃是一个时代的断后之作"。当然这不是说周嘉宁花费了毕生的心血,而是说《浪的景观》呈现了某种"起源"和"结局",对于"80后"写作来说确实有一点"断后之作"的意味。尤其从我个人的角度来看,这个作品带来的触动是非常大的。

我始终觉得这三部作品是特别动人的小说,无论是金理还是其他的研究者,可以在作品里面找到很多的肌理、空间,包括青年或者文艺青年,也包括都市、城市,发挥的空间很丰富,可以从很多角度来分析这些作品。它好就好在忠诚于小说这种文体,没有过多把不属于这种文体的经验和内容放进去。我们现在有很多小说,尤其是长篇小说,也包括某些"80后"小说家的各种"转型之作",把过多不属于小说的历史经验或者个人经验,或者自己根本无法操控和熟练掌握的经验塞在小说里面,使得小说看起来有很大的框架,事实上是非常可怕的文体灾难。从这个角度来看这三篇小说确实也是代表了一种干燥的美学,因为它的确把其他不必要的水分都给去除掉了。《浪的景观》的风格化不明显,作品初看不是特别吸引人,但是它非常耐读,你读完之后,去体会里面的语言、节奏和叙事的老辣,包括情感的表达方式,你会被它吸引,这是真正的好小说的特点。

曾攀(《南方文坛》副主编):关于《浪的景观》,我们"80后"开始如此怀旧,这个还是有点可怕。我们在什么样的情况下怀旧,也许比我们如何怀旧更重要。前段时间我在北海,北海是白沙滩,是非常细软的白沙子,非常南方的特色。我下海的时候发现,那些柔软细腻的沙子,在海浪冲刷的地方,形成的折痕非常深且坚固,更遑论海上的礁石,可以说海浪的塑形能力是极强的。这个就是我想说的一点,我们所提到的"浪"其实是一个相对规则化的,当然有风才有浪,这个风是时代的风气,时代的精神状况,当然也是一种个人风格的问题。如是形成新的结构形态,其实这个浪移动的过程,我更倾向于视为一种飘浮或者漂移美学,有一种规则但是又有某种速度的美在里面。

前段时间我去东北开会,讨论到"新东北文学"和"新南方写作"的问题。但是我们看《浪的景观》,你说是南或者北似乎没有一个定义,事实上我们只有两种文学,好的文学和坏的文学,《浪的景观》代表我们"80后"一代作家走到这里,写到这个地方,似乎可以有一个相对完满的,能有自己风格和调性的一种答卷在里面,我觉得这个是很重要的。而且三个中篇汇聚,实际上有的时候中篇的合法性也许是存疑的,长篇小说不需要去定义,短篇小说当然也有它合法性的地方,但是中篇小说,我们涉及它的合法性与尊严的时候,似乎很多时候我们还要去讨论,《浪的景观》则重新赋予中篇小说的意义、能量、尊严,因为它处理的不是一个单一面相,当然它也不像长篇小说一样去设计一个个人史、情感史或者家国史,这么一个大的历史时段中,自然不像短篇小说针对某个小问题或某个小层面,它是对意义群和问题群的一个大的断面的思考。甚至里面提到的是关于我们"80后",我们回过头来看的时候,这个能不能成为我们的精神资源,里面所折叠的那种关于历史、关于个人经验,有没有一种回溯性新的经验或者新的意义,足以将新的能量召唤出来,我觉得这个是《浪的景观》给我们新的启示。

事实上,《浪的景观》其实还是一种游荡者的美学,这其实和我们成长经历是非常吻合的,我们青年/青少年时代的成长经历无疑就是一个游荡者的经历,我们无所事事,我们会经历各种会议也好,喝各种酒也好,甚至到各种各样的地方,比如音乐会、演唱会，包括到水库去，等等。我们好像归纳不出某种意义来，好像我们所经历的个人经验是非常空无、虚妄的意义，但是这样的经验被重新召唤出来的时候，我们看到里面空空如也，但是游荡者的美学极其自由、缺乏秩序、没有规则，这样的美学往往我们能够从里面挖掘出今天所需要的精神资源和文化资源在里面。我更倾向于张新颖老师说我们重新回到里面，实际上我更认为是现在这样的现实倒逼我们回到那里，倒逼我们过早、过分地去怀旧，挖掘我们的精神资源，这样的怀旧和挖掘，实际上关于浪的问题，需要我们去反思，其实里面有很多反思的元素在里面。

最后我想说的是，浪当然可以把人浮起来，当然可以形成非常多元多样的形状，但是我们不要忽略一点，浪也许也会将人吞噬，这样的景观是中性的，为什么我说现在的现实也许会倒逼我们去寻找既往的精神和文化的资源，它的意义就在这里，也许在这样不断回溯以及自我反思里面，我们不至于沉默，不至于虚无，不至于被吞噬。

张定浩（《上海文化》副主编）：这几天重读了《浪的景观》，感觉是一本经得起重读的小说集，重读时依旧会被一些场景打动，那种无比纯洁、干净、贫穷的青春状态，那些敢于无所事事的勇气，共同构成永恒的青春。从这个意义上来说，《浪的景观》本质上仍是一部青春小说。而好的青春小说都是在作者的青春过去之后才有可能被完成的，就像《麦田里的守望者》《挪威的森林》这样的小说，可能一代一代年轻人都会重新打开，我相信《浪的景观》也会成为类似这样的作品。

刚刚岳老师说到干燥美学，我就想到海明威的短篇《一个干净明亮的地方》，这部小说也是海明威最喜欢的几部小说之一。海明威擅长构建一些异质空间，比如酒吧、度假地，等等，就是一个超出日常生活的空间，在这个空间里面可以省去很多日常生活的芜杂的东西，回到一种更为纯粹的空间。我觉得青春本身也是这么一个干净明亮的地方，因为是被反思的过去，被整理过的过去，这样就会比此时此刻的日常生活更加动人，我觉得干燥美学可以具体到一本小说或者一个更具体的印象，就是一个干净明亮的地方，而在周嘉宁小说里面，一直也是致力于去书写干净明亮的地方，小说里面有很多动人的瞬间和场景，都让我们可以想到干净和明亮这样的词。

再说一点，是关于第一人称的问题。因为周嘉宁的小说大部分都是以第一人称来开始的，虽然《再见日食》是第三人称，但其实也是一个弱的第三人称，和第一人称差别并不大。第一人称在当代小说中还蛮流行的，它可以有效打破虚构和非虚构之间的距离，比如塞巴尔德的小说，里面有很多所谓历史考古和虚构结合在一起，还有我最近看到的两本小说《狐狸》和《疼痛部》，作者是杜布拉芙卡，一个塞尔维亚的作家流浪到荷兰去，我觉得她的小说也很好，也是第一人称，读者一时间分不清是虚构还是非虚构，这种自由感是小说这种文体里特别重要的。像《明日派对》里写到她们去采访罗大佑，周嘉宁把一个真实场景和一个虚构的完全融合在一起，这种自由感很有意思。

其实《浪的景观》之前也有一个浪，就是一个前浪，周嘉宁之前写过一个小说叫《你是浪子，别泊岸》，那本小说已经从小小的自我里面摆脱，这里面的"我"已经成为一个倾听者，不单单是一个回想者，已经有他人的介入，第一人称已经把他人容纳进来，那个时候"我"还只是承担一个倾听作用，大部分在倾听另外一个人在讲述，但是在《浪的景观》里面，这三部作品里面，尤其是后两部第一人称的"我"是已经参与到故事里面去了，虽然这个故事不是一个特别戏剧性的故事，但"我"是和他人一起在参与到那个世界当中去，我觉得周嘉宁也是做了一个非常有自觉意识的努力，她会在写小说的准备阶段开着卡车四处转，很多场景都是她自己在行动中体验过的东西。

我自己觉得有一点点不太满足的地方是，比如我们吃一个柠檬的口感，我觉得这个柠檬是一个怎么样的味道和柠檬本身的味道其实还是有差别的，如何让体验和对象之间慢慢一步步接近，要有很多个"我"同时品尝柠檬，会慢慢接近本身的味道，也就是在自我体验和对象之间如何达成一个共识。周嘉宁小说里面写到很多他人，但是这个他人和他者之间是有差别的，这里面的一个差别在于，就像列维纳斯说过的，只有当自我必须要接受他人的控诉或者"我"必须承担起对他人责任的时候，那么这个他人才是作为他者在场的，对"我"有压力的他者在场的，"我"拥有责任感，必须要解决很多问题，这时候的他人，就不仅仅是跟我保持游离关系的飘浮状态的他人存在。

这三部小说里面，我觉得恋爱关系都很一致，第一部小说里面拓和泉之间，第二部小说"我"和小象之间，第三部是"我"和潇潇之间，都是一种非契约的关系，他们随时可以分手，还是一个弱的恋爱关系，甚至是一种很美好的恋爱关系，因为大家相互不需要负任何责任，这样的状态只有很年轻的时候才会有，或者等到很老的时候也会有。在这样的关系里面，爱人是不需要承担责任的，给双方非常大的自由感，但同时也让双方都丧失了成为他者的机会，不仅仅还没有成为严格意义上的他者，他们只是作为自我投影的存在。在自我、他者、世界之中，这三者如何构成一个立体的复杂东西，这或许是周嘉宁在今后小说中需要解决的问题。

康凌（复旦大学中文系青年副研究员）：这个小说读下来我觉得感受挺矛盾的，我尽量试着去把它说清楚。读《浪的景观》的时候正好刚看完路内的《关于告别的一切》，然后我就跟方岩开了个玩笑，我说这两本小说可以把标题互换一下，路内的小说写的是一个浪荡子的景观，而周嘉宁这一系列故事，倒是真的充满了"告别"。我们都记得，这部小说集的开场就是一个葬礼，整个故事是笼罩在一个葬礼的氛围里的，小说集的内容一方面是青年群体的聚合，讲从秩序中脱嵌出来的个体，世纪末如何给他们提供了一个活动空间；但另一方面，他们最后都是要散掉的，所以在内容上充满了告别的主题。

但更重要的是，这种告别感更多还是来源于小说在叙事形式或者叙事视点方面的经营而产生的效果。这里的意思是想说，这些小说里的叙事者，总是有一种持续地去进行自我阐释的冲动，它是一个在故事的发生过程中，同时对故事的种种细节的意义进行自我阐释的小说。比如我们看小说第一页第一段，这一段第一句是拓在机场看到一个年轻人在看自己的小说，最后一句是"拓不由想他读到了哪里"。而这两句中间的那一长段描述，用的是自由间接引语，那么这是拓的想法，还是叙事者对于此刻这个场景的看法？这个叙事者是谁？再后面两页，写到拓在波士顿到丹佛转机过程中错过了去佩奥尼亚的飞机——这是一个情节事实，然后后面跟了一句话，"命运像是要给他一些提示或者一个缓冲地带……"。这句话不是情节的部分，它有点像一个旁白，在告诉读者，这个错过转机的时刻，它的意义是什么。

这种旁白似的句子在故事里有很多，这些小说很喜欢用"仿佛""就像""像是"这样的小连词，这样的词后面跟着的常常是对刚刚出现的一个事件、一个东西、或一个场景的某种描述和评价。也就是说，小说不仅告诉你发生了什么事、出现了什么东西，还要告诉、引导读者怎么去看待它，理解它的意义，会对它有一个描述。

更有意思的是，在这些描述性的段落里面，常常会有一些非常"大"的词，比如叙事者在介绍完乌卡的经历之后，会有一个很宏大叙事的总结："流亡的世纪正接近尾声，小半个世界从创伤中渐渐恢复"，除此以外，还有像"人类"如何如何、"我们身处的世界"如何如何、"一个时代"如何如何、"二十世纪"如何如何，等等，包括很多评论者引用到的那个"持续的地壳运动"的段落。

这样一些宏大的语词的使用给人一个感觉，就是这个小说好像常常会忍不住呈现出一种对事件的超越性意义的渴求，也就是说，一个具体的东西、具体的事情，不仅在它们的故事内部的叙事脉络里具有意义，不仅要对这个有说明和阐述，更进一步,小说希望把这些东西、这些事情放在更大的坐标系里面,放在"人类""世纪""时代"的坐标系里面,去给它一个位置。或者说,小说总是有一种从具体事件中抽绎出某种具有超越性的认识维度的冲动。

而这样一种"总体性"的阐释抱负或者阐释行为,它内在地包含或者暗示着一种特定的时间意识,一种时间上的距离感和断裂感。用我们俗话说叫"盖棺定论":就是说这个事情已经彻底结束了,这个时代已经彻底地过去了,它的意义已经稳定了、已经完成了,尤其是,它已经很难再和我们当下的世界、当下的经验之间彼此贯通了。到了这个时候,我们可以把棺盖上,我们可以给它一个定论,在历史的横纵坐标上,给它找一个位置安顿下来。或者用我们今天会议标题里面的一个词,我们终于可以把"世纪之交"这段历史,给"风景化"了,可以把它打包、定格、封存,然后我们自己可以退出一点距离,开始我们的阐释的工作。

这就到我说的比较矛盾的感受。它并不指向小说所呈现的"世纪之交"的风景本身——它在审美和社会文化意义上都是非常精彩且复杂的;我的矛盾在于,这样一种"风景化"所内在要求的这种终结感、这种时间上的距离和断裂的意识乃至追求,我们到底怎么理解它?

其实也不是我个人的矛盾,我觉得这个小说在某些瞬间里面也表现出这样的矛盾,最后我举两个例子。第一是《浪的景观》最后,主人公被骗到海边,和陌生人之间有一个对话,这个对话非常有意思。陌生人告诉他,大家都被骗了,"没有演唱会也没有游乐场,都是虚构的,这里只有大海",然后这里"我"的反应是:"'都是虚构的啊。'我却放下心来。"然后他说:"我不再怀着寻找任何事物的决心和愿望,反而感到轻松和自由。"也就是说,在这个时刻他意识到,这种"轻松和自由",是由"虚构"和对虚构的自觉所带来的。"虚构"这样一种实践,能够制造出一个保护层一样的世界,使得我们所有关于过去的回忆,不再能够介入当下的生活。另外一个例子是拓回忆泉的时候,他说的一句话:"我想我把她放在虚构世界之中太久了,所以我要接受现实中我们应该再也没有相见的可能。"当你把一个对象放在虚构世界以后,你就默认,或者至少有一种自觉意识,这个对象和现实之间"应该"维持一种距离感,不然很有可能我们会不知道要怎么去处理。

在这样一些短暂的瞬间里面,我们可能可以隐约感觉到,小说对于由"虚构"、由"风景化"所带来的距离感或者安全感,保有一种自觉、反省甚至是一点不安,它传达的是对这种距离感不可靠性的感知:那个已经被视为完全过去的时代的人和事,是不是还有可能跨越这种距离?这种跨越会不会胀破我们现在的"风景化"的阐释,胀破我们目前所赋予它的特定认知框架和坐标系?或者反过来说,会不会对我们的"世纪之交"的理解,带来新的生长的可能性?

我觉得这种短暂的自觉乃至不安是非常动人的东西,它让我想到周嘉宁之前的一个短篇《大湖》,里面有两个令人印象深刻的地方:一个是,那个主人公不是远远地、有距离地去观赏浪的景观,他要跳到湖里面,想要横渡那个湖;另一个是,小说没有把这个经验安置、封锁在过去,在小说里,这种对于过去的经验的不断讲述不断书写,事实上为叙事者带来了一种面对当下和未来的持续的力量。换句话说,在那个叙述里,过去和当下之间是"通"的,是通过"书写"打开了区隔,可以通向一个非常开阔的世界的。通过回望和叙述过去,写出了一种通向当下、通向未来的道路和气象,这样一种感受。

在这部小说里其实也有这种可能性,比如我就很好奇小说里面的乌卡这个人,她是亲历过短20世纪的各种波折动荡的,而她没有结束,她的工作事实上又开辟了通往未来的道路,那么她会怎么来认识世纪之交这种聚合?小说里面没有让她充分地表达,但如果从这个人的视角,给这个"世纪之交"提供一个她版本的"风景化"的叙述,会是一个什么样貌,会和现在的版本之间产生怎样的对照和对话,我想应该是非常有趣的。

研讨会现场:2023年9月15日下午,复旦大学光华楼西主楼1001会议室。

黄德海(《思南文学选刊》副主编):从周嘉宁之前的小说看起来,大部分都有一个感觉,我用一个词叫澄澈,小说里面很干净,不管发生多少事,看起来都是清澈的,几乎没有世俗的地方。但是在《基本美》之前,我读的时候会觉得作品空间不够大，叙述者似乎在拒绝着什么，甚至在拒绝着周围的空间，因此人物的活动空间就不是很充分，你觉得他们反复在一个狭窄的地方行走。这个澄澈被保护起来的感觉，让人读起来觉得没有那么舒朗。

2016年发表的《大湖》，我看了以后觉得小说的空间开阔了，人在里面也舒服了很多。我马上又有了另外一个担心，就是担心小说中的澄澈感会消失，一旦社会的东西进入小说，空气可能就会变得污浊，人的心态就会发生变化，人和人之间就不会是原来那么干净纯洁的关系了。《大湖》处理得特别好，小说空间开拓了，属于周嘉宁的澄澈也表达得非常清晰。我猜从《大湖》前后，周嘉宁的写作发生了一些变化，这些变化最终体现在《基本美》和《浪的景观》这两本书中。这个变化非常可能是叙事者原先拒绝的东西进入了小说，有一段复杂的社会生活经验完整地进入了成长阶段，从而写出来世纪之交的某些特点。

这个世纪之交并不是天然存在的，它是在写作中创造出来的。被创造出来的世纪之交，携带着周嘉宁对社会的反思。我们会想在这个创造里发现，世纪之交的风景也好，记忆也好，带着一些含混、未知、混杂、不规范，但是生机勃勃，有莽莽苍苍的感觉。这样的世纪之交其实是近年被创造出来的。此前文学中的世纪之交不是这样一番情境，要不然属于成功人士的回忆，要不然属于某些年轻人的憧憬，而这个世纪之交我觉得是这代人创造出来的，就是这样一种非常丰富的生态情境。这是我觉得《浪的景观》非常有价值的一个地方，创造一个关于世纪之交的形象。

《浪的景观》现在出来一年多了，我再来回想这本书的时候，隐隐约约有一点不满。这一点不满是什么？在《浪的景观》里，这个世纪之交仍然略显得单薄一点，在我们亲身经历甚至属于周嘉宁这一代人成长最关键的时期，除了和我们生命发生过密切关系的事，其实还有很多事我们在记忆中把它过滤或者是轻微地忽视掉了。这些东西也在我们现在这个生活中生根发芽，这些东西是什么？有没有可能进入周嘉宁以后的小说？或者说，不断回望这段记忆的时候，我们还能从这里发掘出什么来？我觉得这非常可能是以后周嘉宁小说不得不面对的问题。当然这个问题未必是缺点，我只是在想有没有这样一种可能。

还是要回到干燥这个话题。赫拉克利特有一个词是"干燥的灵魂"，我很喜欢这句话，我念一遍："一个醉汉由一个孩子领着，他跌跌撞撞地跟在身后，并不知道要走向哪里，因为他的灵魂潮湿了。灵魂喜欢变成潮湿的。干燥的灵魂是最智慧、最好的。"我们在行走过程中，灵魂会被外界沾染，因此变得潮湿、迷失方向，而其实所谓的向上，就是一直努力保持灵魂的干燥。也就是说，不管多么大的世界进入我们的虚构世界，我们都可以试着将其处理成我们干燥的灵魂的一部分。这可能才是我们不得不一致面对的问题。

木叶(《上海文化》编辑)：我读《浪的景观》的时候，似乎一路被作者召唤着，感受不同意义上的浪的涌动与澎湃，不过看到临近尾声时萌生一些担心，这样一种关乎当下而又含有回望元素的作品，最后怎样才能跳荡一下、抵达一个新的境地？读到第140页的时候，这种担忧就基本消除了。一场惨烈的斗殴就在眼前，群青和"我"看到举报陷害老谢的浙江帮那小子，两个人很想给老谢报仇，正准备行动之际，那小子自己出了点状况，紧接着有人从他身上踩踏而过，这个人的额角和耳朵都被豁开了，小说原话是"像一页翻开的书"。我读到这里，确认这是一篇卓越的小说，一种不疾不徐的思考与升腾正在到来。接下来的对话也很关键，"我"问群青"刚刚你有没有动过一丝那种念头"？后来"我"又说"我们没动手是对的"，群青说如果动手出了事"都算在我头上"。群青要走了。这之前还有一个细节就是面对最佳的动手时机"我"却"肌肉紧绷，精神崩溃"。一般而言，遇到伤害好友的人，应该义无反顾冲上去报仇，但是他们有一些迟疑、恐惧、观望，事后有推演，有对话，有担当，有对未来的勾画……事情没那么简单，人心也没那么简单。这短短的时间之内(微事件)其实正诞生作者(或一代人)的反思。而那个伤害朋友的浙江帮小子虽根本不是主角，却也集聚并折射了一代(群)人的境况：摇动于真与伪、施害与被害、主动与被动之间，利益、迷惘、未知等之间。再往远了说，即便"我"对女孩"小象"也没有那么深爱、执着与负责，而这些又确乎是人生某一时期的真相：青春未必那么青春勃发，干净明朗中也许蕴含着晦暗和暧昧，激荡中也不无迟疑、胆怯和说不清之种种。

到了第143页，有一处像点题但又是很自然的叙述，"我"回首过去一段时间，觉得自己仿佛置身于"一场被动的梦"。这场被动的梦也是这篇小说最打动我的地方，新世纪也好世纪末也罢，惊心动魄也好失利困顿也罢，又无论多么光彩、激昂、放肆、跌宕，可能也都是处于幻象之中，人不要耽溺于表象，要意识到自己也可能是一场被动的梦的一部分。一个人一旦意识到这可能是"被动的梦"，主动性、主体性、勇气、蛮力就可能会悄然生长，由此进一步认识自我、触碰世界。也正是在此意义上，这篇小说可以被视为当代青年精神考古学的一个范本。今年在一篇印象记和一次诗歌活动中，我都提到，21世纪以来当代文学的命名能力非常虚弱，我们把握不住这个时代，不知道如何抵达风暴的核心，并把旗子树立起来，旗、风暴和自我都是模糊的。写《浪的景观》时，作者可能也没有明确的命名意图，但好的作品就是这样，无形之中构成了一种命名，至少是一种试探。

阅读中，我也有一些未尽兴之处，有一些思考和期待。从现代到后现代，人们越来越注重"景观"，但一个作者、一个时代中人，最了不起之处依旧是辨认出风暴，然后进入风暴，甚或成为风暴本身，成为那些景观的最内在的核。早在20世纪80年代初，骆一禾写有一首诗，或许可以和这篇小说对读，其中有一句是，"用一只桨/拨动了海洋"。海是辽阔的，上海是一个海，中国是一个海，整个地球是一个海，更大的宇宙是一个海，但一只孤单的桨怎么能拨动庞然的海？这就需要一个真正的创作者，既要懂得桨的孤单，还需在开阔中行动，同时要洞察正裹挟着一切的海洋、世界和时代，当勇气、思想、文字、行动都匹配的时候，更壮观的文学很可能就会诞生。

黄平（华东师范大学中文系教授）：讨论《浪的景观》可以从多个角度展开。比如我们可以从文学史的角度来讨论，《浪的景观》是青春文学的成熟之作。周嘉宁过去的作品也很好，尽管我有的时候是一个青春文学的批评者，但是我下面说的是真心话：周嘉宁这一代青春文学作家的创作，坦率地讲可能有点迷恋自我，但是迷恋自我的时代，其实是一个迷人的乐观时代。当然，在文学性上我同意金理的判断，到《浪的景观》这里，确实上了一个大的台阶。

另外可以从思想史角度展开。如果从思想史角度来看《浪的景观》，周嘉宁的小说是在全球化遭遇危机的时刻，回望全球化展开的时代。那个时代有一种生机勃勃的无序。而且比较让人感慨的是，周嘉宁小说中的人物，没有沾染上世纪之交另一帮人的毛病，另一帮人二十年后成为这个时代的主流，成功学的信徒，自我而贪婪。周嘉宁小说中的人物是无所事事的，大都会中的游荡者。回望这些反成功学的人物，是不是我们的世界其实有另外一种可能性，当年那批青年精神中的自由，未必会堕落成消费主义意义上的自由。

从理论化的方式来讲，能讲出很多，虽然我今天最想汇报的角度很小，但我觉得很重要，是写作的角度。就是聊聊这个小说的写法。无论有多么了不起的文学史的价值，还是多伟大的思想史的意义，总要具体地写出来。就写法来说，我觉得特别重要的一点，就是周嘉宁这样的青春文学代表作家，她小说内部终于越来越平衡了。《明日派对》结尾，特别棒的一处是，演唱会现场，歌手要从台上冲浪，跳到人群中，如果过去青春文学的写法，可以写成一个特别高潮的段落，大家挥舞起千百双手臂。但是小说处理成一个反讽性结局，冲下来，没接住，摔到地上，送到医院。这样的处理，小说中比比皆是。同样是《明日派对》，小说结尾，联防队出现了，你在岸上，我在水里，双方平静地对望。小说中的那些文艺青年，其实有做作的一面，但是叙述人在反讽他们的同时，又充满着温情。反讽的东西会慢慢变得很虚无，但是这个小说有反讽，但不虚无，那种穿越反讽的青春感很震动我。

这是一种怎样的感觉呢？很难讲，我觉得语言无法描述。我倒是想起一件事，前两年莫奈的《日出》来上海展览，我是某天的中午去的，没什么人，运气很好，可以在《日出》前平静地站半个小时。我这次读周嘉宁的小说，突然想到我在《日出》前的感觉。莫奈的《日出》大家都非常熟悉了，这幅画你可以说是写实的，因为画的是港口、船、太阳之类。但是，莫奈的写实里面，多了一种说不清楚的感觉。回到周嘉宁的小说里，她这本小说集，尤其后面两个小说，故事性蛮强的，但是这个小说不是写实的，写的是意。意在何处？在《浪的景观》第56页，我念给大家啊："他们一会儿聚拢一会儿分散，每个人都带着浅色的光晕，在行走中划出暗淡的弧线。"多好的句子，和莫奈的《日出》一样。我们华师大中文系老前辈施蛰存老先生，是一百年前新感觉派的代表。我觉得周嘉宁这个小说，给我们提供了21世纪新的感觉派。她描述了一种语言所无法描述的感觉，这个感觉中有历史性的东西，有思想性的东西，但最终它是一个文学性的东西，传递出一种我们彼此相通却无法言说的感觉。在这个意义，这个小说好像是一个作家在写，其实是一个画家在写。

项静（华东师范大学中文系副教授）：这次会议海报做得非常好，一方面很具体，小说里面也写到了牛仔裤，这上面就出现了牛仔裤的形象，又有波浪的感觉，非常贴合这本小说，也非常贴合小说的题目，没有办法讲述的内容被图像很好地呈现了。

写作者能够把自己独特的东西表现出来，具有其他人无法模仿的部分，是一个作家存在的价值。不是跟其他作家进行简单的竞争和对比，而是指她所使用的写作方式，所写的主题，与周围的作家或者同时代的作家很少有雷同的部分。刚才同彬讲到的像韩东、北岛，其实他们写过类似话题的小说，能够感受到他们的精神气质是不一样的，虽然刚才有很多朋友讲到小说背后也是有政治的，但是我觉得北岛和韩东是更明确的，会使得他们小说更有力量，这是毋庸置疑的。

当然这不是一个比较的维度，而是一个独特性，我有一个预感，这种主题和写法，后继者寥寥。除了主题就是写作方法，我觉得周嘉宁一直自觉在往这个方向走，她就讲小说里面的书面语，第一篇小说中就提到过，这一代很多作家其实经验都来自英语小说，里面主人公讲话的方式，甚至这种表达都是非常书面语言，她一直很推崇书面语言方式，而不是直接模仿现实或者强调现实感，因为她觉得书面语可能更清晰、更饱含感情，或者更适合谈论一个很难以描述的东西。这个小说不是特别现实主义的，一种精神生活是很难用特别实际的语言去描述出来的，表达方式和表达主题是非常契合的。

我在这本小说阅读过程中和很多朋友一样,想到了我们自己生活中的不断走向,我前段时间非常喜欢一本书叫作《致渐行渐远的朋友》,很多观众来信告诉主播他们在生活中哪一个时刻或者哪一个具体事件把自己朋友丢失掉了,我们每个人都有这样的经验,我记得我看过一部电影叫《少女哪吒》,里面两个小女孩之间的对话,你就可以感受到好像生活直接搬演到电影里面,好像每个人都对自己朋友讲过像爱情一样的话,但是很快就丢失了。我觉得这样的朋友是比较自然意义上的事件,比较自然意义上的误会,一个空间距离拉大的告别,还有比如生计、经济等等这种阶层差异拉大,导致我们朋友都失去了。周嘉宁这三部小说都可以看作失去朋友这样一个主题,但是她所有小说又扩大化为总体性,迅速地就走到了另外一端。她可能用"人类"或者"世纪"这些大词去命名,我们生命自然成长中会遇到的一个问题,跟一个全人类的问题,跟一个世纪之交中国的问题,甚至是我们这一代代际的问题,这中间怎么勾连起来,这是小说比较含糊不清的,但是我们这一代人如果有一个思想资源,可能恰恰就在这个地方。

我在读这个小说过程中我想到其他非常类似的小说,比如毛姆的《刀锋》、黑塞的《悉达多》等等这样的小说,我觉得这是一个种类。另外一个小说家就是耶茨《年轻的心在哭泣》《革命之路》这样的小说,还有一种类型就是革命成长小说比如《青春之歌》。这几种类型的小说,描述精神很缓慢的成长或者很痛苦的自我内部挣扎,当然也有外部的斗争,就写一个青年人或者一群青年人的精神生活的成长过程。综合这些作品来看,青年人在成长的过程中有很多要素需要去考虑,比如宗教、经济等等原因,如果没有这样一些话题,这个成长可能就不够那么挣扎,就不会有那么丰富的景观。另外,刚才张新颖老师提到这一点非常好,我们从一个角度去看可能还需要非常多的景观在后面累加才能看到一个更真实的社会。有这样的一些视角之后,我们再重新看中国的世纪之交,看我们这一代人经验中的世纪之交的时候,会更加立体。当然这个小说里面已经提供了很好的自我反讽、解嘲和解构的部分,还有一个很重要的点,当我们看向未来是黑暗的时候,这一代人是不是身上也应该附带一些责任?审美是比较容易获得的一个托词,也是一个比较容易把自己解脱的方式。在世纪之交我们这一代身上,可能这种美学它也是造成今天这样一种问题的原因之一。

刘欣玥(上海师范大学中文系讲师):在"世纪之交",我开始读周嘉宁,差不多是2001、2002年左右,我应该是第一时间受到本土青春文学浪潮、新概念作文大赛影响的那批青少年读者。在后来持续的"80后"阅读史里,对这一代作家产生了非常混杂的感情,有陪伴着一起长大的柔情,还有一种相互照亮的责任,比如期待他们能写出"我们的时代"的经验,更不愿意自己错过参与这样的讨论。这个"我们的时代"后来愈发清晰地指向"千禧年经验"或者"漫长的90年代"。这种对"80后"作家期盼,甚至好像超过了我自己真正意义的同龄人。我不知道是不是因为到"90后"开始出现在写作现场的时候,我们共同的生活世界已经是高度分化和圈层化了,我几乎一直在以"个体"的方式认识"90后"写作者。

  对于小说集《浪的景观》的一部分想法已经写进书评。一年过去了,今天我想补充一些此前没有想清楚的对《再见日食》的理解。首先从周嘉宁的写作履历上看,与王安忆访美一样,"爱荷华国际写作计划"的经历对周嘉宁的写作来说也具有"关节口"性质的意义。在爱荷华与三十多位主要来自第三世界的作家的集体生活,让周嘉宁此前"理想化"的"世界游民"身份想象和"全球化幻觉"遭遇极深的困惑与幻灭,在新大陆重新认识到西方话语的掠夺性和遮蔽性,也唤醒了她更坚实地寻找"新的讲述世界的入口"的意念。我们需要注意到,这一切,是在后冷战时代,在一个从冷战时期延续下来的文化场域里发生的。周嘉宁曾在不同场合谈到,爱荷华之行具有令整个世界观"被打碎后重组"的意义。正是从爱荷华归来以后,她写出了《基本美》和《了不起的夏天》。致远与香港青年的友谊那么动人,又有那么深的"不要被排挤在外"的焦虑和"无法真正地沟通"的痛楚,这种振奋、渴望参与但又遭到精神挫败的"分裂感",讲述"全球化时代之子出门远行,继而受挫"的故事,非常重要地参与促成了周嘉宁写作的"成熟"。一直到《浪的景观》里的三个中篇,《再见日食》直接取材于这次爱荷华之行,更直接地转译出周嘉宁爱荷华之行前后文学观的变化。以前我们用"干净明亮的地方"形容周嘉宁的写作气质,在《基本美》以后,那些人物与人物之间不动声色的"雾的防火墙"与矛盾,无法真正互相理解的部分,如同是在这个干净明亮的地方投下的阴影,访美归来以后,是周嘉宁的写作更专注的地带。只有一个渴望沟通和参与的"实感"的人,才对一切隔膜、虚幻的参与感如此敏感和不适,而且没有选择向内后撤。但她最终不是为了停留在阴影里,因为周嘉宁的写作看重的是"人与人之间真正的沟通","人对世界真正的参与"那种有"实感"的生活实践。总之,这次美国之行对于解释周嘉宁创作的蜕变,是很重要的,而且更关联着如何进一步认识与评价"80后文学"的问题。

  有两篇重新回溯文学史中的"80后"的文章,都提到了"起源"字眼,金理老师的《再写起源:试论周嘉宁〈浪的景观〉》和石岸书老师的《作为起源的"漫长的90年代":"80后"的代际视角》,我是放在一起读的。尽管那个在世纪之交作为文学史事实与媒体命名的"80后"的集体登场,已经被清楚地考证、反复的澄清,是历史的"误认与滥用",但两篇重提"起源"的讨论仍在提醒我们,这个对象物里面,是不是依然存在没有被穷尽的问题与资源?"80后"这个称谓,本身就诞生在全球化语境下。借用石岸书老师关于"漫长的90年代"的研究,2004年《时代》周刊所代表的西方主流媒体强势命名之后,再在国内广泛传播和使用,在最初的报道里,"80后"代表了融入西方世界的中国年轻一代。"漫长的90年代"始于冷战结束,结束于2008年,"80后"在此间占据了一个独特的历史位置:他们是"短20世纪"之后第一个全新的代际,"漫长的90年代"构成"80后"直接的历史起源。在这个意义上,《浪的景观》是一份"漫长的90年代"的亲历者的证词,它来自"80后"命名与衍生话语诞生之初就开始写作的作家。或者更进一步说,《浪的景观》是对由全球化和中国崛起叙事主导的90年代的一次很深的回望与反省,而且它几乎只能由"80后"来完成。

最后我想说,周嘉宁珍贵的地方在于,她一直以自己的本来面目示人,写"从这一代人身上自己生长出来的东西",一直在写,"个人体系中至关重要的部分"。不是谁的子女,不是谁的后代("子一辈"),周嘉宁的写作里父辈的身影是非常淡化的,这并不代表他们承担的历史分量会更轻薄。也是在这个意义上,我会看重周嘉宁笔下"内在自我"和"文艺青年的成长和蜕变",在"80后"诸多的身份所指之中,"文艺青年"一直是格外具有时代症候性的一个,他们身上的指标性,还有大片尚未充分讨论的空间,比如西方流行文化工业的冲击波,对传统教育制度的驯化与质疑,以消费个性化差异,互联网进入中国后初代网民的文化交往,BBS论坛文学等等。周嘉宁的创作,用令人信服的方式表明,文艺青年在"漫长的90年代"的生活史、心灵史与文化实践,从来都有机地内在于社会的剧烈重组,并且可以毫不逊色地对时代和历史作出有力的应答。正是这种由"自身内心""个人体系"出发的独特的感受力,能够在自我与世界的互动之中拓宽"自我",也最终抵达了这一代人历史经验的核心地带。

方岩(《思南文学选刊》副主编):首先,我并不赞同用"怀旧"来评论周嘉宁关于世纪之交的记忆重构。她所描述的历史时段正是社会整体秩序从蓬勃、野生、蕴含多种可能性的状态演变至单调而强悍的状态的过渡时期。所以,与其将周嘉宁的这种回忆视为怀旧,倒不如视为基于当下的历史重述。很多时候,我们不断地回望过去,并不是为了召唤关于"逝去"的沉浸式体验以抵抗或回避当下,而是为了理清现实处境的历史来路,以思考面对势不可挡的未来所可能采取的姿态。

其次,如何看待周嘉宁小说中的时间意识,或者年份选择。1995、2000、2003这三个年份分别出现在《再见日食》《明日派对》《浪的景观》的开篇部分。2000年当然与千禧年所引发的历史愿景、想象、现实相关,同时也构成了周嘉宁写作的一个标签,然而,1995、2003也并非随意选择的普通年份。黄舒骏曾唱过一首歌叫《改变1995》,歌词中罗列了大量的发生在1995年的文化事件(包括流行文化)、社会事件、政治事件,无论我们是否对这些葆有记忆,我们都必须承认,正是这些事件构成了与我们息息相关的历史情境,从而让一个貌似普普通通的年份显得意义非凡,物理时间也就成了历史时间。由此再反观周嘉宁小说中提及的那些流行文化元素,如披头士、平克·佛洛依德、杜兰杜兰、齐柏林飞艇、音速青年等摇滚乐队,匡威鞋、Levi's牛仔裤等服饰,便不难发现它们并非仅仅是流行文化符号,其实更是历史符号。我们需要意识到这些乐队和服饰的思想资源和精神气质与20世纪60年代兴起的青年文化息息相关。《再见日食》中那个时期,其实正是柏林墙倒塌之后,肇始于20世纪60年代的青年文化在世界范围迅速扩张、普及的蓬勃时期。这种青年文化营造了某种叛逆、激进却又不失包容、多元的世界主义氛围。小说中的人物喜欢谈论"世界的中心"之类的话题,其实就是对这种文化所鼓励的乐观、昂扬的未来愿景的向往,但是他们也会常常聊起"运气",则透露着他们的隐隐不安:他们关于世界和未来的美好愿景可能终究是一场幻觉。

"非典"固然把2003年刻进我们的记忆,但依然是诸多大事件的发生共同塑造了这个年份的意义。《浪的景观》有个细节:"消失的小象"这个人物在一家刚创刊的报纸实习。根据小说对这份报纸选题的描述,不难发现故事原型是《东方早报》创刊。这一年,《东方早报》在上海创刊,《新京报》在北京创刊。一南一北两份张扬理想主义、人文精神的报纸创刊,成为纸媒黄金时代的标志性、里程碑式的事件。我无意放大这些报纸的影响力,只是强调这些报纸所承载的记忆与当时社会整体氛围的同构关系:蓬勃、多元秩序和愿景正汹涌甚至有些野蛮地迅速弥漫于这个国度。举个例子,年初的"孙志刚"事件和年底中国首次实现载人航天飞行,都是举国关注的事件。前者是话语干预、舆论监督与社会进程的关系,其实是个人主义与国家制度之间的张力关系;后者则充盈着民族主义式、集体主义式热情和期待。虽说这两件事所引发的舆论维度完全不同,却能够共同编织成某种更为包容、强盛的社会未来愿景。所以,年份对于周嘉宁而言并非是随意选择的结果,那些年份及其相关的虚构细节其实是社会记忆的某种变形。了解了这些,才能理解周嘉宁极具个人化的叙事和抒情中所隐含的社会、历史维度,以及在重构这些记忆时那种挥之不去的失落和伤感。

最后，我想简单聊一下周嘉宁小说中的空间问题。《浪的景观》中有句话叫"脱离现实的集体生活"，与此相对应的是，小说中诸多重要事情都发生于相对封闭的空间，比如防空洞、地下城、废弃的厂房。而周嘉宁同时又偏爱让小说人物在旷野、大湖和高耸之处（水塔、帝国大厦的顶端）游荡和观望。封闭的空间与空旷之地的美学反差贯穿于叙事之中，于是，那些封闭的空间便成了储存记忆的容器，而空旷之地则拉开了观察距离。这便意味着，周嘉宁一边在重构记忆，一边又同时保持着必要的审视距离。由此，也便形成了干净、克制的叙事美学：清晰、冷静的叙事笼罩在清淡的抒情光晕中，感伤而不沉溺，失落却又能随时抽身而去。

李琦（复旦大学中文系博士研究生）：我读《浪的景观》这本书感受比较深的是，它让我作为一个"90后"触摸到"80后"这代人的一种时代感受和他们基于这种感受对自身青春经验的一种重新审视。对于小说中的主人公来说，这三十年来的变化可能是一个倒"V"字形的发展，一开始是一个快速上升时期，后来时代的发展没有兑现前十几年给这些人带来的期待，有一个下沉的过程。这种时代感觉其实跟我这样的"90后"还是有点不一样的，在我到了十八九岁有了一点感知周围环境的能力的时候，我觉得时代发展的高峰期已经过去了，我对时代变化的感觉是，它是从一个不好不坏的中间态然后持续下行。基于这种感受，如果我想试图为当下我感觉到的问题去追溯到90年代寻找一个来源的话，我有时候会不假思索地想到上一辈学者和作家，他们基于启蒙的或者革命的价值立场所做出对90年代的批判性的思考。他们会将90年代以来的发展理解为一开始就问题重重，随着时间的推进直到所有人都感觉到危机存在的一个过程。但对于亲身经历过时代高潮的"80后"来说，可能很难接受这个对我来说比较顺理成章的叙事，他们应该会在其中感觉到非常强烈的矛盾。最近也读到一些"80后"的年轻的老师们做的90年代的研究，就会提到自身生命体验和既有的一些学界共识之间的差距。我读嘉宁老师从《了不起的夏天》开始的这一系列作品，会感觉到对这种矛盾的困惑和努力想要去理解它的愿望，是始终潜伏在这些文本深处的底色，可能也构成了她写作动力的一种来源。

这些小说特别难得的是，她没有为了快速地驱散这种困惑，去选择一个貌似清晰的立场或者位置。比如对历史进行割裂式的理解，认为20世纪90年代、21世纪世纪初就是很好，现在也不知道为什么就完全变了，那我们就都去怀念90年代；也没有从当下这种失落感去简单倒退上去，把这一切理解为一个错误或者一个骗局，然后去否定起点，否定自己曾经真实的经历和感受。她不试图轻易解决这些矛盾和困惑，而是在这个基础上去对那些塑造自己的经验和观念进行一种淘洗，去仔细辨认其中什么东西是历久弥新的，能够给当下支撑的部分，什么又确实是可疑的、虚幻的，是"全球化初期物质和科技造成的幻觉"，以及由于这种幻觉所导致的认识和行为上的偏差。

我读的时候会比较关注后一种细节，比如《再见日食》里面她提到拓在奥姆真理教事件发生之后选择离开日本去到美国，他用英文写作的小说被认为"在东方审美和西方价值观之间撑起了一片虚拟的时代，守护着现实中原本不可能存活下来的美"。再比如《明日派对》里面她写到主人公一边沉醉于脱离现实的集体生活，一边好像又对这种生活怀有一种警觉，感到沉溺于这种快乐就很难摆脱，为了维持这种快乐可能会关闭和很多人共情的通道。我觉得这些细节非常有意思：一方面能读出作者对人物的这些选择的态度明显是有所保留的，其中有一种对于美国梦、世界公民想象，以及对于文艺青年精神世界封闭性的觉察和反思；但是另一方面，它们的表意又是很模糊的，不是那么明确的，这不是在故弄玄虚，而是出于一种对人物的理解之同情，也有点像黄老师刚才说的有温度的反讽。这些小说里的叙述者始终不是一个冷峻的审视者，而是跟这些人物分享青春经验的人，所以她才能看到，他们的幼稚也好，傲慢也好，或者对世界的偏狭的认知也好，其实跟他们的那种纯真、热忱，对世界的向往和信念是浑然难分的，现在回想起来确实也觉得蛮可爱的。因此她从来不会居高临下来苛责他们，而是在表达上始终保持一种共情和反思相交织的分寸感。这可能显得立场不够分明，但也正因如此，她才能够更加细腻地捕捉到这些人物心理和行为的一种脉络，去完成一种内部的反思。这种反思可能是很缓慢、很艰难的，我读的时候经常感到文本中有一些作者在左右互搏，反复自我拉扯的痕迹，但这也正是它的可贵之处，因为它是不走捷径的，是从作者自身实实在在、真情实感的生命体验中生发出来的。我觉得不管是一代人还是一个人，他要去认识历史和理解现实的话，从自己真实的生命体验出发都是比较可靠的。

吴天舟（复旦大学历史系在站博士后）：《浪的景观》是一本我很喜欢的书，是一本忍不住想要跟着故事一起思考我们一路走过的这个时代精神问题的书。我讲几点关于时间的话题，也借此机会和各位师友一起讨论。首先，小说集的三个文本里都可以看到一个共同的设置，一个仿佛时空流动不同于外界的场所，比如"被自己圈起来的庇护所"，比如"不遵循外面的物质流通法则"的"档口的世界"，比如佩奥尼亚。有的人物似乎也被赋予了这样一种属性,比如老谢,"他是那种和具体年龄数字没有关系的人,似乎从未年轻,也不会衰老",就好像尹雪艳永远不老一样。这里抒情诗的逻辑在发挥作用。叙事声音对这个场所充满认同,它就像是一个能够提供归属感的家园一样。但这个家园是去历史的,是脱离现实逻辑的。但另一方面,故事还会很明确地告诉你,在这个诗意家园之外,有着更大的一个黑格尔意义上散文化的世界,这个世界的时间自然流动,里面有权力关系,有资本运作,里面的人生活得不自由,就像《浪的景观》中的一个隐喻:"酒楼门口的大水缸里都游着红彤彤圆鼓鼓的发财鱼,齐齐朝着一个方向挤,撞到玻璃再折返。"相当程度上,这几篇小说的动人之处就来源于两个不同的世界之间的拉扯,用《再见日食》里的说法形容,一面是"干燥清洁的世界",一面是湿滑的、"用屎炸过"的便桶。因为有了现实世界的存在,反讽就体现出来了。不过,这种拉扯有很多青春小说都有写到,甚至可以说,这是这个文类之所以能够成立的一个基本要素。不过周嘉宁并没有简单地停在这里,她还会告诉我们,那个散文化的世界,其实和那个抒情家园是连在一起的,双方的关系可能是对峙的,也可能是支持性的。就像《明日派对》,两个主播自以为自由自在地播放着摇滚节目,但直播的背后其实一直都有领导在监听,一发现苗头不对,他就可以粗暴地把节目掐掉。音乐派对又是另一番情况,它也层层审批,但没有领导的支持,可能这个活动就无法这么顺利地举办。如果仅仅读出一种二元对立的关系,或许是过于简单。我想提出的第一个问题是,是不是可能把这样两个世界的关系写得更复杂一些,或者说把复杂性交代得更充分一些?事实上,一个现代个体未必一定会在两个世界之间形成矛盾,他可能一面对于诗意的家园念念不忘,一面在现实层面游刃有余,他可以非常自如地在世界之间切换频道。这样,某种意义上,那个抒情的世界本身就充满了反讽,这样是不是可能把批判的力度撑得更大?

第二,很多师友也谈到怀旧的问题。三篇小说里,大部分人物都有着一个向前看的视线,但是,不同文本所给出的向前的目标点又是不一致的,比如1995年,比如2000年,或者说世纪之交,有的时候是70年代、80年代,有的时候甚至是60年代,60年代还分欧美的或者是苏联的、中国的60年代。每个时间点当然对应着一种生活,或一种政治想象。这种不一致让人想要去问,究竟追到哪里才可以停下来,激活哪种记忆才可能在当下重新获得有归属的生活。《明日派对》里的"作战指挥部"很有意思,它的取名方式一看就非常有历史感,这里"墙上留有六十年代的保卫标语",但"也贴着二十一世纪的唱片海报",它给人一种感觉,以上那些多多少少都带有一定反抗现实意味的怀旧,其实未必有多少实质性的内容,只是一种拼贴出的姿态，可能作家自己也不确定，究竟哪一个年代的什么内容才是她最想去追忆的。但问题是，我们毕竟不可能一直停留于追忆，或者借用小说集里一个精彩的比喻，一直把车开在隧道里。车总是要开出来的，我们向前看的时候，其实更加关心的是我们坐的车将会开到哪里。这种过去和未来间的拉扯是我觉得几篇小说第二个特别具有抒情能量的地方，也是特别让人感伤的地方。比方说小象，她没有像"我"一样停留在世纪之交。和无法被"共同见证新事物的诞生"这样的说辞打动的"我"不同，小象最后选择离开，她决定要"步入世界震荡的深处"，去当调查记者。这个情节安排当然像方岩老师刚才说的，和《东方早报》创刊的背景有关系。从那个年代过来的人应该都有记忆，"三鹿事件"的时候上海到处都是《东方早报》的广告。还有一个例子，"非典"结束后，小皮说准备去北京，去开发一个可以分享书影音的网站，这个一目了然，说的是豆瓣。这两个例子里，人物最后似乎选择了一个光明的、有意义有担当的未来，它会带来一种希望感。但对于在2022年阅读这本书的读者来说，这个未来其实已经是我们的过去了，我们已经见到了调查记者时代的落幕，《东方早报》早就停刊了。豆瓣虽然没有落幕，但很多老用户已经离开，网络上讨论各种话题的语境也今非昔比。这都倍增了作品的悲怆感，那个从失败的过去走出来、充满期待的未来注定又将走向另外一场叙事者没有写出的失败。但问题是，这些人究竟是怎么失败的，美好的事物是怎么在时间之流中垮掉的？从小说里看，这个问题似乎被交代得非常含糊。叙事者会用"雪崩""不知不觉""不知为何""被动"这样的词来形容，好像时间加速了、变形了，可就是没办法清楚地把那个崩溃的过程具象化，就像张爱玲在《自己的文章》里面讲的，"人们只是感觉日常的一切都有点儿不对，不对到恐怖的程度。"在历史的局内，这种感觉确实也是真切的，就像我们不知道我们正在经历的现在可能会变成怎样的未来，只是有的时候会觉得有些地方好像不太对，有些美好的东西微妙地被改变了、失去了。在艺术上，这种不知不觉，可能也对调动情感更有效。但是不是也可以考虑做这样的处理，不采用这种抒情的方式，而是把特别不堪的、负面的东西，用散文的逻辑、用现实主义的手法正面写出来，抒情止步的地方，或许恰好是现实主义生长和胜利的机会？

谈了过去和现在，最后谈一下未来。这也是我觉得这本小说集里特别诚恳的一点。面对种种失败，按照故事的情绪逻辑走自然会去想要召唤一个共同体。但是周嘉宁写到的首先却是这种共同体性质的东西的瓦解或者不存在、不可能。小说的第一人称限制视角非常重要，在这个视角下，我们会发现几篇故事的叙事者虽然看上去和另外一些人物有着很深的关联，但其实他（她）又对这些朋友、同伴缺乏真正肝胆相照的理解。故事里经常出现这样的情节,一个人物很突然地做了一个决定,或者说事前完全不和主人公通气就离开了,每个人都有秘密,而且很多秘密是与创伤经验密切相关的,但这些秘密被第一人称视角封闭在我们读者的认知以外。往小里说秘密可能是个人性的,往大里说也可以带有政治寓言的色彩,比如《再见日食》里泉所代表的中国经验,特别是其中的创伤,实际上并没有被佩奥尼亚那个世界性的共同体所真正接纳、理解,即便像拓这样一些人是带着善意和泉展开交往的。这种追求共同体的渴望和建立共同体的不可能一同发展成为这本小说集第三个特别抒情的维度。前者的那种渴望有非常浓郁的知识分子气质,就像鲁迅临终前的话:"无穷的远方,无数的人们,都和我有关。"但实际上我们知道,鲁迅已经不可能和这些远方的人们真真切切地相关了,他的肉身性把他限制在病榻上,这种博大的情怀一方面让人感动,一方面也让人感到无奈。我觉得这本小说集很可贵地继承了这种知识分子的冲动。但是对于肉身性,周嘉宁也不回避。比如说拓,他被迫要去做出选择,是去美国参加写作计划,还是留在日本,和日本的现实直接碰撞。这种选择就意味着进入不同的共同体,也意味着进入共同体的广度和深度,里面包含了没有缓冲的决断。拓一去美国就意味着和日本的同道中人绝交了。这种绝交,也带有政治性。在《基本美》里周嘉宁也触及过相关话题。同一个时间点,人物要么在内地小县城,要么在香港,产生的经验完全不一样。一方面这些经验有结构上的同源性的。另一方面,这种经验上的不同又会将人撕裂。在致远说普通话的那一刻,他就被原本非常亲密的香港青年们排挤在外了。直面这些"不可能",并且在此基础上继续绝望地寻找连接的可能,我觉得是周嘉宁深刻和可贵的关怀。另外,除了写到共同体内部的瓦解,周嘉宁也写到来自外部的呼应。不过,你会觉得这样一种外部呼应是非常微弱、非常模糊的希望。刚才康凌老师说周嘉宁喜欢用"人类"这样的大词,但和这些大词连在一起的词语其实又非常抽象,像"山的背面""湖的对岸""什么都能看得见,什么都能听得见",等等。这些很美、很振奋的词提示着一种外部的同道中人的呼应,但又让人不太敢去相信这些美好是真实存在着的。小说中的人物有的时候会原则性地说"友谊万岁",但有时也会很直接地说朋友"不是某个具体的人,而是一段胡作非为的时光",非常抽象。金理老师刚才讲他很喜欢《再见日食》里棒球少年的片段,他的文章我也拜读了,我大概没办法像他一样明媚地去读这一段。当然我也明白,他的乐观背后有着反抗绝望的厚重。之所以不能读得很乐观,是因为这里嵌有一个和宫泽贤治《银河铁道之夜》的对话,《银河铁道之夜》是一本笼罩在死亡氛围里的小说,当然它的主题是追求幸福。这种死亡气息,特别是故事里的少年最后发现自己最好的朋友已是亡者这件事完全不轻盈,它预示着未来的沉重。周嘉宁的很多隐喻其实也带有死亡性,比如"我"和群青在黄鼠狼的头骨下宣誓友谊,这种友谊和死亡、和告别从一开始就牢牢地绑在一起了。刘欣玥老师刚才提到友谊的问题,我也觉得友谊特别重要,特别是在当下我们已经没有什么可以切实地去依凭的状态下,我们或许只能去相信友谊,去发展一种基于友谊的政治实践。但在友谊的问题上,代际之间的差异又很明显。我想起巴金的小说,巴金可能是中国现代文学里最喜欢写友谊的作家,在一个困境发生的时候,他往往会拿友谊作为一种外部的召唤,去帮助解决困境。陈思和老师形容巴金的《电》是"成人的童话",我很喜欢这个说法,某种意义上,《浪的景观》这本集子也带有成人童话的意味。但不一样的是,巴金那里对于友谊的确定感到了周嘉宁这里,已经变得不那么确定了。建立友谊共同体的冲动还在,但是它不再不言自明,从一个很强的呼唤变成一个很弱的呼唤了。这种代际的变化或许也是我们这个时代精神症候的一种折射。

《浪的景观》在很大程度上是一本写给广义上的同代人的作品,或者用安德森的说法,是在通过小说的媒介召唤想象的共同体。喜欢这本书的读者多多少少会和书的精神气质发生共鸣。不过共鸣其实也意味着一种意识形态的唤问,对此我们也有必要抱着一定的警觉,毕竟,周嘉宁文字的情感浓度很强,一不留神就会把自己陷进去。我第一次读的时候对很多情境都有一种似曾相识的感觉。但第二次再读的时候,我会刻意地提醒自己,很多书里写到的东西未必可以或者应该上升为集体记忆。比如那种潮湿的氛围,世纪之交上海一下雨就可能把家里淹没了,也许也会唤起痛苦、负面的记忆。比如写服装市场,"我"和群青过得可能很明媚,但里面也有很多暴力、欺骗,遇到的人也未必像老谢那样纯粹。如果说这本书确实在相当程度上刻画了一个时代共同的情感结构,那至少我们不能停留在认同、停留在怀旧的表面,而是应该提醒自己去反思,世纪之交还有其他的面向,其他的可能性。而这种伴随阅读一起挖掘可能性的过程本身就意味着自我清理,是很珍贵的体验。能明显感到,周嘉宁是一个诚恳、踏实的写作者,她写的都是她自己有所体验、能够说服自己的东西。因为有很多切实的细节支撑,就不会觉得故事是凭空而起的。我想以后,她的这个文学世界还会变得更丰富,如果说小说家真的有记录一个时代的抱负的话,那这种稳扎稳打的积累确实会让人不禁产生持续追踪的期待。

李伟长(上海文艺出版社副社长): 我读周嘉宁的小说相对比较早一点,她的小说对我来讲有几个过程。第一阶段,她的小说人物渴望和人建立联系。第二阶段,《基本美》,只能对于一小部分人建立可能称得上比较永恒的联系。第三阶段,到我们今天在面对《浪的景观》的时候,当我们谈论世纪之交的时候,当这个标题提出来的时候,我就知道这个标题有多么地珍贵,因为世纪之交这个词等到下一次再被描述或者再被提起的时候,那可能得到八十年以后。

我其实一直记着有一次周嘉宁描述过一个东西,大概是乘坐出租车穿过隧道的时候会有一个小转弯,坐在后排人的身体一定会随着那个车有一个移动,那个瞬间会有一个力量把你往外抽,那股力量的东西在你身上,但是又在往旁边甩,这可能是比较有意思的场景,因为那个时候有隧道、车、灯光、司机,还有自己移动的身体以及即将可能会离开我们、但在那一刻存在的一股力量。

周嘉宁(作家):在出版《浪的景观》之后这一年,这本书经历了很多讨论。不论是豆瓣的评论,还是在座各位师长与朋友提供的意见,包括我也看到好几篇《浪的景观》相关论文,我都觉得它们好像是我所创造的人物的一个补充,或者是我虚构世界的一个延续。可能正是因为这些讨论和更多意见参与进来,源源不断地为我所创造的虚构世界提供着新的生命能量,能够让这个世界得以以一种脱离我的形式继续存活下去,我觉得这个对我来说很重要,对于我为什么要写作,为什么要进行虚构,都是非常重要的事情,也是非常感谢各位。

今天认真听了在座的发言,中间多次受到冲击,也有一些词语印在了我的脑海中。包括一开始岳老师提到"干燥"这个词,只是此刻没有办法立刻做出回应。可能因为渐渐的很多答案更愿意用创作或者写小说的方式去进行解答,而没有办法用语言直接去概括和叙述和回应。

我也在想这几年来我自己的创作或者对个人所发生的变化,其实刚刚在听各位的发言过程当中,会反复听到"自我"这个词。现在再回看《浪的景观》,写作的过程其实是一个不断自我反省和探索自我的过程,是一种持续的自我批评,然后克服这些批评的过程。总体来说小说里呈现的是一个非常脆弱的自我,只能够站在一个旁观者的角色位置上,只能够作为一个观察者,去描述"浪的景观",那个自我不是一个冲进浪里面的人,而是选择了一个更为安全的位置观察所发生的一切。等到写完这本小说之后,正是由于看到了很多讨论,开始反思为什么会选择这样的位置,是什么把我作为一个创作者,作为一个作者,推到了这样的位置上,是什么让我停留在观察的安全地带,这些问题都是我近期在考虑的问题。

其实今天听了大家的发言,当中好几位都提供了我新的去看待问题的方式和思路。我前不久去了东海舟山附近的海,是夏天的末尾,所以还可以去海里面游泳。好多年没有去过海了,当我写《浪的景观》的时候,我对于浪的描述,浪的经验不是来自现实生活当中的，它是虚构世界所提供给我的经验。直到这一次真正站在海里面，才切身知道浪的形成是怎么一回事情，浪在靠近岸边的时候才会变成墙，可以冲到一米或者两米的高度。作为一个对于海不那么熟悉的人，站在海里的时候，其实不敢站得离岸边太远，我选的位置差不多正好是在形成浪墙的地方，不敢再往前走了，但是站在那个位置就有一个问题，浪会直接拍在你的头上，把你整个人拍到水的最下面，会一次次从水底下爬上来，然后面对的又是下一个拍过来的浪。

  我后来就在想，我不断从水底上爬上来，然后去呼吸，然后去寻找节奏的这个过程，好像我此刻创作所处的阶段，就站在这样一个关口，其实只要再往前走一点点，走过这堵浪墙了以后，往海的深处稍微走一点点，一切就都平缓下来，你完全可以捕捉到浪的节奏，完全可以随着波动，用身体去适应它，不会再次被拍到水里去。但是作为一个初学者，作为一个所有一切都是凭借自己经验去获得的人，靠自己肉身经验去学习的人，其实你只有被很多次拍到水底之后，才有可能知道必须再勇敢地往前走几步，不要停留在自以为安全的原地。

  今天在座都是认识多年的师长、同事和朋友，一直给予我写作方面的帮助，以及其他很多珍贵经验，这些东西对我来说一直非常重要，所以再次感谢大家！

著述

献给德墨特尔的荷马颂诗
Ομηρικοί Ὕμνοι : εἰς Δημήτραν

《献给德墨特尔的荷马颂诗》导读

■ 文／吴雅凌

版本源流

在古希腊文中，ὕμνος 指献给神的颂诗，通常是节庆唱的歌。古风诗人在正式吟咏前祷告神，或唱献给神的歌。荷马诗中的得摩多科斯"得了神启示"（θέσπιν ἀοιδήν，奥 8.499—500），始唱希腊人以木马攻陷特洛亚的经过。赫西俄德同样得了缪斯神的启示（神谱30—32），《神谱》以长达百行的缪斯颂诗开场（神谱1—115），《劳作与时日》以宙斯颂诗开场（劳作1—10）。通常认为，迄今留存的33首荷马颂诗（Homeric Hymns）是这一类古风神话诗的开场歌典范。

稍后的希腊作者将这种体例称为"序歌"（προοίμιον）——即唱在"歌"（οἴμη）之"先"（προ-）的。品达在《涅墨竞技凯歌》（2.1）中说，"荷马的后人们"（Ὁμηρίδαι）通常先唱"宙斯序歌"（Διὸς ἐκ προοιμίου）。修昔底德（3.104.4）援引过第三首《阿波罗颂诗》[①]的两段诗文（146—150，165—172），并明确冠名为"序歌"。

迄今留存的33首荷马颂诗成文年代不一，[②]地点各异，作者无从查考，篇幅差

[①] 颂诗标题 Ομηρικοί Ὕμνοι εἰς Ἀπόλλωνα 直译为"献给阿波罗的荷马颂诗"，中译本中简称《阿波罗颂诗》，其他荷马颂诗亦同，详见翻译说明。
[②] 最早成文的第五首《阿佛洛狄特颂诗》可追溯至公元前7世纪下半叶，最晚的颂诗如第二十首《赫淮斯托斯颂诗》约成文于公元5世纪。

别极大，长达六百行，短不过三五行。①每首颂诗献唱给不同的神。中译本主要依据和参考三部荷马颂诗权威勘本、两部《德墨特尔颂诗》注译单本，以及一部研究四首长篇荷马颂诗的专著：

Allen, T.W., Halliday, W.R.& Sikes, E.E., *The Homeric Hymns*, Oxford, 1936, 465p (简称 AHS)

West, Martin L., *Homeric Hymnes, Homeric Apocrypha, Lives of Homer*, Harvard University Press, 2003, 467p (简称 West)

Humbert, Jean, *Homère, Hymnes*, Paris, 1937, 255p (简称 Humbert)②

Richardson, Nicholas J., *The Homeric Hymn to Demeter*, Clarendon Press, 1974, 377p (简称 Richardson)

Foley, Helene P., *The Homeric Hymn to Demeter. Translation, Commentary, and Interpretive essays*, Princeton University Press, 1994, 2013, 321p (简称 Foley)

Clay, Jenny Strauss, *The Politics of Olympus. Form and Meaning in the Major Homeric Hymns*, Bristol Classical Press, 2006 (简称 Clay) 中译本见柯雷著，余静双译，《奥林波斯的政治：四首长篇荷马颂诗的形式和意义》，北京：北京大学出版社，2021年。

古代作者鲜少援引或提及荷马颂诗，更未曾谈及荷马颂诗的具体篇目和编排顺序。品达和修昔底德之后，以《德墨特尔颂诗》为例，公元前1世纪作者斐洛德墨斯（Philodemus Gadarensis）援引过第440行（40.5），公元2世纪作者泡赛尼阿斯（Pausanias）分别援引第154行（1.38.3）、第417—420行（4.30.3）和第474—476

---

① 四首长篇颂诗包括第二首《德墨特尔颂诗》（495行）、第三首《阿波罗颂诗》（546行）、第四首《赫耳墨斯颂诗》（580行）和第五首《阿佛洛狄特颂诗》（293行）。最短的颂诗如第十三首《德墨特尔颂诗》（3行）、第二十三首《宙斯颂诗》（4行）等。

② 其他荷马颂诗译注本：Apostolos N. Athanassakis, *The Homeric Hymns* (2020 Johns Hopkins University Press); Backès, Jean-Louis, *Théogonie et autre poèmes suivis des Hymnes homériques* (2001 Gallimard); Faulkner, Andrew, *The Homeric Hymns. Interpretative Essays* (2011 Oxford University Press); Rayor, Diane J., *The Homeric Hymns. A Translation, with Introduction and Notes* (2014 University of California Press); Crudden, Michael, *The Homeric Hymns* (2003 Oxford University Press); Hine, Daryl, *Works of Hesiod and the Homeric Hymns* (2005 University Of Chicago Press); Hugh G. Evelyn-White, *Hesiod. The Homeric Hymns and Homerica* (1932 Loeb Classical Library).

行(2.14.3)。①其中斐洛德墨斯的引文疑似出自阿波罗多洛斯的佚作《论神》(Περὶ θεῶν)。古代作者援引荷马颂诗，大约均出自某个亚历山大里亚学者编撰的佚失底本(West 20-21)。倘若不算俄耳甫斯古文献与《德墨特尔颂诗》的文本关联，那么现存仅有四份纸莎古卷涉及荷马颂诗诗文，且保存程度远远不及《伊利亚特》和《奥德赛》。

迄今留存的荷马颂诗手抄件均在14世纪以后问世。②荷马颂诗通常排在《伊利亚特》《奥德赛》之后，也与俄耳甫斯祷歌、《阿尔戈远征记》、卡利马科斯、普罗克洛斯的颂诗同排。多数抄件源自某个今已佚失的底本(Archetype Ψ)，很可能在1423年乔瓦尼·奥利斯帕(Giovanni Aurispa, 1376—1459)从君士坦丁堡带回意大利的那批古希腊典籍手抄件中。依据Ψ底本的三类抄本分别编号为f, p和x，其中x本又有若干页边批注和变文说明出自编号y的抄本，与Ψ底本有出入(West 22)。

文艺复兴时期刊印的荷马作品集均有收录荷马颂诗，比如1488年卡尔孔蒂勒斯(Demetrius Chalcondyles)在佛罗伦萨刊印的荷马初版(edition princeps)、1504年阿尔杜塞(Aldus)版、1519年君提(Guinti)版等。1537年由Andreas Divus迻译的首部拉丁译本问世。

1777年，希腊文教师C. F. Matthaei在莫斯科图书馆里发现一份现今编号M的手抄件(现存莱登大学图书馆，代码BPG33H)。这份15世纪上半叶的手抄件虽只收录从起首至第十八首《赫耳墨斯颂诗》第四行，却对后世了解荷马颂诗有重大意义。有别于其余手抄件起首是第三首《阿波罗颂诗》，M本起首是如今我们读到的第一首《狄俄尼索斯颂诗》残诗和第二首《德墨特尔颂诗》全本。在此之前，世人不知《德墨特尔颂诗》的存在。③

时至今日，《德墨特尔颂诗》已然是最受瞩目的荷马颂诗之一，持续得到不同视角的解释和讨论。这首长篇神话叙事诗共495行，大约可分上中下篇。上篇讲德墨特尔母女分离，引发奥林波斯诸神纷争。中篇讲德墨特尔在厄琉西斯。下篇讲德墨特尔母女重聚，诸神和解，人与神立下秘仪约定。全诗谋篇呈三分式圆环结构，呼应诗中频繁使用的三分式叙事笔法，比如三次提及的三分时间，或神话中的

---

① 此外还有安提戈诺斯(Antigonus Carystius)、狄奥多罗、阿特纳奥斯(Athenaeus Naucratita)以及品达、阿里斯托芬等的古代注释者的援引，详见AHS, pp.lxiv-lxxxii。
② AHS整理并分析了现存三十一份手抄件的版本情况及互文关系(pp.xi-lviii)。
③ David Ruhnkenius, *Homeri Hymnus in Cererem* (Leiden, 1780, 1782); AHS, pp.xvii-xxviii; West, p.22.

三分空间，也就是奥林波斯神界、人间和冥府所在的地下世界的往来流通。①下面简要重述诗中神话叙事：

上篇：分离（1—90）——珀耳塞福涅在尼萨平原采花，被冥王劫去冥府做新娘。宙斯事先应允这桩婚事。她一路向父亲求告，宙斯没有应答，而是远离诸神在人间的神庙里接受供奉（1—37）。德墨特尔听闻女儿入冥府前的哭喊，连续九天九夜四处寻女未果。赫卡忒来报信，她听到声响但不知谁劫走珀耳塞福涅。赫利俄斯告诉她们系冥王所为，而宙斯是幕后主使（38—90）。

中篇：厄琉西斯（91—304）——德墨特尔愤怒出离奥林波斯，在人间漫游。她乔装老妪，在厄琉西斯城外遇见克勒伊俄斯的四个女儿。她自称克里特王室后裔，被海盗拐跑又在托里科斯脱身。王女们说起本地多王同政，又征求王后同意，请她进王宫做乳母。德墨特尔进门初显真容，众人未能辨识。王后依礼法接待她（91—232）。德墨特尔照料小王子德墨丰，不让他食五谷吸母乳，用琼浆玉液涂抹全身，夜间放进火中炼烤。王后闯入使计划败露。德墨特尔显出真容，命厄琉西斯人造神庙，应允传授秘仪。克勒伊俄斯依命建成神庙，德墨特尔独坐神庙中哀思（233—304）。

下篇：和解（305—495）——德墨特尔藏起种子，大地颗粒无收，人类就要因饥荒而灭绝，诸神就要失去祭祀和供奉。宙斯派伊里斯送信，进而派诸神轮番说情，德墨特尔不为所动。宙斯派赫耳墨斯去冥府带回珀耳塞福涅。冥王没有违抗，让珀耳塞福涅临走前吞下一颗石榴籽（203—383）。德墨特尔母女重逢。吃下冥间食物的珀耳塞福涅一年将有三分之二时光留在大地上，三分之一时光回冥王身边。德墨特尔重使大地丰收，把秘仪传授给厄琉西斯诸王，派普鲁托斯送财富给人类。行入会礼的信徒将在此生和死后享受福祉。宙斯派瑞亚送信，德墨特尔母女重返奥林波斯（384—495）。

一般认为，《德墨特尔颂诗》的成文时间约为公元前600至前550年间，首次发表或在厄琉西斯竞技赛会或类似节庆场合。②诗中留下了厄琉西斯秘仪（Ἐλευσίνια Μυστήρια）的最早记载，提供了诸多文本考据线索。相传厄琉西斯秘仪

---

① 不少学者关注到颂诗的三分结构，参Clay, pp.207-208; E. Szepes, "Trinities in the *Homeric Demeter Hymn*", in *Annales Universitatis Budapestinensis de Rolando Eotvos Nominatae*, Sectio classica 3, 1975, pp.23-38。
② 参West, p.9; Richardson, pp.6-11; Humbert, pp.38-39; Cheyns, André, "La structure du récit dans l'*Iliade* et l'*Hymne homérique à Déméter*", in *Revue belge de philologie et d'histoire*, 1988. tome 66, p.32。

始创于公元前15世纪，到公元前6世纪中叶，雅典盛行并开始主导秘仪事宜，信徒结伴从雅典步行朝圣至厄琉西斯。有鉴于诗中只字未提雅典，多数学者主张成诗时间不晚于公元前550年。也有学者提出，颂诗作者或系有意沉默，以此影射厄琉西斯与雅典的紧张关系。① 诗中提及厄琉西斯六王同政（153—155，474—475），既不同于雅典古典时期突显特里普托勒摩斯（Τριπτόλεμος）② 的重要性，也有别于俄耳甫斯传统中欧摩勒波斯（Εὔμολπος）③ 标记祭司世袭制度的开端。此外诗中提及神庙落成（270—272，296—298）、本地成年礼（Βαλλητύς, 266）等文本细节均可供考证。④

如何看待《德墨特尔颂诗》与厄琉西斯秘仪的文本关联，一度是极有争议的话题。艾伦、哈利迪和赛克斯肯定这首颂诗的诗歌价值，却也强调"其首要意义在于对厄琉西斯秘仪的最早记载"（AHS 118）。在他们之后，有学者将《德墨特尔颂诗》视同厄琉西斯秘仪的起源神话，力图从中探寻秘仪的蛛丝马迹，也有学者主张谨慎对待颂诗与秘仪真相的微妙关系。理查森承认无法在神话与秘仪之间建立严密的逻辑关系，但细致梳理诗中涉及秘仪的文本细节，试图贯通古文献记载与颂诗仪轨记载（Richardson 24-26）。弗雷假设颂诗作者是厄琉西斯秘仪信徒，在遵循保密教令的前提下，试图向参加入会礼者传递若干秘仪教诲（Foley 64,65-71）。柯雷则态度鲜明地主张，"必须放弃或至少延缓从颂诗中发现厄琉西斯奥义的希望，而首先尝试理解颂诗中的神话叙事"（Clay 205-206）。

另一方面，《德墨特尔颂诗》在语言风格⑤、谋篇笔法和神话叙事技艺方面与荷马、赫西俄德均有显著的相通之处。以古风神话诗常见的三分叙事笔法⑥ 为例，颂

---

① 参 Walton, Francis R., "Athens, Eleusis, and the *Homeric Hymn to Demeter*", in *Harvard Theological Review*, 1952, vol.4, No.2, pp.105-114。
② 字面意思或指"三耕的"，"第三次耕的"，又或指"三倍勇敢的"，或"三倍辛劳的"。在古典时期作者笔下，他是厄琉西斯传说的主人公，德墨特尔亲自传授给他农耕技艺和秘仪教诲，他被尊奉为本地立法者或冥府法官之一（如参色诺芬《希腊志》6.3.6，柏拉图《申辩》41a）。
③ 在俄耳甫斯传统中，他是缪塞俄斯之子，与秘仪创始者俄耳甫斯渊源极深。据《苏达辞书》同名词条（Εὔμολπος）记载，他曾撰三千行诗，记叙德墨特尔寻访厄琉西斯和秘仪创制经过。颂诗有意弱化特里普托勒摩斯和欧莫勒波斯的重要性（参Clay, pp.230-231）。
④ 诗中的德墨特尔神庙落成或与公元前6世纪初梭伦执政下的神庙遥相呼应，参 Burkert, W., "Review of Richardson 1974", in *Gnomon* 99, 1977, pp.440-446；另参 Richardson, p.10。
⑤ Richardson列出四组清单：未见于荷马诗中而出自赫西俄德的语汇、词形或语义有别于荷马诗中用法的语汇、未见于荷马诗中而与赫西俄德相近的句子或表述、援引自荷马诗中的与赫西俄德相近的句子或表述（pp.34-41）。
⑥ 赫西俄德的三分神话叙事笔法，如赫西俄德《神谱》，吴雅凌译，北京：华夏出版社，2022年，第28—31页。

诗不仅包含前文提到的三分谋篇结构、三分世界、三分时间，还提及三次入冥府叙事，三大主神（宙斯—德墨特尔—哈得斯）、宙斯的三大支援男神（哈得斯—赫利俄斯—赫耳墨斯）和三大支援女神（大地—瑞亚—伊里斯）、德墨特尔的三个孩子（珀耳塞福涅—德墨丰—普鲁托斯）、厄琉西斯六王、克勒伊俄斯宫中六女，诸如此类。颂诗涉及宙斯神权以及大地在其中扮演的角色，同样呼应赫西俄德神谱传统。

　　颂诗作者显然熟悉两部荷马诗，或者说以荷马为代表的古风英雄诗系传统，能够自由化用彼时听众耳熟能详的神话桥段，诸如忒提斯意欲让阿喀琉斯不朽，阿喀琉斯的愤怒，奥德修斯在外乡，等等。

　　先看《伊利亚特》。德墨特尔听闻女儿哭喊（38—46），与第22卷赫克托尔死讯传至特洛亚（伊22.401起）有相近表述。厄琉西斯王女们在路上奔跑（170—178），与第15卷赫克托尔在阿波罗庇护下奔驰战场（伊15.263—273）有相近表述。德墨特尔的愤怒（324，330—333）与阿喀琉斯的愤怒（伊9.315起）相呼应，厄琉西斯王宫接待德墨特尔（190—191）与阿喀琉斯接待普里阿摩斯（伊24.480—484）相呼应，等等。

　　再看《奥德赛》。德墨特尔佯装成外乡老妪在厄琉西斯的经过，与奥德修斯还乡路上的好些桥段遥相呼应。德墨特尔在城外遇王女们，与第6卷奥德修斯遇王女瑙西卡娅有相近表述。德墨特尔谎称出身克里特王室（118—132），呼应奥德修斯回伊塔卡以后数次虚构的克里特故事（奥13.256—258，14.199—210，19.172—184），被海盗拐带又逃脱云云（124—132）与奥德修斯对牧猪奴说谎相似（奥14.336—357），等等。

　　总的说来，《德墨特尔颂诗》晚近备受瞩目，大约有两方面缘故：首先是与古代厄琉西斯秘仪相连，进而是与俄耳甫斯代表的古希腊秘教传统的关系。其次是与荷马、赫西俄德代表的古希腊诗教传统的关系。归根到底，这两条路向的发问很可能构成同一个问题。

厄琉西斯秘仪

　　厄琉西斯地处古希腊阿提卡、彼俄提亚和伯罗奔尼撒半岛等地区的交通汇处，与雅典相距不过二十公里。今人从建筑遗址、碑铭、浮雕和陶瓶画等考古发现得知，早在公元前15世纪迈锡尼文明时期就有厄琉西斯秘仪的痕迹。迄今所知最早的入会礼堂（Τελεστήριον）重建于公元前6世纪中叶庇西特拉图斯执政时期，该入会礼堂所在的神庙建成更早，大约推断在公元前7世纪末6世纪初。厄琉西斯秘仪持续风行两千余年,直到公元392年迪奥多西统治时代被罗马官方禁止。

颂诗作者显得熟识厄琉西斯,列数本地的德墨特尔神庙(272, 298)和两处水井:少女井(Παρθενίῳ φρέατι, 99)和卡利科洛斯(Καλλιχόρου, 272),[①]以及紧邻的拉里奥平原(Ῥάριον, 450)。公元前6世纪中叶至前5世纪的雅典陶瓶上常见特里普托勒摩斯驾车犁地的场景,传说德墨特尔教他农耕技艺,使他成为第一个在拉里奥平原耕作的人类,厄琉西斯秘仪祭品由拉里奥收成谷物制成(泡赛尼阿斯1.38.6)。如前所述颂诗中不提这些,只将特里普托勒摩斯列入厄琉西斯诸王名录(153—155, 474—475)。

希腊古典时期,凡说希腊语且未犯谋杀罪的人均有资格参加厄琉西斯秘仪,无论男人女人,奴隶或自由民,希腊人或说希腊语的外邦人。厄琉西斯秘仪的神职人员来自两大世袭祭司家族,分别可以追溯到缪塞俄斯和赫耳墨斯。从缪塞俄斯之子欧莫勒波斯的传人(Εὐμολπίδαι)选出主祭司(ἱεροφάντης,即"显圣的"),通常有两名女祭司做助手。从赫耳墨斯之子科律科斯的传人(Κήρυκες)选出圣使者(ἱεροκῆρυξ)和执火把者(δᾳδοῦχος)。

古典时期的厄琉西斯秘仪与阿格腊入会礼(Μυστήρια ἐν Ἄγρας)并称,分别冠名为大秘仪(greater mysteries)和小秘仪(lesser mysteries)。《德墨特尔颂诗》绝口不提雅典,也没有说起阿格腊。阿格腊位于雅典城外伊利索斯河边,古时就有德墨特尔母女及厄琉西斯王特里普托勒摩斯的祭坛。[②]阿格腊入会礼原系雅典本地仪式,相传与赫拉克勒斯杀死马人以后的地下净罪礼相连。[③]在颂诗中,珀耳塞福涅被劫时身旁有一群大洋女儿,领头的墨利忒(Μελίτητετε, 419)与阿格腊入会礼的女祭司同名。[④]阿格腊入会礼在每年春天阿提卡历法八月(Ἀνθεστηριών,相当于二至三月)举办。只有参加过阿格腊小秘仪的信徒才有资格参加厄琉西斯大秘仪。

厄琉西斯秘仪大典在每年秋天阿提卡历法三月(Βοηδρόμια,相当于九至十月)举行,包括持续近一周的公共庆典和最后一日的秘仪入会礼(τελετή)。如果说公

---

① 古代秘仪通常设在城外,或因入会礼标志信徒脱离从前的生活方式。城外的水井,或因厄琉西斯秘仪含某种圣न敬拜仪式,或系厄琉西斯女子围绕水井跳圆舞以敬拜德墨特尔女神(泡赛尼阿斯1.38.6)。
② 参柏拉图《斐德若》229c,《高尔吉亚》497c。阿格腊另有一处阿尔忒弥斯祭坛,希腊文中小写的ἄγρα本指"狩猎,打猎",是阿尔忒弥斯的修饰语。
③ 参狄奥多罗4.14.3,另参古代注疏阿里斯托芬《财神》1013,阿特纳奥斯6.253d,托名希波吕托斯《反驳异端大全》5.8。
④ 德墨特尔母女的女祭司也称Melissae(卡利马科斯颂诗2.110),伊利索斯河附近有一道泉水名叫卡利诺厄,紧挨阿格腊小秘仪所在的神庙。Richardson, pp.18–20。

共庆典无须保密,最后一日的秘仪入会礼则是密不外传的。

是月第十三日,也就是雅典的德墨特尔神庙(Ἐλευσίνιον)庆典次日,一群雅典少年护送圣物(ἱερα)到厄琉西斯。第十五日,主祭司在雅典城邦广场的画廊(ποικίλη στοά)主持"宣礼"(Πρόρρησις),当众宣告手沾血污的罪人和不说希腊语的外邦人不得参加秘仪。第十六日,信徒步行至雅典西南的法勒若海湾(Φάληρον)以海水沐浴,并洁净回城献祭的乳猪。第十七日,信徒参加德墨特尔母女的献祭礼。第十八日,信徒在家中敬拜阿斯克勒皮奥斯,又称"埃皮达鲁斯礼"(Ἐπίδαυρια),是日斋戒。第十九日,信徒结伴从雅典步行至厄琉西斯。朝圣路上抬着伊阿刻斯神像,伴有献祭、祈祷、歌舞等固定仪式,比如在雅典与厄琉西斯分界的基菲索斯河上,某男子蒙面或乔装妓女,站在桥上朝信徒辱骂并做猥亵动作。信徒抵达厄琉西斯,结束斋戒,用陶环装祭品(κέρνος)供奉德墨特尔母女。是夜女信徒参加"通宵礼"(παννυχίς),伴有歌舞、爆粗口(αἰσχρολογία)等固定仪式。①

第二十日是秘仪入会礼(τελετή)。此前持续近一周的准备仪式旨在让信徒洁净身心。入会礼堂同时容纳数千人,礼堂内不设窗,有许多石柱,建筑风格区别于希腊神庙。礼堂深处有一座矩形石砌的"主殿"(ἀνακτόρον),殿中燃火把,除主祭司以外,其余人等严禁入内。2世纪作者亚历山大的克莱蒙(Clemens Alexandrinus)在《异教徒劝勉录》(*Protrepticus*)中记载过一则入会礼口诀:

«ἐνήστευσα, ἔπιον τὸν κυκεῶνα, ἔλαβον ἐκ κίστης, ἐργασάμενος ἀπεθέμην εἰς κάλαθον καὶ ἐκ καλάθου εἰς κίστην.»

我斋戒,饮库刻奥汁,从箱中取出,动作并摆在篮中,又从篮中放回箱中。(2.21.2)

信徒在入会礼现场的仪式动作(ἐργάζομαι)有哪些?在箱(κίστη)与篮(κάλαθος)之间来回搬动的圣物又是什么?迄今没有定论。依据克莱蒙的补充记载,每个仪轨步骤呼应德墨特尔母女神话,信徒在场见证或体验珀耳塞福涅被劫、德墨特尔哀悼流浪等神话事件(2.12.2)。至于圣物何指,有说是形似生殖器的象征繁衍的供品,也有说是秘仪专用饮品库刻奥汁的搅拌器。依据普鲁塔克和托名希波吕托斯的记载,秘仪入会礼在黑暗中进行,直到最后一刻,主殿洞开,一缕火光

---

① 参Foley, pp.65-71, Richardson, pp.12-29, 伊利亚德《宗教思想史》上卷,吴晓群译,上海:上海社会科学院出版社,2011年,第250—252页。

射出,主祭司现身。① 依据其他古代记载,主祭司会敲响铙钹,现场点燃火把,信徒"亲眼看见"回归大地的珀耳塞福涅。② 主祭司还会宣告某幼神的诞生,或系珀耳塞福涅之子狄俄尼索斯,或系德墨特尔之子普鲁托斯,③ 又或象征在地母神庇护下麦穗谷物的生长。④ 随后是舞蹈与献祭仪式,少年抬出献祭用的公牛,信徒对天地祷告,诸如此类。⑤

厄琉西斯秘仪不重教义,而强调仪式体验。柏拉图《第七封信》提到,参加秘仪入会礼带来"灵魂与身体的亲缘关系"(334b7)。依据亚里士多德记载,信徒在秘仪中没有学习什么教义,而是凭靠在仪式中的体验改变心灵状态(残篇15)。"我走出秘仪大堂,我感觉自己是个陌生人。"⑥ 信徒依次感受恐惧、紧张、迷茫、惊叹以及最终的澄明状态。"在人类所能经验的神圣事物中,厄琉西斯秘仪最可怕也最美妙。"⑦ 依据普鲁塔克的记载,信徒参加秘仪入会礼与灵魂的濒死体验相似。⑧

《德墨特尔颂诗》有三分之一篇幅讲述德墨特尔在厄琉西斯的经历,依次展现火把游行、斋戒、静默、饮库刻奥汁等已知仪轨。值得一提的是,这些仪轨均属于无须保密的公共庆典,也就是正式仪典以前的预备仪式或洁净礼。

> 九天,神后德奥走遍大地,
> 手中紧握燃烧的火把,
> 她不曾沾一滴甜美的琼浆玉液,
> 在哀恸中不曾沐浴全身。
> 第十天黎明带来明光……(47—51)

连续九日,德墨特尔寻找女儿未果。第十天黎明的明光令前九日愈发暗淡无光。九日(ἐννῆμαρ, 47)或系泛指,如荷马诗中的九日哀悼(伊24.664,610)、九日瘟疫(伊1.53)、奥德修斯九天航海(奥7.253,9.82,10.28),等等。但也有解释为厄

---

① 普鲁塔克《道德论集》81e,托名希波吕托斯《反驳异端大全》5.8.40。
② Apolodoros, *Die Fragmente der Griechischen Historiker* 244 F110; Lactantius, *Epitome divinarum institutionum*, 18(23).7.
③ 托名希波吕托斯《反驳异端大全》5.8.40,另参欧里庇得斯《情愿的妇女》54。
④ 欧里庇得斯《西普西比尔》残篇757。
⑤ 托名希波吕托斯《反驳异端大全》5.7.34,普罗克洛斯注疏柏拉图《蒂迈欧》3.176.28。信徒在仪式上传的衣物用来做婴儿的褓褓(古代作者注疏阿里斯托芬《财神》845)。
⑥ Sopatros, *Thetores Graeci*, 8.114–115.
⑦ Aelius Aristides, *Eleusinios*, in *Orations*, 19.2.
⑧ 普鲁塔克残篇168= Stobaeus, *Anthologium*, 4.52.49。Burkert, 1987, pp.91–92。Foley, p.70。

琉西斯秘仪中的九日斋戒预备。①在暗夜行游时,德墨特尔手握燃烧的火把(48,61)。火把与夜间秘仪相连。②古代希腊各地献给德墨特尔母女的庆典仪式通常会燃火把。③

厄琉西斯秘仪信徒在夜里从雅典步行到厄琉西斯,举着火把,载歌载舞,一路说些荤段子或爆粗口(αἰσχρολογία)。信徒在路上发出的呼吼声(iakkhe)化身成了幼神伊阿科斯(Ἴακχος)。索福克勒斯等古代作者将他与狄俄尼索斯混同(《安提戈涅》1146—1152)。在朝圣路上,伊阿刻斯神像引领游行队伍。据普鲁塔克记载,厄琉西斯秘仪期间,本地人抬伊阿科斯神像游行(《卡米拉斯传》19)。④

颂诗没有提到伊阿刻斯,但有个大洋女儿伊阿刻(Ἰάχη, 419)与伊阿刻斯同词源。颂诗也绝口不提从雅典到厄琉西斯的朝圣,但在王女们的引路下,德墨特尔从厄琉西斯城外走向王宫(180—184),让人多少领略游行队伍的风景。王女们披散发丝"在肩头飘扬"(ἀμφὶ δὲ χαῖται/ὤμοις ἀΐσσοντο, 178),或呼应女信徒禁绑发戴纱的忌讳。

有别于雅典地母节,厄琉西斯秘仪不限参加者的性别。朝圣队伍有女有男,分队行进。⑤信徒们抵达厄琉西斯以后,或围绕卡利科洛斯井(272)跳圆舞。稍后有整夜祈神的"通宵礼",正如王女们在王宫中整夜求告德墨特尔(παννύχιαι θεὸν ἱλάσκοντο, 292)。据泡赛尼阿斯记载,有三名王女做了主祭司欧摩勒波斯的助手(1.38.3)。

> 她站着不语,美丽的眼低垂,
> 直到知礼数的伊安珀搬来
> 一张矮凳,用银亮的毛皮铺好。
> 她落座,没有摘面纱,
> 良久一言不发,哀伤地坐在那里,
> 不出声招呼人也不动弹,
> 她无欢笑,不吃不喝,
> 坐着哀思衣带低束的女儿

---

① 狄奥多罗 5.4.7,柏拉图《书简》349d,阿里斯托芬《鸟》1519,奥维德《变形记》10.431。
② 阿里斯托芬《蛙》340,351,448,《地母节妇女》101,1151,欧里庇得斯《伊翁》1074。
③ 泡赛尼阿斯 2.22.4,7.37.4,8.9.2,10.35.10。
④ 另参阿里斯托芬《蛙》340—353,372—416,希罗多德 8.65,俄耳甫斯祷歌 42.4,49.3。
⑤ 阿里斯托芬《地母节妇女》280,655,947 等,《蛙》444—448。

> 直到知礼数的伊安珀说玩笑话,
> 连连逗趣,引得纯洁的神后
> 微笑,继而开怀大笑……(194—204)

德墨特尔进王宫的举止呼应克莱蒙记载的入会礼口诀,包含斋戒、静默和饮库刻奥汁等仪轨。

早在流浪途中,德墨特尔一路禁食,不沾琼脂玉液(49),不吃也不喝(200)。这段诗文三次提及德墨特尔的静默(194,198,199)。德墨特尔的静默与她的悲痛(198,200)相连,正如荷马诗中珀耳塞福涅在悲痛中不摘面纱坐下哭泣(奥4.716,20.58,21.55等)。

但厄琉西斯秘仪氛围混杂着悲痛与诙谐,庄严与猥亵,好比悲剧和喜剧的神奇融合。① 在颂诗中,某个名叫伊安珀的老妇人说玩笑话(χλεύης, 202),逗笑了原本悲痛的德墨特尔。伊安珀(Ἰάμβη, 195)这个名字与短长格(Ἴαμβος)同词源,作为一种带戏谑意味的诗体,发端于狄俄尼索斯崇拜等宗教场合。诗人阿尔基罗库斯(Archilochus)最早使用短长格调,其故乡帕洛斯岛(Πάρον, 491)是古代德墨特尔圣地(残篇215)。颂诗未提伊安珀说了什么玩笑话,也许类似于游行队伍的爆粗口仪式(αἰσχρολογία)。②

> 墨塔涅拉斟满一杯甜蜜的酒
> 奉与她,但她不接受,自称喝红酒
> 不合规矩,吩咐搅拌大麦粉和水,
> 加嫩薄荷,调成饮料奉与她。
> 王后依令调好库刻奥汁递给她,
> 极威严的德奥依照礼仪接过……(206—211)

供奉不掺酒的祭品(又称Νηφάλιος)是德墨特尔母女崇拜仪式的常见仪轨。③ 厄琉西斯秘仪的专用饮品叫库刻奥汁(κυκεών),字面意思是"搅拌",调好的混合饮料在喝以前要搅拌,以免麦粉沉底。在荷马诗中,基尔克为奥德修斯调制

---

① 参柏拉图《会饮》223d。
② 阿里斯托芬《蛙》376,亚历山大的克莱蒙《异教徒劝勉录》2.15.1。
③ 参泡赛尼阿斯5.15.10,阿里斯托芬《地母节妇女》730,阿波罗尼俄斯《阿尔戈英雄纪》4.712。

(κυκεῶ, 奥 10. 316) 饮料,不但掺了酒,还混有迷惑心神的魔药,所幸奥德修斯有赫耳墨斯相助,未像他的同伴们那样中招(奥 10.314—416,参伊 11.639—642)。在颂诗中,德墨特尔亲自规定了不掺酒的调制配方(208—209)。作为带来丰收的德墨特尔给人类的礼物,库刻奥汁的主要成分是大麦。德墨特尔先拒绝奥林波斯诸神享用的琼汁玉液(49),继而拒绝人类饮用的红葡萄酒(206—208)。库刻奥汁介于神与人的饮品之间,犹如德墨特尔与秘仪信徒之间的契约标记。

在颂诗结尾处,德墨特尔教示厄琉西斯人立神殿,并亲自传授秘仪(ὄργια, 273, 476)。

> 庄严的秘仪不容僭越,不得打听,
> 不能外传,对神的极大敬畏使人缄口。
> 亲见过的大地上的人类有福了!
> 那些未行入会礼的,命中无份的,
> 死后进入迷雾的虚冥,命数是两样的。(478—482)

依据古代作者①的有限记载,厄琉西斯秘仪大致有两个阶段,与这里的说法遥相呼应。

先是静默(μύησις)。动词μυάω本指"抿嘴,不语",转指"密不外传",名词μύστης本指"静默者",转指参加过秘仪入会礼并受命不得外传的人。在颂诗中,德墨特尔规定秘仪"不得打听"(οὔτε πυθέσθαι),也"不能外传"(οὔτ᾽ ἀχέειν),或"不得散布泄露"。

再是省悟(ἐποπτεία)。动词ἐποπτεύω指"看见,省察",名词ἐπόπτης本指"看见者",转指内省和醒悟,获得更高启示的秘仪信徒。在颂诗中,德墨特尔承诺"亲见过的"(ὄπωπεν,或"省悟的")秘仪信徒生前有财神庇护(486—489),死后更能蒙获福祉(480—482)。

然而,不能外传什么? 看见或省悟什么? 如前所述,颂诗作者提及一系列无须保密的公共庆典仪轨,而绝口不谈在入会礼堂内举行的秘仪入会礼,故而也就没有"僭越"(παρεξ[ίμ]εν, 478)密不外传的教令。探究《德墨特尔颂诗》与厄琉西斯秘

---

① 参亚历山大的克莱蒙《汇编》5.70.7,普鲁塔克《阿尔喀比亚德传》22.3,《德摩特里乌斯传》26.2,《苏达辞典》ἐπόπται词条,另参柏拉图《斐德若》中的灵魂神话让人印象深刻地大量使用秘教用语(250b-c)。

仪的文本关联,故而有两方面的困难。首先,唯有颂诗中篇的若干文本细节涉及厄琉西斯秘仪,难以贯通全诗。其次,单单凭靠颂诗中的记载,难以窥见厄琉西斯秘仪全貌。

诗教传统

有鉴于古代秘仪在言说与不可言说之间造成的诸多困难,有必要参考《德墨特尔颂诗》与荷马、赫西俄德的文本关系,全盘考量荷马颂诗与俄耳甫斯传统神话的异同,尝试理解颂诗作者在古风神话诗唱的正统秩序教诲与厄琉西斯入会礼的秘传消息之间的诸种调和努力。

古代作者多有记载德墨特尔母女神话,从最早的希腊抒情诗人阿尔基罗库斯到拉丁诗人维吉尔或奥维德,且说法不一。[①]相传与利努斯(Linus)同时代的古诗人庞普甫斯(Pamphos)书写过这个神话,如今我们只能从2世纪作者泡赛尼阿斯的记载中得窥一二(1.38.3, 8.37.9, 9.31.9)。单从流传下来的古文献看,德墨特尔母女神话大致有两大源头:一类跟从赫西俄德的《神谱》,另一类跟从俄耳甫斯秘教传统。稍后的诗人们往往含糊不定地游离于两种神话传统之间,《德墨特尔颂诗》便是一例。

赫西俄德最早在《神谱》中讲述,宙斯和德墨特尔生下珀耳塞福涅,又授意自家兄弟将亲闺女劫去冥府做新娘(神谱912—913)。《德墨特尔颂诗》开场沿用这一说法,还援引了赫西俄德的一行半诗文。

... ἣν Ἀϊδωνεὺς/ἥρπαξεν, δῶκεν δὲ βαρύκτυπος εὐρυόπα Ζεύς
被哈得斯掳走,大声打雷的远见的宙斯应允这桩事(2b-3)
... ἣν Ἀϊδωνεὺς/ἥρπασεν ἧς παρὰ μητρός, ἔδωκε δὲ μητίετα Ζεύς
被哈得斯从母亲身边掳走,大智的宙斯应允这桩事(神谱913b-914)

[①] 古代作者记载德墨特尔母女神话,神谱192—194,阿尔基罗库斯残篇322,巴绪里得斯残篇47,123起,品达《奥林波斯竞技凯歌》6.92起,《涅墨竞技凯歌》1.13,索福克勒斯残篇837,596—617,欧里庇得斯《海伦》1301—1368,卡利马科斯颂诗6,尼坎德《有毒生物志》483—487,《解毒剂录》129—132,阿波罗多洛斯1.5.1—3,狄奥多罗5.3—5,维吉尔《农事诗》1.39,奥维德《变形记》5.385—661,《岁时记》4.417—620,克劳狄安《珀耳塞福涅被劫纪》,农诺斯《狄俄尼索斯纪》6.1—168。详参Richardson pp.74-86; Foley, pp.30-31。

但对观《神谱》仍有细微的文本差异值得关注。

首先，在赫西俄德笔下，神王宙斯是主角——他与德墨特尔生下珀耳塞福涅，他让自家兄弟劫走亲生闺女（神谱912—914），诸如此类。颂诗题献给德墨特尔，开篇首行首字以德墨特尔起首，第四行也以德墨特尔收尾。为了突出这位女神，诗人有意弱化另一位女神的存在感。在第一次被劫神话叙事（1—37）中，珀耳塞福涅始终被指称为德墨特尔的女儿（θύγατρα, 2）或女孩儿（κόρη, 5, 8, 439等）——Κόρη（音译"科瑞"）确成了珀耳塞福涅的别称。直到第56行，诗人才借赫卡忒之口正式点名珀耳塞福涅。

其次，依照赫西俄德的表述，冥王"从母亲身边"（παρὰ μητρός，神谱914）劫走珀耳塞福涅，而颂诗不止一次强调德墨特尔不在场，νόσφιν（4, 72等）指"在远处"、"远离"，德墨特尔当时在远处，或转指德墨特尔不知情，也就是宙斯背着德墨特尔暗中安排这桩婚事。这多少解释了第三行两个相邻动词ἁρπάζω与δίδωμ构成的语义分歧：既是应允，又何必强迫？①颂诗作者比赫西俄德更着重突出这一神话情节冲突。

有别于赫西俄德神谱传统，颂诗的主角是德墨特尔而非宙斯，情节主线是她对女儿被劫的反击。颂诗开场点名的三神为此展开系列计谋之争，包括德墨特尔在颂诗中央位置的两轮报复行动，哈得斯劫走又放行珀耳塞福涅，宙斯先暗中策划后公开调停，诸如此类。在颂诗中，也只有这三位神得到两个以上修饰语的特殊连用（Foley 35, Richardson 47-48）。颂诗相应有区别地使用δόλος（诡计，引诱）、μῆδος（计谋）、μῆτις（谋划）和βουλή（神意，计策）等用语。

珀耳塞福涅被冥王劫去做冥后，同样是俄耳甫斯秘教教义的核心神话。每年春分她回到大地，和母亲德墨特尔生活在一起，到播种季节重回哈得斯身边，象征种子生灭，或灵魂在冥府游荡及轮回转世。直至公元前1世纪以前的古代作者将《德墨特尔颂诗》归入俄耳甫斯名下，足见这首颂诗与俄耳甫斯传统的渊源。

由于俄耳甫斯没有完整作品传世，我们今天只能借助古代作者的援引或转述进行了解。依据O. Kern的辑录版本，德墨特尔母女神话记载集中于编号OF49-52的俄耳甫斯残篇条目。编号OF49的条目收录了一首莎草抄件里的残诗，内容涉及德墨特尔母女神话，与《德墨特尔颂诗》有若干明显相似的表述。编号OF50

---

① 在希腊原文中，ἥρπαξεν（掳走）和δῶκεν（应允）两个动词在第3行行首连用，译文出于汉语语序的需要做了调整。

和OF52的两个条目均援引自亚历山大的克莱蒙的《异教徒劝勉录》(2.17.1，2.20.20-21)，内容涉及厄琉西斯秘仪经过。编号OF51的条目援引自泡赛尼阿斯的记载(1.14.3)，提及诗人俄耳甫斯就德墨特尔去厄琉西斯撰写过一首诗。①

流传迄今的两部托名俄耳甫斯作品同样留下了重要记载。公元5世纪无名氏著的《阿尔戈英雄纪》(Argonautica)提及俄耳甫斯歌唱"德墨特尔如何流浪并哀悼珀耳塞福涅，如何成为地母节神主"，以及俄耳甫斯向弟子缪塞俄斯讲述珀耳塞福涅被劫的经过(26起，1191—1196)。②《俄耳甫斯祷歌》明确使用"厄琉西斯的德墨特尔"(Δήμητρος Ἐλευσινίας)这一仪式称谓，并提到珀耳塞福涅在"厄琉西斯境内"(δήμου Ἐλευσῖνος, 18.13)被冥王劫走，德墨特尔寻女来到"厄琉西斯山谷"(Ἐλευσῖνος γυάλοισιν, 40.6)，结束斋戒，入冥府寻女(祷41.3-7)，珀耳塞福涅从冥府回归大地(43.7-9)等神话事件。③

俄耳甫斯秘教的另一核心神话与狄俄尼索斯有关，却是《德墨特尔颂诗》通篇未提及的内容。克莱蒙在《异教徒劝勉录》中记载了另一个有别于赫西俄德传统的俄耳甫斯神话版本：瑞亚因其子宙斯求欢而生珀耳塞福涅，珀耳塞福涅又因其父宙斯求欢而生新神王狄俄尼索斯(2.16.1)。稍后提坦神们将狄俄尼索斯幼神撕成碎片，以颠覆祭祀传统的方式煮食他，宙斯惩罚提坦神们，用雷电击毙他们，从他们的灰烬生出人类种族。俄耳甫斯信徒把人性中的无度暴力(hubris)称为提坦式的，柏拉图《法义》称为"提坦神的自然本性"(701 c)，《美诺》援引品达残诗(残篇133)："珀耳塞福涅接受古老的罪业被赎清，每隔九年将亡魂放回太阳的光照下。"(81b)④

俄耳甫斯教义强调灵魂的救赎。《德墨特尔颂诗》通篇未提灵魂，也绝口不提入冥府的见闻。有现代学者甚至主张，厄琉西斯秘仪没有包括轮回说在内的灵魂教义(Clay 263-264)。有别于俄耳甫斯教义，参加厄琉西斯秘仪的信徒不会形成某种"教会"，或秘密社团。⑤参加厄琉西斯秘仪也不会改变一个人的城邦世俗身份。在《理想国》中，柏拉图的兄长阿德曼托斯说起"缪塞俄斯和他的儿子"(Μουσαῖος καὶ ὁ υὸς αὐτοῦ, 363c)，也就是厄琉西斯秘仪的最初两代主祭司缪塞俄

---

① O.Kern, *Orphicorum Fragmenta*, Weidmannos, 1922, pp.119-129；另参A.Bernabé, *Orphicorum et Orphicis similu. Testimonia et framenta*. De Gruyter, 2005, pp.510-518.
② F. Vian, *Les Argonautiques orphiques*, Paris, Les Belles Lettres, 1987.
③ 《俄耳甫斯祷歌》，吴雅凌译，北京：华夏出版社，2024年，第120，199—207，211—213页。
④ 另参普鲁塔克《论食肉》(*De esu carnium*) I. 7.996c，普罗克洛注疏柏拉图《克拉底鲁》406 b-c，《帕默尼德》130 b，《蒂迈欧》35a, 35b，奥林匹奥多鲁斯注疏柏拉图《斐多》61c.
⑤ 伊利亚德《宗教思想史》，上卷，第255页。

斯及其子欧摩勒波斯，他们通过主持入会礼让义人死后在冥府享用会饮，让不义者死后在冥府受惩罚。阿里斯托芬笔下的人物为了净罪，赶在死前参加入会礼（《和平》374—375）。出生在厄琉西斯的索福克勒斯说："亲见这些仪式并进入冥府的有死者将三倍蒙福，只有对他们来说，死就是生，对其他人来说，死是不幸"（残篇837）。

古典时期的作者们不但记载厄琉西斯秘仪，也多方品评俄耳甫斯教及其信徒。在他们笔下，俄耳甫斯信徒常遭非议，欧里庇得斯的《希波吕托斯》是最常引的例子（948—954）。柏拉图《法义》见证了某种从前人们过的"俄耳甫斯式的生活"（Ὀρφικοί ... βίοι）：不食肉类，只用浸过蜂蜜的糕点或果实供神，禁忌与血污相连的不洁食物或祭品，诸如此类（6.782c-d）。阿里斯托芬的《蛙》亦言："俄耳甫斯把秘密的教仪传给我们，教我们不可杀生。"（1032）不杀生有悖城邦官方认可的祭祀传统，与古传礼法格格不入，这使得俄耳甫斯信徒表现出挑衅共同体权威的姿态。欧里庇得斯的《希波吕托斯》讲到年轻人因信奉俄耳甫斯而遭其父忒修斯王放逐（1006—1035）。

相形之下，厄琉西斯秘仪不排斥献祭，作为公共庆典与秘密仪式的微妙结合，在古典时期的雅典城邦公开流行。依据修昔底德和普鲁塔克记载，阿尔喀比亚德被雅典公民大会判处死刑的理由无他，就是"犯下了亵渎德墨特尔女神和珀耳塞福涅女神的罪行……触犯了厄琉西斯神庙和祭司家族所制定的条规"，可见在古典时期的雅典城邦，厄琉西斯秘仪得到城邦法律和祭司制度的双重保障。[①]在颂诗中，德墨特尔在厄琉西斯"传授整套秘仪"（475）给"执行法律的诸王"（473），某种程度上也表明秘仪的创立得到官方认可。

回到德墨特尔母女神话，如果说赫西俄德的《神谱》完全不提厄琉西斯，那么俄耳甫斯秘教传统强调珀耳塞福涅与厄琉西斯的关联，这使得德墨特尔在当地建立秘仪顺理成章。柏拉图《理想国》中提到"缪塞俄斯和俄耳甫斯的经书"（βίβλων Μουσαίου καὶ Ὀρφέως, 364e），有学者主张是在影射厄琉西斯秘仪，[②]还有的推断此处的"经书"无他，就是《德墨特尔颂诗》（Richardson 85）。从迄今留存的俄耳甫斯残篇中，我们还能读到厄琉西斯的相关内容：珀耳塞福涅在厄琉西斯被劫，德墨特尔向厄琉西斯王子打听消息，从厄琉西斯入冥府寻女，将农耕技艺传

---

① 修昔底德6.27起，普鲁塔克《阿尔喀比亚德传》22。
② West, M.L., *The Orphic Poems*, pp.23-24.

授给厄琉西斯人，诸如此类。①

《德墨特尔颂诗》让人印象深刻地游离在两种神话传统之间。有别于赫西俄德，德墨特尔在厄琉西斯的篇章长达两百来行（91—304），占据全诗核心位置。有别于俄耳甫斯教义，珀耳塞福涅被劫发生在尼萨平原（Νύσιον ἂμ πεδίον, 18），与厄琉西斯全然无关，厄琉西斯人也已开垦出良田（450—451），无须德墨特尔传授农耕技艺。这在一定程度上构成让人困扰的文本疑难，也就是厄琉西斯篇章与上下篇的勾连显得不够明朗。基于文本的跳跃乃至断裂，有学者甚而主张颂诗由两段神话拼凑而成。②如何理解这首颂诗的整体谋篇结构，以及颂诗作者对待不同神话传统的微妙态度，是我在阅读过程中尝试思考的主要问题。③

《德墨特尔颂诗》究竟是保持与荷马、赫西俄德一贯的神话思路，通过讲述宙斯王政面临的持续性挑战（迎接挑战的过程也是确立和巩固的过程），力图接近某种名曰奥林波斯的世界秩序的认知，还是作为厄琉西斯秘仪信徒以隐微的笔法挑战雅典权威，进而挑衅一切以宙斯为名的政治性权威？是传承"众人的教师"以及城邦正统政治神学教化的身份和使命，还是游离于共同体边缘关注个体灵魂的生灭？赫西俄德在诗中说起两种"缪斯宠爱的人"，也就是王与诗人（神谱90—103），或鹞子与莺（劳作202—212），由此标记的两类言说相互竞争也相互成就，在古传经典中正如在现世生活中引发多少扑朔迷离的思想发生事件？以上是我阅读33首荷马颂诗的思考起点。

翻译说明

一、荷马颂诗原典与赫西俄德的《神谱》《劳作与时日》一样无分段，中译本中的分段和标题均为译者所加。

二、荷马颂诗中的神名，凡约定俗成的汉译一律照旧。颂诗标题中的神名均以属格形式出现，译为"致"某神，或"献给"某神，在汉语中稍显累赘，故仅保留

---

① 厄琉西斯王狄绍勒斯和保柏有两个儿子，特里普托勒摩斯和欧布勒俄斯（Eubouleus），一个牧牛一个牧猪。哈得斯劫走珀耳塞福涅的时候，欧布勒俄斯和他放牧的猪群刚巧在场。参泡赛尼阿斯2.14.2-3，亚历山大的克莱蒙《异教徒劝勉录》2.20-21，俄耳甫斯祷歌41.4-8，40.8，参O.Kern, *Orphicorum Fragmenta*, Weidmannos, 1922, pp.119-129.
② 有关厄琉西斯篇章与上下篇的文本关系的各种讨论，参Clay, pp.205-207, Richardson, p.259, 285。颂诗是否出自同一作者手笔，参Humbert, pp.32-34.
③ 笔者赞同Clay（p.210）的观点，晚近学者多从心理学角度或女性性别角度展开阐释，恐怕离颂诗诗人太远。

神名。

三、荷马颂诗的缩写情况：除《德墨特尔颂诗》以外，其余颂诗一律标注篇名、篇数和行数，如第一首颂诗第1行缩写为"《狄俄尼索斯颂诗》1.1"，以此类推。《德墨特尔颂诗》不再标注篇名，在导读中随文标注行数（如第1行写作"1"），在注释中标注篇数和行数（如第1行写作"2.1"）。

四、其他简称情况：荷马的《伊利亚特》简称"伊"，《奥德赛》简称"奥"，赫西俄德的《神谱》简称"神谱"，《劳作与时日》简称"劳作"，并随文标注卷行数。

五、书稿中援引荷马及悲喜剧诗人的诗文，均出自罗念生先生、王焕生先生和周作人先生的译本，不再另行说明。

献给德墨特尔的荷马颂诗

■ 译/注　吴雅凌

上篇：分离（1—90）

被劫（1—37）

　　我开始吟唱秀发的德墨特尔庄严的女神，
　　她和她被哈得斯掳走的细踝女儿，
　　大声打雷的远见的宙斯应允这桩事，
　　当时带金剑和带来丰果的德墨特尔在远处，
　　那女孩儿和深裙褶的大洋女儿一起游戏，　　　　　　5
　　采摘花儿，玫瑰，番红花和美丽的紫罗兰，
　　鸢尾和风信子，在温柔的青草地，
　　还有水仙，大地给如花的女孩儿的陷阱，
　　宙斯意愿以此取悦接纳一切的神，
　　那水仙有美妙的光晕，谁见了都惊异，　　　　　　10
　　永生的神们和有死的人类。
　　它从根处生发一百个头，
　　奇美的芬香让高高的广天，
　　整个大地和咸浪的大海微笑。
　　那女孩儿惊异地伸出双手　　　　　　　　　　　　15

　　　　　去碰美丽的玩物，道路宽阔的大地开裂，
　　　　　在尼萨平原，接纳一切的神主跃起，
　　　　　骑不朽的马，千名的克洛诺斯之子。
　　　　　他强拖不情愿的她上黄金马车，
20　　　她一路痛哭，大声地哀号，
　　　　　求告至高至善的父亲克洛诺斯之子。
　　　　　没有永生者，没有哪个有死的人，
　　　　　也没有一株结丰果的橄榄树听见喊声，
　　　　　唯独珀耳塞斯的女儿有贞洁心思，
25　　　头巾闪亮的赫卡忒在山洞里听见了，
　　　　　还有许佩里翁的灿烂儿子赫利俄斯神主
　　　　　听见她求告父亲克洛诺斯之子，那父亲在远处，
　　　　　远离诸神坐在万众祈祷的神庙里，
　　　　　接受有死的人类的美好供奉。
30　　　在宙斯的鼓动下，她不情愿地被带走，
　　　　　被那做叔父的，众生的统帅，接纳一切的神，
　　　　　骑不朽的马，千名的克洛诺斯之子。

　　　　　神女还能看见大地和星辰密布的天空，
　　　　　流波强劲和鱼游的大海，
35　　　还在太阳光照下，还有指望
　　　　　看见心爱的母亲和永在的神族，
　　　　　一丝希望慰藉她在哀恸中的伟大心智。

真相（38—90）

　　　　　群山之巅和海底深渊一起回荡
　　　　　不朽的喊声，让神后母亲听见。
40　　　顿时她心中涌起尖锐的痛楚，
　　　　　从飘散的神圣发丝里扯断头巾，
　　　　　身披一顶墨黑的斗篷，
　　　　　如一只鸟出走，穿越陆地和大海
　　　　　到处寻找，没有谁肯对她述说真相，

没有神,没有有死的人类, 45
也没有一只鸟带来真实的兆示。

九天,神后德奥走遍大地,
手中紧握燃烧的火把,
她不曾沾一滴甜美的琼浆玉液,
在哀恸中不曾沐浴全身。 50

第十天黎明带来明光,
赫卡忒手持火把迎接她,
带给她消息,这样对她说:
"德墨特尔神后,你送来好季节好礼物,
哪个住在天上的神还是有死的人类 55
掳走珀耳塞福涅让你心伤?
我听见喊声,没有亲眼看见,
我能说的真话只有这些。"

赫卡忒这样说完,女神没有作答,
但很快,秀发瑞亚的女儿和她动身, 60
手中紧握燃烧的火把。
她们走向眼观神和人的赫利俄斯,
站在他的马车前,高贵的女神这样说:
"赫利俄斯,你要敬重我这女神,
倘若我说的话行的事曾让你心欢喜。 65
我生养的女儿,心爱的小花,模样多神气,
我听见她的喊声刺破荒芜的天宇,
好像谁在强迫她,我没有亲眼看见。
但你照见大地和大海发生的一切,
从神圣的天宇撒下明光, 70
请对我说真话,你有没有看见那女孩儿,
是谁趁我在远处将不情愿的她
强行带走,是哪个神还是有死的人类?"

	她说罢，许佩里翁之子回答说：
75	"秀发瑞亚的女儿，德墨特尔神后，
	你会知悉，我极敬重你，也同情你，
	你为细踝的孩儿哀恸，这事不能
	归咎别的永生者，除了聚云神宙斯，
	他把她给了哈得斯做亮丽的新娘，
80	让自家兄弟骑马掳走她，
	带她进入迷雾的幽冥，她一路哭喊。
	女神啊，莫再哭泣，你不能像这样
	总是愤怒，他在永生神里并非不体面，
	哈得斯你的女婿，众生的统帅，
85	他是你亲兄弟，你们同父母，
	当初世界分成三份，他从阄子捻得荣誉，
	被分配做所有住冥府者的王。"
	他说完催促马儿快走，它们依言
	拉起轻车飞驰，如长翅的鸟。

中篇：厄琉西斯（91—304）

进王宫（91—232）

90	她心中的痛楚愈发可怕和残酷。
	她对克洛诺斯之子黑云神发怒，
	远离众神的聚会和高高的奥林波斯山，
	去往人类的城邦和丰沃田地，
	很长时间不露真容，没有哪个男人
95	或衣带低束的妇人看见时认出她，
	最后她去到明智的克勒伊俄斯的家，
	当时他是馨香的厄琉西斯的王。

	她静坐在路边，心中忧伤，
	旁边是少女井，当地民人来这里汲水，
100	她在阴处，头顶有一株葱郁的橄榄树，

形如槁枯老妇,过了生养年纪,
受不起爱花冠的阿佛洛狄特的礼物,
只好在掌管律法的王者家中做乳母
带孩子,为回音萦绕的宅邸管家。

厄琉西斯之子克勒伊俄斯的女儿们看见她, 105
她们轻快地前来汲取井水,
装在黄金水罐,带回父亲的心爱宅邸,
姐妹四个好似女神,处在花般年华,
卡利狄刻,克勒斯狄刻,俊俏的德墨,
还有她们中最年长的卡利托俄。 110
她们没认出她,有死者很难看见神。
她们走上前,说出有翼飞翔的话语:
"年高的老妇人,你从哪里来?
为何你远离城邦不走近人家?
在那些阴凉的厅堂里,有老妇人 115
和你一样年长,也有年轻媳妇
会用友好的言语举止招待你。"

她们说罢,威严的女神回答说:
"亲爱的孩子们,不论你们是哪一类女性,
向你们致意!我会如实相告。 120
既然你们问起,述说真相并不失礼。
我名叫德斯,我那王后母亲给我取名。
我从克里特来,一路沿着大海的宽阔脊背,
并非心甘情愿,而是强行
被海盗们拐走。那以后不久, 125
他们的快船停靠在托里科斯,
妇人们簇拥着上岸去了,
他们自己在船尾缆绳堆边准备晚餐,
我的心思不在香甜的佳肴,
我悄悄逃走,穿过幽暗的大地, 130

躲避那些跋扈的主子,恐怕
他们不花钱却想卖掉我捞好处。
我到处漂泊来到这里,全然不识
这方土地和原住的民人。

135　　愿所有住在奥林波斯的神们
庇佑你们嫁得好夫君,生养子女,
让父母称心如意。但求可怜我,姑娘们,
亲爱的孩子们,好心告诉我该去到
哪个男人和女人的家中干活,

140　　安心做一个老妇人胜任的家务。
我能把新生的婴儿抱在怀里,
妥善养育他,也能管家,
在精致的卧房深处为主人铺床,
教妇人们各种活计。"

145　　女神这样说完,那未婚少女回答她,
克勒伊俄斯的女儿们中最美貌的卡利狄刻:
"老奶奶,诸神的礼物就算苦痛,
人类也只好接受,他们比我们强得多。
不过我会明白地替你出主意,

150　　说出本地享有权力和荣耀之人的名字,
他们做民人的表率,保卫城邦墙垣,
凭靠的是忠告和公正审判。
明智的特里普托勒摩斯和狄俄克勒斯,
波吕克赛诺斯和无可指摘的欧摩勒波斯,

155　　杜利赛克斯和我们的英勇父亲。
他们的妻子们操持家中事务,
她们一旦见了你,断不会
看轻你的模样,赶你出家门,
全会善待你,因为你有如神样。

160　　你若肯留下,我们这就去父亲的宅邸,
对衣带低束的母亲墨塔涅拉

细说详情,她或许会吩咐
让你来我们家,不必再找别处。
她宠爱的小儿子养在精致的王宫中,
晚生子是常年祈祷来的福乐。 165
你若能将他养大,待他成年,
所有女人看见你都会羡慕不已,
她会答谢你丰厚的哺养酬劳。"

她说罢,女神颔首应允,
她们装满闪亮的水罐,昂首出发, 170
很快到了父亲的伟大宅邸,
向母亲述说见闻,她吩咐
快去请老妇人,应允酬劳不尽。
像一群鹿或春日里的小母牛,
肚里填满嫩草,在草原上欢蹦, 175
她们扯住秀美长袍的褶裥,
沿着有车辙的大路奔跑,
藏红花般的发丝在肩头飘扬。
她们在路旁找到好女神,就在刚才
离开处,她们带路去父亲的宅邸, 180
她跟随在后,满心哀伤,
以面纱罩头,一袭墨黑的长袍
一路飘荡,掩住女神的纤腿。

很快到了宙斯宠爱的克勒伊俄斯的宅邸,
她们穿过门厅,只见王后母亲 185
坐在建造牢固的大厅的立柱近旁,
怀中抱着宛如新芽的孩子,
她们飞跑过去,而她脚踩门槛,
头顶房梁,神圣的光辉照亮门口。
王后心中涌起羞耻敬畏和苍白的恐惧, 190
起身让出坐榻,请她入座。

但送来好季节好礼物的德墨特尔
不肯坐闪亮的坐榻，
她站着不语，美丽的眼低垂，
195 　直到知礼数的伊安珀搬来
一张矮凳，用银亮的毛皮铺好。
她落座，没有摘面纱，
良久一言不发，哀伤地坐在那里，
不出声招呼人也不动弹，
200 　她无欢笑，不吃不喝，
坐着哀思衣带低束的女儿，
直到知礼数的伊安珀说玩笑话，
连连逗趣，引得纯洁的神后
微笑，继而开怀大笑，
205 　事后她也总讨得女神心欢喜。

墨塔涅拉斟满一杯甜蜜的酒
奉与她，但她不接受，自称喝红酒
不合规矩，吩咐搅拌大麦粉和水，
加嫩薄荷，调成饮料奉与她。
210 　王后依令调好库刻奥汁递给她，
极威严的德奥依照礼仪接过……

纤美腰带的墨塔涅拉率先这样说：
"向你致意，夫人！想来你出身不贫贱，
有高贵家世，你双眼闪耀着尊严
215 　和优雅，犹如掌管律法的王者。
诸神的礼物就算苦痛，
人类也只好接受，全因颈上套轭。
但你既来到这里，我会尽量帮衬你。
帮我抚养这孩儿，这意料之外的晚生子，
220 　永生神们在我常年祈祷之后的恩赐。
你若能将他养大，待他成年，

所有女人看见你都会羡慕不已,
我会答谢你丰厚的哺养酬劳。"

华冠的德墨特尔这样回答她:
"向你致意,夫人,愿诸神眷顾你。 225
我乐意照看这孩儿,如你吩咐,
把他养大,绝不放任女仆糊涂,
叫邪祟或断根虫伤害他,
因我有治断树虫的强大解药,
我还有破解邪祟的良方。" 230
她说完,永生的手抱过孩子,
搂在馨香的怀里,让母亲心欢悦。

德墨丰(233—304)

于是明智的克勒伊俄斯的灿烂孩儿,
纤美腰带的墨塔涅拉所生的德墨丰
由女神在王宫中养育,他像神灵一样长大, 235
从不食五谷也不吸母乳,德墨特尔
以琼浆涂抹他,犹如养育神的孩子,
把他搂在怀里,吹送甜美的气息。
夜里她将他藏在火中有如燃木,
他的父母浑不知情,只是大为惊叹 240
他飞速长大,像神灵一样。
她本可以使他不衰老也不死,
若不是纤美腰带的墨塔涅拉糊涂,
夜里走出馨香的房间查看,
她当场尖叫,两手拍打大腿, 245
替小儿子害怕,慌了心神,
痛哭流涕,说出有翼飞翔的话语:
"我儿德墨丰,外乡女人把你藏进大火,
她使我哀哭,她带来大难。"

250　　　她这样悲痛地说罢,女神听闻,
　　　　美冠的德墨特尔恼火不已,
　　　　将那意料之外生在王宫的心爱孩儿
　　　　用永生的手从火中抱出,
　　　　又丢开到地上,她爆发可怕的愤怒,
255　　　对纤美腰带的墨塔涅拉这样说:
　　　　"无知的人类啊,不能辨识命数,
　　　　看不清即将来临的幸或不幸。
　　　　你在糊涂中犯下不可弥补的错。
　　　　凭着神们的誓言无情的斯梯克斯水,
260　　　我本要让他永远不死不衰老,
　　　　你这爱子本要蒙获不朽坏的荣誉,
　　　　现如今他无法逃脱死亡和厄运。
　　　　但他的荣誉永不朽坏,因他曾爬上
　　　　我的双膝,在我的怀里酣睡。
265　　　为了纪念他,随着年岁流转,待到时候,
　　　　厄琉西斯的子孙将挑起战争
　　　　和可怕的喧嚣,彼此厮杀不休。
　　　　我是受敬重的德墨特尔,我将最大的
　　　　好处和欢乐带给永生者和有死者。
270　　　去吧,让全体民人为我建一座大神庙,
　　　　下有香坛,在陡峭的城墙下,
　　　　在卡利科洛斯和突起的山丘上。
　　　　我将亲自传授秘仪,从今往后
　　　　你们要恭敬奉行,求我平息愤怒。"

275　　　女神说完,变幻身材和相貌,
　　　　苍老离开她,美的气息笼罩她,
　　　　馨香的长袍散发迷人的芳泽,
　　　　女神的不朽身躯闪闪发光,
　　　　金黄发丝在肩头飘扬,
280　　　坚固的王宫如被一道闪电照亮。

她走过厅堂出门,王后跪在地上,
良久说不出话,顾不得
把心爱的孩儿从地上抱起。

他的姐姐们听闻可怜的啼哭,
从铺得很好的床榻跳起, 285
一个抱起孩子搂在怀里,
一个拨旺火,一个步履轻柔赶过去
扶母亲起身走出馨香的房间。
她们围着哭闹的孩子,替他沐浴,
哄他,但他不肯安静, 290
他的看护和养母不如先前。

她们整夜求告光荣的女神息怒,
恐惧得发抖,直到黎明来临,
她们向强大的克勒伊俄斯如实述说经过,
依照美冠的德墨特尔女神的命令。 295
于是他召唤多地民人集会,
吩咐为秀发的德墨特尔兴建
富丽的神庙和祭坛,在突起的山丘上。
众人倾听他,当即服从照办,
依令开工,神庙兴起壮大如有神助。 300
待到大功告成,他们结束辛劳
各自返家,金发的德墨特尔
前来独坐庙中,远离所有极乐神,
徘徊和哀思衣带低束的女儿。

下篇:和解(305—495)

饥荒(305—383)

她让养育众生的大地迎来最可怕的年份, 305
专给人类安排的残酷年份,大地

　　　　　　颗粒无收，华冠的德墨特尔藏起种子。
　　　　　　无数弯犁被耕牛拖着徒劳地耕地，
　　　　　　无数白麦粒白白播到田里。
310　　　　她本要毁灭整个即逝人类的种族，
　　　　　　凭借痛苦的饥荒，住在奥林波斯的神们
　　　　　　本要被剥夺荣耀的供奉和燔祭，
　　　　　　若不是宙斯察觉并用心思量。

　　　　　　他首先派金翅的伊里斯去召唤
315　　　　美貌动人的秀发的德墨特尔。
　　　　　　他说罢，她听从克洛诺斯之子黑云神宙斯
　　　　　　吩咐，快步穿行过长空，
　　　　　　来到馨香的厄琉西斯城邦，
　　　　　　在神庙里找到黑衣的德墨特尔，
320　　　　对她说出有翼飞翔的话语：
　　　　　　"德墨特尔，父神宙斯的计划从不落空，
　　　　　　他召唤你回归永在的神族。
　　　　　　来吧，莫让我为宙斯传的话无着落。"
　　　　　　她这样恳求她，但没能说服她。

325　　　　父神接着派永生的极乐众神
　　　　　　轮番上阵，挨个儿前去
　　　　　　召唤她，送她许多珍贵的礼物，
　　　　　　以及她在永生者中想要的任何荣誉。
　　　　　　但谁也不能动摇她的心意，
330　　　　她愤怒至深，断然拒绝各种说辞。
　　　　　　她宣称永不踏足馨香的奥林波斯山，
　　　　　　也永不让大地长出果实，
　　　　　　除非她亲眼看见娇颜的女儿。

　　　　　　大声打雷的远见的宙斯听闻后，
335　　　　派执金杖的弑阿尔戈者去厄瑞波斯，

用甜美的话语说服哈得斯,
带纯洁的珀耳塞福涅走出迷雾的幽冥,
重返太阳光下,和神们在一起,
让她母亲亲眼看见她以平息愤怒。

赫耳墨斯没有违抗,立刻去大地幽深处,   340
离开奥林波斯山的坐席,飞速下行,
在冥王的宫殿里找到他,
他端坐榻上,含羞的妻子在旁,
她并不情愿,还在思念母亲,
那母亲意欲还击极乐神们做的事。   345
强大的弑阿尔戈者站到近旁对他说:
"黑发的哈得斯,往生者的神主,
父神宙斯派我带高贵的珀耳塞福涅
离开厄瑞波斯回到神们身边,
让她母亲亲眼看见她,停止对永生者的   350
愤怒和可怕怨恨,她筹划一桩大事,
要灭绝出生大地的虚弱人类族群,
把种子藏在地下,断绝永生者的荣誉,
她的愤怒太可怕,不肯与诸神
交结往来,在馨香的神庙中   355
离群独坐,统治多石的厄琉西斯城邦。"

他说罢,统治地下亡魂的哈得斯
抬眉微笑,没有违抗宙斯王的命令。
他很快吩咐明智的珀耳塞福涅:
"去吧,珀耳塞福涅,去找黑衣的母亲吧,   360
你要有平和的心思和意念,
莫放纵自己过度悲伤。
我在永生者中并非不体面的丈夫,
我是父神宙斯的兄弟,你去了那里,
将号令一切活着和行动的生物,   365

> 在永生者中享有最大的荣誉,
> 不义待你的人将永受惩罚,
> 但凡他们不用燔祭求你息怒,
> 不恭敬执行,献上合宜的供奉。"

370 他说罢,审慎的珀耳塞福涅心欢喜,
急忙高兴地跳起,但他亲自
悄悄让她吞下一粒甜蜜的石榴籽,
出其不意,以防她永远留在那里,
在可敬的黑衣的德墨特尔身边。

375 他为不朽的马套好黄金马车,
众生的统帅哈得斯冥王,
她上了马车,强大的弑阿尔戈者
在她身旁手握缰绳和长鞭,
策马出王宫,马儿快意驰骋。
380 他们飞快行过长路、大海,
众河流、青翠峡谷和山巅
阻挡不了不朽的马一路前冲,
翻山涉水划破深邃的空气。

重逢(384—440)

他把马车停在华冠的德墨特尔面前,
385 她站在馨香的神庙前,看见来者,
如酒神狂女在繁茂的山林中飞奔来。
珀耳塞福涅望见母亲的美眸,
顾不得马儿,跳下马车,
连跑带跳投入母亲的怀抱。
390 而她搂紧心爱的孩儿,
顿时心疑有诡计,陷入可怕的恐惧,
她松开怀抱,急切地问道:
"我的儿,但愿你在下界没有吃食什么,
说吧,莫隐瞒,我们得弄清楚。

若未吃食,你将远离可恨的冥府, 395
和我,和你父亲克洛诺斯之子黑云神同住,
享有所有永生者给你的荣誉。
若有吃食,你将重新遁入大地幽深处,
每年有三分之一时光住在那里,
三分之二和我和其余永生者同住。 400
每逢大地盛开芬芳的春花,
品种繁多,你将走出幽暗的迷雾,
重新上来,成为永生神和有死者的大奇观。
告诉我,他如何带你进入迷雾的幽冥, 403a
接纳一切的大神如何使计蒙骗你?"

美丽的珀耳塞福涅这样回答她: 405
"母亲,我这就把一切如实讲给你听,
迅捷的信使,救助神赫耳墨斯
受父亲克洛诺斯之子和其余天神派遣,
要带我离开厄瑞波斯,让你亲眼看见我,
停止对永生者的愤怒和可怕怨恨, 410
我高兴地跳起,他悄悄地
往我口里丢进一粒甜蜜的石榴籽,
强迫不情愿的我吞下。
父亲克洛诺斯之子如何周密谋划,
让他掳走我,带到大地幽深处, 415
我这就细说经过,应答你的问话。
当时我们在迷人的青草地,
琉喀珀斯,普法伊诺,厄勒克特拉,伊安忒,
墨利忒,伊阿刻,荷狄亚,卡利若厄,
墨罗波西斯,梯刻,如花的俄库诺厄, 420
克律塞伊斯,伊阿涅伊拉,阿卡斯忒,阿德墨忒,
荷多珀斯,普路托,非常诱人的卡吕普索,
斯梯克斯,乌腊尼亚,可爱的伽拉克骚拉,
发动战争的帕拉斯和射箭手阿尔忒弥斯,

425	我们一起游戏,摘好看的花,
	娇嫩的藏红花,鸢尾和风信子,
	含苞的玫瑰,让人见了惊叹的百合,
	还有和藏红花一样从宽广大地生出的水仙。
	我正欢喜摘花,地面开裂,
430	接纳一切的强大神主跳将出来,
	用黄金马车把我载到地下,
	我不情愿,一路大声地哀号。
	这就是实情,我如今说起仍难过。"

	一整天,她们心意和睦相连,
435	鼓舞彼此的心灵和勇气,
	在深深的拥抱中消减心中悲痛,
	相互轮番给予和接收欢乐。
	头巾闪亮的赫卡忒前来,
	连连拥抱纯洁的德墨特尔的女儿,
	从此做了冥后的侍卫和伴从。

和解(441—495)

	大声打雷的远见的宙斯派出信使,
	让秀发的瑞亚召唤黑衣的德墨特尔
	回归神族,承诺给她
	在永生神中想要的任何荣誉。
445	他同意女儿随着一年流转,
	三分之一时光进入迷雾的幽冥,
	三分之二和母亲和其余永生者同住。

	他说罢,女神没有违抗宙斯的命令,
	很快从奥林波斯山顶俯冲,
450	前往拉里奥,从前那里滋养生命
	是最丰饶的土地,彼时不滋养生命,
	休耕而寸草不生,白麦粒被藏起,

美踝的德墨特尔计谋如此,但往后
大地上很快将有长穗成浪,
随着春来春去,肥沃的犁田将布满　　　　　　　　　455
沉甸麦穗,有些收割捆成束。

她从荒凉的天宇出发最先到那里,
母女相见,彼此心中欢喜。
头巾闪亮的瑞亚这样说:
"来吧孩儿,大声打雷的远见的宙斯　　　　　　　460
召唤你回归神族,承诺给你
在永生神中想要的任何荣誉。
他同意你女儿随着一年流转,
三分之一时光进入迷雾的幽冥,
三分之二和你和其余永生者同住。　　　　　　　465
他这样宣称,一边颔首应允。
来吧孩儿,服从他,莫过度
对克洛诺斯之子黑云神长久发怒。
快让滋养生命的种子为人类生长。"

她说罢,华冠的德墨特尔没有违抗,　　　　　　　470
很快让种子在沃田里生长。
宽广的大地覆盖厚厚的花叶,
她又去找掌管律法的王者,
特里普托勒摩斯和策马的狄俄克勒斯,
强大的欧摩勒波斯和率领民人的克勒伊俄斯,　　　475
教他们侍奉圣礼,又传授整套秘仪
给特里普托勒摩斯,波吕克赛诺斯和狄俄克勒斯,
庄严的秘仪不容僭越,不得打听,
不能外传,对神的极大敬畏使人缄口。
亲见过的大地上的人类有福了!　　　　　　　　480
那些未行入会礼的,命中无份的,
死后进入迷雾的虚冥,命数是两样的。

485　　　最神圣的女神将这一切传授完毕，
　　　　她们重返奥林波斯加入其他神们的聚会。
　　　　在那里她们与鸣雷的宙斯相邻居住，
　　　　庄严而可敬，女神们乐意眷顾的
　　　　大地上的人类大大有福了！
　　　　她们很快会派使者驻在这人的家火旁，
　　　　给有死的人类送财富的普鲁托斯。

490　　　来吧，你统治馨香的厄琉西斯的民人，
　　　　环海的帕洛斯和多岩石的安忒戎，
　　　　神后啊，你送来好礼物好季节，德奥女王，
　　　　求你和美丽的女儿珀耳塞福涅
　　　　好心犒赏我的咏唱，赐我自在的生活。
495　　　我要记住你，也记住另一首歌。

注释

行1 秀发的（ἠΰκομον）：形容德墨特尔，同2.297，2.315，《德墨特尔颂诗》13.1，赫西俄德残篇280，Archestratos 残篇5。形容其他女神，参2.60，2.75，2.442（瑞亚），《阿波罗颂诗》3.178（勒托），《狄俄尼索斯颂诗》26.3（宁芙），《阿尔忒弥斯颂诗》27.21（勒托）。

庄严的（σεμνὴν）：同2.478，2.486，《赫耳墨斯颂诗》4.552，《大地颂诗》30.16。

行2—3 与神谱913—914近似："被哈得斯从母亲身边掳走，大智的宙斯应允这桩事"（ἣν Ἀϊδωνεὺς/ἥρπασεν ἧς παρὰ μητρός, ἔδωκε δὲ μητίετα Ζεύς）。另参泡赛尼阿斯3.19.4，俄耳甫斯《阿尔戈英雄纪》1195，奥维德《变形记》5.346。掳走（ἥρπαξεν）原文在行3，译文移至此。

细踝的（τανύσφυρον）：同2.77，神谱364（指大洋女儿），巴绪里得斯5.59。

哈得斯（Ἀϊδωνεὺς）：冥王，同伊5.190，20.61，神谱913。更常作Ἀΐδης，如参神谱311等。

大声打雷的远见的宙斯（βαρύκτυπος εὐρύοπα Ζεύς）：同2.334，2.441，2.460。除宙斯以外，本诗中连用两个以上修饰语的神还有德墨特尔和哈得斯。大声打雷的（βαρύκτυπος）：或"发出巨响，大打霹雳"，形容宙斯，同神谱388，劳作79。远见的（εὐρύοπα）：形容宙斯，同《赫耳墨斯颂诗》4.540，神谱514，884，也指雷声远震，同《阿波罗颂诗》3.339，《宙斯颂诗》23.2，奥14.235，伊16.241。

应允[这桩事]（ἔδωκε）：有"嫁女儿"的意思。

行4 在远处（νόσφιν）：或"远离"，同2.27，2.72，2.114，2.303。既指在远处，也指暗中地。此句有两种解法，要么宙斯背着德墨特尔安排这桩婚事，要么珀耳塞福涅在远离母亲时被掳走。

两种说法大致相通。另见赫拉未出现在阿波罗诞生现场(《阿波罗颂诗》3.95),在荷马颂诗中,该词使用常与神族中出现冲突分裂有关。

金剑(χρυσαόρου):常用来形容阿波罗,《阿波罗颂诗》3.123,3.395,《阿尔忒弥斯颂诗》27.3,伊5.509,15.256,劳作771。

带来丰果(ἀγλαοκάρπου),同2.23,另参奥7.115,11.589。

行5 深裙褶的(βαθυκόλποις):腰带低束让衣裙显出深褶子,也有指"深乳沟的",或译"胸怀深沉的",同伊18.122,339,24.215等,《阿佛洛狄特颂诗》5.257,品达《皮托竞技凯歌》9.101,俄耳甫斯祷歌44.2,60.2。

大洋女儿(κούρῃσι σὺν Ὠκεανοῦ):大洋神俄刻阿诺斯和特梯斯的女儿们,在赫西俄德笔下又称"少女神族"(Κουράων ἱερὸν γένος, 346)。大洋女儿名录参见下文2.418—423,另参神谱346—366。

行6—8 对观2.425—429,另参《库普利亚》残篇4.3,赫西俄德残篇26.18,140—141。这三行中的几种花并不在同一季节开放,或呼应三分时光以前的世界(2.445—447,2.398—400,2.463—365)。少女采花或系古时希腊节庆的习俗,参阿里斯托芬《蛙》373, 445,欧里庇得斯《伊翁》887,《海伦》242—248,泡赛尼阿斯2.22.1,2.35.5,8.37.4,亚历山大的克莱蒙《异教徒劝勉录》17。

玫瑰(ῥόδα):未见于荷马诗中。参莫斯库斯《欧罗巴》70,欧里庇得斯《海伦》243,忒奥格尼斯537,萨福2.6等。

番红花(κρόκον):参伊14.348,《库普利亚》4.3。与风信子并称,同《潘神颂诗》19.25。与水仙并称,且与德墨特尔母女相连,参索福克勒斯《俄狄浦斯在克洛诺斯》684。

美丽的紫罗兰(ἴα καλά):参奥5.72,泡赛尼阿斯9.31.9,狄奥多罗5.3.2,普鲁塔克《论自然成因》23=917b,奥维德《变形记》5.392。紫罗兰稍后与葬礼相连。

风信子(ὑάκινθον):同《潘神颂诗》19.25,伊14.348。与德墨特尔相连,参泡赛尼阿斯2.35.5。奥维德也将风信子列入珀耳塞福涅采花名录,参《岁时记》4.437,《变形记》5.392。

在温柔的青草地(λειμῶν' ἂμ μαλακὸν):参《阿波罗颂诗》3.118,神谱279,斯特拉波14.1.45。草地与地下世界相连,参奥11.539, 573, 24.13,阿里斯托芬《蛙》373, 449,俄耳甫斯残篇32 f 6,222, 293。

水仙(νάρκισσόν):同2.12,2.428,《库普利亚》4.6,索福克勒斯《俄狄浦斯在克洛诺斯》683。水仙与地下世界相连,或与该词与νάρκη(僵硬,麻木)相近有关。

如花的(καλυκώπιδι):或"花般容颜的","花蕾般的脸的",形容少女的脸色如花苞一般鲜艳,同2.420(俄库诺厄),《阿佛洛狄特颂诗》5.284(宁芙),俄耳甫斯祷歌24.1(涅柔斯女儿),60.6(美惠神),79.2(忒弥斯)。

陷阱(Δόλον):或"诡计",同2.391,2.404。对观奥8.276(赫淮斯托斯的罗网),8.494(特洛亚木马),12.252(鱼饵),19.137(佩涅洛佩的编织计谋),神谱589,劳作83(潘多拉)。

大地(Γαῖα):原文在第9行,译文移至此。大地参与神王的政治神话,参神谱160, 474, 494, 888等。

行9 宙斯意愿（Διὸς βουλῆσι）：作为叙事诗开场或神话开头，如见伊1.5，奥11.297，《库普利亚》1.7，另参神谱465，劳作122等。

接纳一切的（πολυδέκτῃ）：诗中另有拼法πολυδέκμων，见2.17, 2.31, 2.404, 2.430。冥王接纳众多宾客（指亡者），另参埃斯库罗斯《乞援人》157,《普罗米修斯》152,《七将攻忒拜》860。

行10 美妙的光晕（θαυμαστὸν γανόωντα）：或译"让人惊奇的光彩"。

惊异（σέβας）：参2.190，奥3.123。

行11 永生的神们和有死的人类（ἀθανάτοις τε θεοῖς ἠδὲ θνητοῖς ἀνθρώποις）：统一以"永生神"译ἀθάνατος θεός，以"永生者"译ἀθάνατος，以"神"译θεός；以"有死的人类"或"有死的人"译θνητός ἄνθρωπος，以"人类"或"人"译ἄνθρωπος，以"凡人"译βροτός。

行1—11构成本诗的第一个长句。

行12 一百个头（ἑκατὸν κάρα）：对观赫西俄德笔下的怪物提丰有"一百个蛇头或可怕的龙头"（神谱825）。水仙的说法，另参维吉尔《农事诗》5.122，索福克勒斯《俄狄浦斯在克洛诺斯》682。

行13 芬香（ὀδμή）：同2.277，参奥5.59, 9.210。水仙的奇香或带有神圣意味。

行14 微笑（ἐγέλασσε）：神圣的景象引发微笑，参3.118（阿波罗），农诺斯《狄俄尼索斯纪》22.7（狄俄尼索斯）。另参伊19.362，神谱40, 173，阿波罗尼俄斯《阿尔戈英雄纪》1.880，4.1171等。

咸浪的大海（ἁλμυρὸν οἶδμα θαλάσσης）：参奥4.511，神谱107, 964。天地海并称，指代整个世界，另参2.33—35, 2.380—382。

行16 美丽的玩物（καλὸν ἄθυρμα）：对观赫耳墨斯刚出生遇见龟（4.32—52），或狄俄尼索斯幼神被提坦的玩物所诱惑（俄耳甫斯残篇34）。

道路宽阔的大地（χθονὸς εὐρυάγυια）：或"街道宽阔的"，荷马诗中εὐρυάγυια只用来形容城市，见伊2.141, 4.52，奥7.80。对观χθονὸς εὐρυοδείης，参《阿波罗颂诗》3.133，神谱199, 620, 717，伊16.635，奥3.453。

大地开裂（χάνε δὲ χθών）：有不同版本说法。依据狄奥多罗记载，冥王从山洞上行又下到地面（5.3.3—4）。另参普林尼《自然史》34.69, 35.108。依据现存的厄琉西斯古陶瓶画（约公元前290—280），哈得斯的马车消失在地缝中。珀耳塞福涅被劫是公元前四世纪瓶画的常见主题。

行17 尼萨平原（Νύσιον ἂμ πεδίον）：尼萨在神话中方位不详，或在大洋彼岸、大地边缘（俄耳甫斯残篇43，参俄耳甫斯《阿尔戈英雄纪》1196，斯特拉波198）。尼萨既是珀耳塞福涅被劫的所在地，也是狄俄尼索斯的出生地，或狄俄尼索斯由宁芙养大的地方，参《狄俄尼索斯颂诗》1.8, 7.6—9，伊6.132—133，索福克勒斯《安提戈涅》1130，希罗多德2.146.2，阿波罗多洛斯3.4.3，阿波罗尼俄斯《阿尔戈英雄纪》2.1214，俄耳甫斯祷歌46.2, 51.15, 52.2。依据不同神话版本，珀耳塞福涅被劫也发生在厄琉西斯（参泡赛尼阿斯1.14.3, 1.38.5，俄耳甫斯祷歌18.15），以及库勒涅、阿尔戈斯、赫尔弥俄涅（阿波罗多洛斯1.5.1）、克里特（巴绪里库斯残篇47，俄耳甫斯残篇303）、勒耳纳（泡赛尼阿斯2.36.7）等地。稍后的拉丁诗人多称发生在西西里（如参奥维德《岁时记》4.353,《变形记》5.385，路吉阿诺斯6.740）。此外，狄俄尼索斯的出生地也有不同说法，比如埃塞俄比亚（希罗多德2.146,3.97）、阿拉比阿（狄奥多罗3.66.3）、利比亚（狄奥多罗3.66.4）、斯基提亚（普林尼《自然史》5.74）等。

接纳一切的神主（ἄναξ πολυδέγμων）：同2.430，参2.9，2.31，2.404，俄耳甫斯祷歌18.11。

行18 同2.32。

不朽的马（ἵπποις ἀθανάτοισι）：同2.32，2.375—376，2.382。

千名的（πολυώνυμος）：最早见于赫西俄德，又译"出名的"，形容神们用来发誓的斯梯克斯河水（神谱785），另品达《皮托竞技凯歌》1.17。这里或指冥王有多种称呼，或与古代哈得斯崇拜相连，与地下神祇的讳称有关。该词用来形容阿波罗，参3.82。用来形容狄俄尼索斯，参俄耳甫斯祷歌50.2，52.1等。

克洛诺斯之子（Κρόνου υἱός）：同2.32。通常指宙斯，参神谱660，伊13.345等。此处或强调哈得斯与宙斯的兄弟关系。

行19 对观2.431—432。

不情愿的（ἀέκουσαν）：参2.30，2.72，2.124，2.344，2.432。

黄金马车（χρυσέοισιν ὄχοισιν）：参品达残篇37，另伊5.722，赫西俄德残篇215，品达《皮托竞技凯歌》9.5—6，《奥林比亚竞技凯歌》1.40—42，俄耳甫斯祷歌31.15，欧里庇得斯《厄勒克特拉》739，《特洛亚女人》855，《腓尼基女人》2，泡赛尼阿斯2.3.2，索福克勒斯《埃阿斯》847。

行20 哀号（ἰάχησε）：同28.11，参27.7，卡利马科斯《德墨特尔颂诗》6.146，俄耳甫斯残篇47。诗中多番提到珀耳塞福涅高声求援（2.27，2.39，2.57，2.67，2.432）。对观欧里庇得斯笔下，赫卡柏驳斥海伦的被劫申辩，理由正是她没有出声求援（《特洛亚女人》998—1000，参《伊翁》893）。另参《申命记》22.24—27，《创世记》39。

行21 求告（κεκλομένη）：同2.27。

至高至善的（ὕπατον καὶ ἄριστον）：形容宙斯，同伊19.258。

行22 与《阿佛洛狄特颂诗》5.149近似。

行23 结丰果的（ἀγλαόκαρποι）：同2.4（德墨特尔）。

橄榄树（ἐλαῖαι）：或与林仙相连，参《阿佛洛狄特颂诗》5.257起，欧里庇得斯《希波吕托斯》1074。

行24 珀耳塞斯的女儿（Περσαίου θυγάτηρ）：赫卡忒（Ἑκάτη），提坦神珀耳塞斯和阿斯忒里亚的女儿，参神谱411—452，阿波罗多洛斯1.2.4，阿波罗尼俄斯《阿尔戈英雄纪》3.467，俄耳甫斯祷歌1.4。赫卡忒在这里与赫利俄斯并称，或分别指向月神和日神。荷马诗中未提到赫卡忒。在厄琉西斯秘仪传统中，她是珀耳塞福涅的伴从（2.440），常与阿尔忒弥斯或月神混同（泡赛尼阿斯1.38.6）。

贞洁的（ἀταλὰ）：或"天真的"，参4.400，劳作130，神谱989，伊18.567，奥9.39。

行25 山洞（ἐξ ἄντρου）：指赫卡忒居住的山洞，同阿波罗尼俄斯《阿尔戈英雄纪》3.1213。

头巾闪亮的（λιπαροκρήδεμνος）：同2.438，2.459，伊18.382。

行26 许佩里翁的灿烂儿子（Ὑπερίονος ἀγλαὸς υἱός）：同28.13，参31.4。赫利俄斯是提坦神许佩里翁和忒娅的儿子，参神谱374，伊8.480，奥12.176等。

赫利俄斯神主（Ἥλιός τε ἄναξ）：日神（神谱371）。索福克勒斯同样并称赫卡忒和赫利俄斯，分指日月（残篇480）。在本诗中，赫卡忒或与月神混同。

行27 求告（κεκλομένης）：同2.21。

在远处（νόσφιν）：同2.4注释。宙斯不在场有别于德墨特尔不在场，均系珀耳塞福涅被劫神话叙事的重要部分。

行28 远离（ἀπάνευθε）：同2.355。

万众祈祷的（πολυλλίστῳ）：同俄耳甫斯祷歌32.16（雅典娜），另参巴绪里得斯10.41，奥4.445。

行29 接受（δέγμενος）：同《赫耳墨斯颂诗》4.477，伊2.794，9.191，20.385。

行30 鼓动（ἐννεσίῃσι）：或"怂恿"，参伊5.894，神谱494。

不情愿（ἀεκαζομένην）：参2.19注释。

行31 做叔父的（πατροκασίγνητος）："父亲的兄弟"，参伊21.469，奥6.330，13.342，神谱501。希腊神话中多见类似联姻，如参奥7.63—66，神谱326，507，赫西俄德残篇38，阿波罗多洛斯2.4.3，2.4.5，3.15.1。

众生的统帅（πολυσημάντωρ）：同2.84，2.376。

接纳一切的（πολυδέγμων）：同2.9注释。

行32 同2.18。

行33 大地和星辰满布的天空（γαῖάν τε καὶ οὐρανὸν ἀστερόεντα）：参神谱106，463，470，891。

神女看见（λεῦσσε θεὰ）：原文在行34，译文移至此。

行34 流波强劲的（ἀγάρροον）：荷马诗中用来形容赫勒斯滂托斯，伊2.845，12.30。

鱼游的大海（πόντον ἰχθυόεντα）：同《阿尔忒弥斯颂诗》27.9，伊9.4。在俄耳甫斯祷歌中，哈得斯带珀耳塞福涅"穿越大海"，回到地下世界（18.13）。天地海和日光在此处或泛指地上世界。

行36 看见（ὄψεσθαι）：也可以理解为"被看见"。

永在的神族（φῦλα θεῶν αἰειγενετάων）：同2.322。αἰειγενετάων专门形容神，并放在诗行末，同伊2.400等。

行37 慰藉伟大的心智（ἔθελγε μέγαν νόον）：参伊12.255，神谱37。本行一度被判定为后人篡插。

行38起 这一段与荷马诗中赫克托尔死讯传至特洛亚的段落（伊22.401起）有不少相近处。比如行40，42对观伊22.401—402，行39—42对观伊22.405—407，行40对观伊22.425，行46对观伊22.438，行39对观伊22.447，行40—41对观伊22.468—470，等等。

行39 不朽的喊声（φωνῇ ὑπ' ἀθανάτῃ）：珀耳塞福涅入冥府前的最后一声喊，这是她被迫离开地上世界以前向母亲的求援。

神后母亲（πότνια μήτηρ）：同2.122，2.185。以"王后"或"神后"译πότνια，以"威严的"译πότνα。德墨特尔听闻女儿消息，对观赫卡柏和德墨特尔听闻赫克托尔死讯，另参欧里庇得斯《海伦》1301—1368。

行40 痛楚（ἄχος）：古代阿提卡和彼俄提亚地区盛行冠名为ἀχαιά的德墨特尔崇拜仪式，与德墨特尔为女儿悲痛并流浪寻女的神话相连，参普鲁塔克《伊西斯与俄西里斯》378e。

行41 扯断头巾（κρήδεμνα δαΐζετο）：在荷马诗中，赫克托尔死讯传来，他的母亲赫卡柏和妻子安德洛玛克在悲痛中扯断头巾（伊22.405, 468），另参伊18.27，普鲁塔克《伊西斯与俄西里斯》14，奥维德《岁时记》4.457。

行42 墨黑的斗篷（κυάνεον δὲ κάλυμμα）：同伊24.93，参下文2.182, 2.319, 2.360, 2.374。黑衣或与哀悼相连，或与德墨特尔的愤怒有关。早期厄琉西斯秘仪传统并无特别着衣仪轨。在叙拉古神话中，哈得斯和珀耳塞福涅一同消失在名叫Κύανη的泉水中（狄奥多罗5.4.2，奥维德《变形记》5.409）。

行43 如一只鸟（ὥς τ' οἰωνὸς）：神们如鸟般行动往来，参伊5.778, 15.350，奥5.52，《阿波罗颂诗》3.114。神们化身成鸟，参伊7.58, 14.289，奥1.320, 3.371, 5.337, 22.239。

越过陆地和大海（ἐπὶ τραφερήν τε καὶ ὑγρὴν）：同伊14.308，奥20.98。

行44 述说真相（ἐτήτυμα μυθήσασθαι）：同2.121，劳作10，参神谱27—28，伊6.382，奥19.203。

行45 与4.144近似。

行46 没有一只鸟（οὔτ' οἰωνῶν τις）：早期诗歌中不乏鸟传递消息的神话，参《赫耳墨斯颂诗》4.213，奥19.545，赫西俄德残篇60, 123，卡利马科斯残篇260.275。

行47 九天（ἐννῆμαρ）：在荷马诗中，特洛亚人连续九日哀悼赫克托尔（伊24.664, 610）。九或系虚指，比如九日瘟疫（伊1.53），九日天神冲突（伊24.107, 610, 664, 784），九日航行，或去卡吕普索的岛（奥7.253），或洛托法弋格人的国土（奥9.82），或从艾奥洛斯处到伊塔卡（奥10.28），另参伊6.174, 9.470, 12.25，奥12.447, 14.314，神谱722, 724，《阿波罗颂诗》3.91，卡利马科斯颂诗6.33。九或与古人设定的一旬天数有关，一月分三旬，参奥维德《变形记》4.262。此外，九天或与厄琉西斯秘仪相连，或与地母节仪轨相连，参狄奥多罗5.4.7，柏拉图《书简》349d，阿里斯托芬《鸟》1519，奥维德《变形记》10.431。

神后（πότνια）：频繁用来形容女神或王后（2.122, 2.211等），强调女性的权威形象。

德奥（Δηώ）：德墨特尔的别称首次出现。

行48 手中紧握燃烧的火把（αἰθομένας δαΐδας μετὰ χερσὶν ἔχουσα）：同2.61，另参2.52。火把与夜间秘仪相连，或庆祝珀耳塞福涅回归大地，或祈福农作丰收人丁兴旺，或象征暗夜里带来明光，参阿里斯托芬《蛙》340, 351, 448，《地母节妇女》101, 1151，欧里庇得斯《伊翁》1074。依据泡赛尼阿斯记载，希腊各地献给德墨特尔和珀耳塞福涅的庆典上通常都会点燃火把（2.22.4, 7.37.4, 8.9.2, 10.35.10）。

行49 甜美的（ἡδυπότοιο）：同奥2.340, 3.391，参伊1.598，忒奥克利图斯17.82，奥维德《变形记》14.606。

琼浆玉液（ἀμβροσίης καὶ νέκταρος）：同神谱640，另参《阿波罗颂诗》3.10, 3.124，《阿佛洛狄特颂诗》5.206。禁食之说，或与秘教的斋戒仪式相连，参亚历山大的克莱蒙《异教徒劝勉录》2.21.2，卡利马科斯颂诗6.6，奥维德《岁时记》4.535，另参阿普列乌斯笔下的伊西斯秘仪（《金驴记》11.23—30）。

行50 哀恸（ἀκηχεμένη）：参2.37。德墨特尔痛失爱女，参卡利马科斯颂诗6.17。

沐浴全身（χρόα βάλλετο λουτροῖς）：参欧里庇得斯《俄瑞斯忒斯》303，伊11.536，23.502，埃斯库罗斯《阿伽门农》1390。λουτροῖς同劳作753。此处或与秘教仪式相连。

行51　第十天黎明（ἀλλ' ὅτε δὴ δεκάτη ... Ἠώς）：或"第十次黎明……"，参伊6.175，24.785。"第十"通常用来指代神话叙事诗里的决定性时刻。此外，δεκάτη（第十）与Ἑκάτη（赫卡忒）或系谐音笔法。

黎明带来明光（φαινολὶς Ἠώς）：参萨福残篇104a，莫斯库斯4.121。此处连续出现日月黎明三神，在赫西俄德笔下系许佩里翁家族的同胞兄妹（神谱371—372）。

行52　火把（σέλας）：本指火，火光，转指火把，如参阿波罗尼俄斯《阿尔戈英雄纪》3.293，4.808。带火把是引路女神赫卡忒的标志之一，参巴绪里得斯残篇1，欧里庇得斯《海伦》569。

迎接（ἤντετο）：赫卡忒本有安塔伊阿（Antaea，即"面对面求告"）的称号，参阿波罗尼俄斯《阿尔戈英雄纪》1.1141，3.1212，俄耳甫斯祷歌41.1，另参神谱441。

行54　送来好季好礼物（ὡρηφόρε ἀγλαόδωρε）：或"带来好季节，赐予丰美礼物"，德墨特尔的专用修饰语，同2.192，2.492。

行55　住在天上的神（θεῶν οὐρανίων）：未见于荷马诗中，参品达《奥林波斯竞技凯歌》11.2，欧里庇得斯《海伦》1234，俄耳甫斯残篇49，102。

行56　掳走珀耳塞福涅（ἥρπασε Περσεφόνην）：珀耳塞福涅的名称在本诗中第一次出现，也是她成为冥王新娘以前的唯一一次点名，参2.337，2.348，2.360，2.370，2.387，2.405，2.493，神谱913。

行57　但没有亲眼看见（ἀτὰρ οὐκ ἴδον ὀφθαλμοῖσιν）：同2.68，参2.333，2.339，2.350，2.409。

行58　说真话（λέγω νημερτέα）：或"说出准确无误的话"，赫卡忒以常见的说法郑重宣布自己带来的消息的真实性，另参2.433，奥11.137。形容词νημερτέα，参《阿波罗颂诗》3.132，3.252。

行59　没有作答（οὐκ ἠμείβετο μύθῳ）：德墨特尔的沉默或与秘教仪式相连，参斯塔提乌斯《林仙》4.8.50。

行60　秀发瑞亚的女儿（Ῥείης ἠϋκόμου θυγάτηρ）：同2.75，参神谱625，634。ἠϋκόμου也用来形容德墨特尔（2.1，2.297）。提坦神瑞亚和克洛诺斯生下三男三女，包括宙斯三兄弟，德墨特尔、赫斯提亚和赫拉，参神谱453—458，伊14.203等。

行61　与2.48近似。

行62　眼观神和人的赫利俄斯（Ἥλιον θεῶν σκοπὸν ἠδὲ καὶ ἀνδρῶν）：参2.69—70。赫利俄斯是哈得斯掳走珀耳塞福涅的最佳见证者，因为日神瑞观万物，在太阳光照下，大地上的一切无处遁形，参伊3.277，奥11.109，12.323，埃斯库罗斯《奠酒人》985，索福克勒斯《俄狄浦斯在克洛诺斯》899，《特刺喀斯少女》101，俄耳甫斯祷歌8.1—4。

行64　德墨特尔打听消息的这番话，对观荷马诗中特勒马科斯向涅斯托尔和墨涅拉奥斯打听父亲消息的话（奥3.92—101=4.322—331）。

敬重（αἴδεσσαί）：或"敬畏"，伊24.503，奥9.269。

行65　说的话行的事（ἢ ἔπει ἢ ἔργῳ）：或"言与行"，"言语与举止"，"言辞与劳作"，同

2.117，参赫拉克利特残篇1。

行66 小花（θάλος）：即"小嫩枝"，专指幼苗和幼儿，或指珀耳塞福涅与植物生长的隐秘关系。下文用来指德墨丰（2.187），另参《阿佛洛狄特颂诗》5.278。

行67 荒凉的天宇（δι' αἰθέρος ἀτρυγέτοιο）：或"荒芜的，不结果实的"，同2.457，伊17.425。

行68 没有亲眼看见（ἀτὰρ οὐκ ἴδον ὀφθαλμοῖσιν）：同2.57，参2.333，2.339，2.350，2.409。

行69 赫利俄斯光照一切，参奥8.271，302，埃斯库罗斯《奠酒人》986，《普罗米修斯》91，索福克勒斯《埃阿斯》857，欧里庇得斯《美狄亚》1251，阿波罗尼俄斯《阿尔戈英雄纪》4.229。

行70 从神圣的天宇（αἰθέρος ἐκ δίης）：同伊16.365。

行72 在远处（νόσφιν）：同2.4注释。

不情愿（ἀέκουσαν）：参2.19注释。

行74 许佩里翁之子（Ὑπεριονίδης）：同奥12.176，神谱1011，《阿波罗颂诗》3.369。赫利俄斯转告珀耳塞福涅被劫经过，参奥维德《岁时记》4.583，《变形记》5.504。依据不同神话版本，德墨特尔得知真相是在厄琉西斯（阿里斯托芬《骑士》698，俄耳甫斯祷歌41.6）或其他地方（阿波罗多洛斯1.5.1，泡赛尼阿斯1.14.2，2.35.10）。

行75 秀发瑞亚的女儿（Ῥείης ἠϋκόμου θυγάτηρ）：同2.60。

行76 极敬重（μέγα ἄζομαι）：参神谱532，忒奥格尼斯280，另参2.64。

行77 细踝的（παιδὶ τανυσφύρῳ）：同2.2。

行79 亮丽的（θαλερὴν）：或"健美的"。形容子女，参《阿佛洛狄特颂诗》5.104，形容婚姻，参《潘神颂诗》19.35，奥6.66，20.74。

行81 进入迷雾的幽冥（ὑπὸ ζόφον ἠερόεντα）：原文在行80，译文移至此。同2.403a，2.446，2.464，2.482，参2.337，2.402。另参伊15.191，神谱119，653，669。

行82 赫利俄斯劝慰德墨特尔的话，对观哈得斯劝慰珀耳塞福涅的话（2.362起）。

行83 并非不体面（οὔ τοι ἀεικὴς）：同2.363，参忒奥格尼斯1344，奥维德《变形记》5.526，泡赛尼阿斯2.28，欧里庇得斯《腓尼基妇女》425，《伊翁》1519，《海伦》1424。

行84 众生的统帅（πολυσημάντωρ Ἀϊδωνεὺς）：同2.31，2.376。

行85 亲兄弟，同父母（αὐτοκασίγνητος καὶ ὁμόσπορος）：参神谱453—458。

行86 分成三份（διάτριχα δασμός）：参《波塞冬颂诗》22.4，伊15.187—192，俄耳甫斯祷歌18.6，另参神谱74，534，品达《奥林匹克竞技凯歌》7.55，卡利马科斯颂诗1.58—67。

行89 长翅的鸟（τανύπτεροι ὥς τ' οἰωνοί）：参神谱523，伊比库斯残篇4，品达《皮托竞技凯歌》5.112。日神的坐骑，参《日神颂诗》31.14—15。

行90 心中的痛楚（ἄχος ... ἵκετο θυμόν）：参2.40注释。

行91 发怒（χωσαμένη）：依据阿波罗多洛斯的说法，德墨特尔从赫尔弥俄涅人那里得知真相，对诸神发怒，离开天庭去到厄琉西斯（1.5.1）。

行92 远离（νοσφισθεῖσα）：或"转身离开"，参《赫耳墨斯颂诗》4.562，奥11.425等，另参2.4注释。

行93 丰沃田地（πίονα ἔργα）：ἔργα也译"劳作"或"战功"。

行94 对观奥 17.485—486:"诸神常常幻化成各种外向来客,装扮成各种模样,巡游许多城市。"

不露真容(ἀμαλδύνουσα):德墨特尔乔装成老妇人,参阿波罗尼俄斯《阿尔戈英雄纪》1.834,4.112。

行95 衣带低束的(βαθυζώνων):也用来修饰珀耳塞福涅(2.201,2.304)和厄琉西斯王后墨塔涅拉(2.161)。在荷马诗中多用来修饰被征服城邦的妇人,参伊9.594,奥3.154等。

认出(γίγνωσκε):参2.111。

行96 明智的克勒伊俄斯(Κελεοῖο δαΐφρονος):同2.233,常见的国王名,在诗中与其他厄琉西斯王并称(2.153起,2.474起),对观阿尔基诺奥斯在费埃克斯或奥德修斯在伊塔卡的王者身份。依据泡赛尼阿斯记载,后世有纪念克勒伊俄斯和墨塔涅拉夫妇的庆典仪式(1.39.1,另参阿波罗多洛斯1.5.1,3.14.7)。在稍后版本中,克勒伊俄斯不是王,而是穷苦的农夫,参奥维德《岁时记》4.507,维吉尔《农事诗》1.165,农诺斯《狄俄尼索斯纪》27.285,47.50。在俄耳甫斯传统中,接待德墨特尔的是狄绍勒斯和保柏夫妇,参俄耳甫斯祷歌41.4—8,亚历山大的克莱蒙《异教徒劝勉录》2.20—21。其他版本说法,参泡赛尼阿斯2.5.8,2.11.2,奥维德《变形记》5.446等。

行97 馨香的厄琉西斯(Ἐλευσῖνος θυοέσσης):同2.318,2.490。诗中的香气或与祭祀仪式中焚烧香料有关。另参θυώδεος(2.232,2.244,2.288,2.331,2.355,2.385)。

行98 心中忧伤(φίλον τετιημένη ἦτορ):同神谱163,伊11.556,奥4.804。依据克莱蒙记载,厄琉西斯秘教信徒被禁止坐在水井旁仿效德墨特尔的哀恸(《异教徒劝勉录》2.20)。

行99 少女井(Παρθενίῳ φρέατι):诗中仅出现一次,参泡赛尼阿斯1.39.1。对观厄琉西斯近郊的另一处井卡利科洛斯(2.272)。厄琉西斯秘教或包含某种圣井敬拜仪式。古代水井常设城外,少女汲水多有偶遇,对观奥德修斯在费埃克斯城遇见伴装成汲水少女的雅典娜(奥7.18起,另参奥10.105起,17.204起)。

行100 葱郁的橄榄树(θάμνος ἐλαίης):同奥23.190。古代水井常设在树荫下以供乘凉,参伊2.305,奥6.291,9.140,17.204。

行101 形如槁枯老妇(γρηΐ παλαιγενέϊ ἐναλίγκιος):女神乔装老妇人,伊3.386(阿佛洛狄特),埃斯库罗斯残篇279,阿波罗尼俄斯《阿尔戈英雄纪》3.72,泡赛尼阿斯1.39.1,奥维德《变形记》3.273,维吉尔《埃涅阿斯纪》5.618,7.416,农诺斯《狄俄尼索斯纪》8.180。稍后谷神往往呈现为老妇人形象,或与此有关。

过了生养年纪(ἥ τε τόκοιο):或"不能生孕",对观德墨特尔司掌农耕,拥有促进万物生养的力量。

行102 阿佛洛狄特的礼物(δώρων Ἀφροδίτης):参伊3.54,64,赫西俄德《盾牌》47,品达《涅墨竞技凯歌》8.7。在赫西俄德笔下,阿佛洛狄特的掌管领域包括"少女的絮语、微笑和欺瞒,享乐、甜蜜的承欢和温情"(神谱205—206)。

行103 掌管律法的王者(θεμιστοπόλων βασιλήων):同2.215,2.473,参赫西俄德残篇7.3。未见于荷马诗中。

做乳母带孩子(τροφοί/παίδων καὶ ταμίαι):对观荷马诗中的欧律克勒亚(奥1.435,2.345等)。

行 104 回音萦绕的(ἠχήεντα)：同奥4.72，神谱767，阿波罗尼俄斯《阿尔戈英雄纪》1.1236。

行 105 厄琉西斯之子(Ἐλευσινίδαο)：本地地名或从英雄厄琉西斯(Eleusis)之名，参泡赛尼阿斯1.38.7。也有做厄琉西努斯(Eleusinus)，参 Hyginus, *Fabulae*, 147; Servius注疏维吉尔《农事诗》1.19。

克勒伊俄斯的女儿们(Κελεοῖο θύγατρες)：依据俄耳甫斯传统，克勒伊俄斯有三个女儿：卡利俄佩、克勒西蒂斯和德墨那萨(残篇49.53)。泡赛尼阿斯(1.38.3)同样提到三女儿：Diogeneia, Parnmerope 和 Sarsara，并称她们协助欧摩勒波斯(2.154, 2.475)主持秘仪。另参阿波罗多洛斯3.15.1，亚历山大的克莱蒙《基督徒劝勉录》3.45.2。

行 108 好似女神(ὥς τε θεαί)：参赫西俄德残篇26.6，奥6.102起，6.149起。

行 109—110 对观大洋女儿名录(2.418起，神谱349—361)，荷马诗中的涅柔斯女儿名录(伊18.39起)。

卡利狄刻(Καλλιδίκη)："美好公正的"，下文说她在三姐妹中容貌最出色(2.146)。

克勒斯狄刻(Κλεισιδίκη)：或指"有公正声名的"。

德墨(Δημώ)：或系昵称，或与德墨特尔相连，指德墨特尔的伴从。作为耐人寻味的反讽笔法，女神伴装成外乡老妪，王女们不但好似女神，更有女神的称谓。

卡利托俄(Καλλιθόη)："美好敏捷的"。

最年长的(προγενεστάτη)：参伊2.555，奥2.29。名录结尾处的常用句式，参神谱79，361等。

行 111 认出(ἔγνων)：参2.95，品达《皮托竞技凯歌》4.120, 9.79，《柯林斯竞技凯歌》2.23。

有死者很难看见神(χαλεποὶ δὲ θεοὶ θνητοῖσιν ὁρᾶσθαι)：奥10.573, 13.312, 16.160。在荷马诗中，诸神对人类现身，参伊1.197, 5.123, 11.195，奥7.201。诸神伴装成人类，参伊3.396，奥16.157, 20.30。

行 112 说出有翼飞翔的话语(ἔπεα πτερόεντα προσηύδα)：同2.247, 2.320，《阿波罗颂诗》3.50, 3.111, 3.451，《赫耳墨斯颂诗》4.435，《阿佛洛狄特颂诗》5.184，多见于荷马诗中，如伊1.201等。

行 113 年高的(παλαιγενέων)："很久以前出生的"，同伊17.561，奥22.395。

行 114 远离(νόσφι)：同2.4注释。

行 117 言语和举止(ἔπει ἠδὲ καὶ ἔργῳ)：同2.65。

行 120—121 参2.406，奥14.192, 16.61。

述说真相(ἐτήτυμα μυθήσασθαι)：同2.44。没有谁对德墨特尔述说真相。

行 122 德斯(Δώς)："施舍，舍得"，参劳作356。

王后母亲(πότνια μήτηρ)：同2.39, 2.185。母亲为子女取名，参奥18.5，品达《奥林波斯竞技凯歌》6.56—57。

行 123 从克里特来(Κρήτηθεν)：对观奥德修斯虚构的克里特故事(奥13.256, 14.199, 19.172)，另参《阿波罗颂诗》3.269。依据其他神话版本，珀耳塞福涅在克里特被劫，参巴绪里得斯残篇47，古代作者注疏神谱914。此处或与克里特的德墨特尔崇拜有关，厄琉西斯秘仪确受克里特影响,参神谱969—971,狄奥多罗5.77。

沿着大海的宽阔脊背(ἐπ' εὐρέα νῶτα θαλάσσης):同伊2.159,奥3.142,参神谱762。

行124 并非心甘情愿(οὐκ ἀέκουσαν):参2.19注释。德墨特尔的虚构经历混有若干珀耳塞福涅的被劫真相。违背意愿的说法,参奥13.277。

行125 海盗(ἄνδρες ληϊστῆρες):对观奥德修斯对欧迈奥斯谎称自己被特斯普洛托伊海盗拐走,趁对方享用晚餐时逃走(奥14.334起)。

行126 托里科斯(Θορικὸν):位于阿提卡东北海岸,克里特船只通常在此靠岸。在忒修斯时代,托里科斯是阿提卡十二城邦之一,参斯特拉波397。托里科斯迄今仍有德墨特尔和珀耳塞福涅的神庙遗址。

行132 不花钱(ἀπριάτην):或"不用赎买",参伊1.99,品达残篇169.8。

行133 漂泊(ἀλαλημένη):有沿路乞讨的意味,参奥2.370,15.10等。

行134起 对观奥德修斯初见瑙西卡娅的说辞和其他相似场合的说辞。行135—137a,对观奥6.180,《阿波罗颂诗》3.446,阿波罗尼俄斯《阿尔戈英雄纪》4.1026—1028。行137b,对观奥6.175,13.229,阿波罗尼俄斯《阿尔戈英雄纪》4.1025—1026。行138—140,对观奥6.178—179,13.230—235,《阿波罗颂诗》3.467—468。

行135 住在奥林波斯的(Ὀλύμπια δώματ' ἔχοντας):同2.312。

行136 生养子女(τέκνα τεκέσθαι):加上下一行的父母(τοκῆες),一连三个同源词语并用。

行137 让父母称心如意(ὡς ἐθέλουσι τοκῆες):可见德墨特尔并不反对女儿结婚生子,只是反对与冥王的这桩亲事。

姑娘们,亲爱的孩子们(κοῦραι/φίλα τέκνα):参伊23.626—627。

行139 男人和女人(ἀνέρος ἠδὲ γυναικός):或"丈夫和妻子",参奥6.184。

行141 新生的婴儿(παῖδα νεογνὸν):对观赫卡柏王后在亡城后被迫看护婴儿(欧里庇得斯《特洛亚妇女》195)。

行143 精致的(εὐπήκτων):同2.164,伊2.661,9.663,奥23.61。

主人的(δεσπόσυνον):原文在行144,译文移至此。同品达《皮托竞技凯歌》4.267。

行144 教各种活计(ἔργα διαθρήσαιμι):参劳作64。对观奥德修斯家中的老总管欧律克勒亚(奥22.395)。另参阿里斯托芬《云》700,伊壁鸠鲁书信1.35.3。

行145 未婚少女(παρθένος ἀδμής):同奥6.109,228等。这一段叙事与奥德修斯初遇费埃克斯国王女儿瑙西卡娅相似。

行146 最美貌的(εἶδος ἀρίστη):或"容貌最出色的"。

行147—148a 同行216—217a。类似说法对观荷马诗中阿喀琉斯对普里阿摩斯的话(伊24.518起),另参奥6.187—190,18.129—142,20.195—196,忒奥格尼斯441,591,品达《皮托竞技凯歌》3.80,埃斯库罗斯《普罗米修斯》103,索福克勒斯《菲罗克忒忒斯》1316,欧里庇得斯《腓尼基女人》1763,梭伦残篇1.63—65,阿波罗尼俄斯《阿尔戈英雄纪》1.298。

行148 强得多(πολὺ φέρτεροί):最高级用法,直译为"最强大"。诸神的强大,参伊4.56,6.11,8.144,10.557,15.165,奥5.170,9.276,22.289。

行 149 出主意(ὑποθήσομαι)：或"提供劝告"，"指点"，参伊 8.36，奥 4.163 等。

行 150 说出名字(ὀνομήνω)：同伊 2.488，奥 4.240，6.126，12.383，13.215。原文在行 149，译文移至此。

权力和荣耀(μέγα κράτος τιμῆς)：参欧里庇得斯《希波吕托斯》1280，另参奥 24.30，品达残篇 29.4。

行 151 城邦墙垣(κρήδεμνα πόληος)：参赫西俄德《盾牌》165，伊 16.100，奥 13.388。κρήδεμνα 通常用来指女人的头巾，这里转指城垛。在荷马诗中，赫克托尔之死标记着特洛亚城垛将倒，安德洛玛克将被扯破头巾沦落为奴。

行 152 忠告(βουλῇσι)：或"意见"，也指神意，参 2.9(Διὸς βουλῇσι，宙斯的意愿)。

公正审判(ἰθείῃσι δίκῃσιν)：参神谱 86，劳作 36，伊 18.508，23.579。

行 153—155 对观 2.474—475。

特里普托勒摩斯(Τριπτολέμου πυκιμήδεος)：同 2.474，2.477。字面意思不详，或指"三耕的"，"第三次耕的"，又或指"三倍勇敢的"，或"三倍辛劳的"。依据泡赛尼阿斯记载，他是克勒伊俄斯或特洛克西鲁斯(Trochilus)之子(1.14.2，参奥维德《岁时记》4.539，农诺斯《狄俄尼索斯纪》19.78)。阿波罗多洛斯说他是克勒伊俄斯和墨塔涅拉的长子，同时援引其他说法，比如帕尼阿西斯称他是厄琉西斯和德墨特尔之子，斐勒库得斯称他是大洋神和大地之子(1.5.2)。在俄耳甫斯传统中，他是狄绍勒斯之子(俄耳甫斯残篇 51)，另参 Hyginus, *Fabulae*, 147, Servius 注疏维吉尔《农事诗》1.19。特里普托勒摩斯此处被列为厄琉西斯诸王之一，或可证明本诗完成于较早年代。稍后在雅典作者笔下，特里普托勒摩斯成为厄琉西斯传说的主人公，与德墨特尔母子共享祭仪，且被尊奉为本地的立法者或冥府法官之一，如参色诺芬《希腊志》6.3.6，柏拉图《申辩》41a。

狄俄克勒斯(Διόκλου)：同 2.474，2.477。在阿里斯托芬笔下，墨伽拉的 Diocleia 节庆起源于纪念这位英雄(《阿开奈人》774)。这或许证明，在本诗成文时期，厄琉西斯受墨伽拉影响甚于受雅典影响。在稍后作者笔下，墨伽拉执政官狄俄克勒斯要么败在雅典王忒修斯手下(普鲁塔克《忒修斯传》10)，要么是流亡在墨伽拉的雅典人(忒奥克里托斯 12.28)。

波吕克赛诺斯(Πολυξείνου)：或与哈得斯的修饰语"接纳一切的"(πολυδέκτῃ，2.9，2.17，2.155)相连，参埃斯库罗斯《乞援人》157。在诗中仅出现一次。

欧摩勒波斯(Εὐμόλποιο)：同 2.475。字面意思是"甜美歌唱的"。传说他是厄琉西斯秘仪祭司世袭制度的始创者，这一秘仪祭司世家被称为"欧摩勒波斯的传人"(Εὐμόλπια)。赫拉克勒斯入冥府之前，由欧莫勒波斯引领行秘教入会礼(阿波罗多洛斯 2.5.12，品达，*Oxy.* 残篇 2622)，但也有说是缪塞俄斯引领(狄奥多罗 4.25.1)。另参巴绪里得斯《颂诗》5，阿里斯托芬《蛙》370，380，384，欧里庇得斯，*Erechtheus* 残篇 39，《苏达辞典》Εὔμολπος 词条和 Μουσαιος 词条，泡赛尼阿斯 10.5.6，柏拉图《理想国》363c。

杜利赛克斯(Δολίχου)：或与哈得斯相连，或与荷马诗中地名杜利基昂(伊 2.625)有关，另参赫西俄德残篇 227。在诗中仅出现一次。

行 159 有如神样(θεοείκελος)：同《阿佛洛狄特颂诗》5.279(埃涅阿斯)，伊 1.131(阿喀琉斯），奥 3.416（特勒马科斯）等。

行 160 你若肯留下（εἰ δὲ θέλεις, ἐπίμεινον）：同奥 17.277，参伊 19.142。

行 161 衣带低束的（βαθυζώνῳ）：同 2.95，2.201，2.304，伊 9.594，奥 3.154。

墨塔涅拉（Μετανείρη）：克勒伊俄斯的妻子，参泡赛尼阿斯 1.39.2，另参 2.96 和 2.153 注释。

行 164 宠儿（τηλύγετος）：在荷马诗中，既指独生子（伊 9.482，奥 16.19），也指晚年生下的孩子（伊 5.153），另参奥 4.11，伊 13.470。

精致的（εὐπήκτῳ）：同 2.143。

行 165 晚生的（ὀψίγονος）：在荷马诗中指后来出生的人（伊 3.353），另参希罗多德 7.3.3，埃斯库罗斯《乞援人》361，忒奥克利图斯 24.31。

常年祈祷的（πολυεύχετος）：或"热切祷告祈求的"，参 2.220。

行 166—168 同 2.221—223。

成年（ἥβης μέτρον ἵκοιτο）：直译"达到年轻人的标准"。

行 169 颔首应允（ἐπένευσε καρήατι）：同 2.466，伊 15.75。

行 170—178 对观赫克托尔受阿波罗激励，犹如一匹在草场奔跑的骏马（伊 15.263—273）。

昂首（κυδιάουσαι）：或"精神抖擞地，神气的"，参伊 15.266。

行 171 与 2.184 近似。

很快（ῥίμφα）：或"飞快地，敏捷地"，参伊 15.268。

行 174 像一群鹿（αἱ δ' ὥς τ' ἠ ἔλαφοι）：参伊 15.271。

春日的（ἤαρος ὥρῃ）：参欧里庇得斯《圆眼巨人》508，另参伊 6.148，2.471。

行 175 在草原上欢蹦（ἄλλοντ' ἂν λειμῶνα）：参伊 15.264。

肚里填满嫩草（κορεσσάμεναι φρένα φορβῇ）：参伊 15.263。

行 176 扯住长袍的褶裥（ἐπισχόμεναι ἑανῶν πτύχας）：少女奔跑的常见姿态，此处或与巴克库斯和库柏勒的庆典仪式有关，参卡利马科斯残篇 193.35，忒奥克利图斯 15.134，阿尔克曼残篇 3.1，欧里庇得斯《酒神的伴侣》150，833，阿波罗尼俄斯《阿尔戈英雄纪》3.873，4.46，4.940。

行 178 发丝在肩头飘扬（ἀμφὶ δὲ χαῖται/ὤμοις ἀΐσσοντο）：同伊 6.509，另参伊 15.273。此处或与古代秘教仪式禁止女子绑头发或头戴面纱相连。

藏红花般的（κροκηΐῳ ἄνθει ὁμοῖαι）：头发比作花朵，参奥 6.231=23.158，卡利马科斯残篇 274，忒奥克利图斯 2.78。

行 180 起，这一段描述或与厄琉西斯秘仪中的行游步骤相连。

行 181 带路，跟随在后（ἡγεῦνθ', ἡ δ' ἄρ' ὄπισθ）：参伊 3.447，11.472，12.251=13.833，13.690，24.95，奥 2.405，《阿波罗颂诗》3.514—516，《狄俄尼索斯颂诗》26.9—10。

行 182 以面纱罩头（κατὰ κρῆθεν κεκαλυμμένη）：从头往下罩住，参伊 16.548，奥 11.588，神谱 574。

墨黑的长袍（πέπλος/κυάνεος）：参 2.42，2.319。

行 184 与 2.171 近似。

宙斯宠爱的（διοτρεφέος）：修饰王者，参伊 2.196，神谱 82 等。

行185—186 对观奥6.304,7.139—141,6.50,行188,对观奥7.135。克勒伊俄斯的女儿们为德墨特尔带路,对观瑙西卡娅为奥德修斯带路。

王后母亲(πότνια μήτηρ):同2.39,2.122。克勒伊俄斯不在家。对观费埃克斯王不在宫中(奥6.53起),或者王虽在场但王后拿主意(奥7.135起),另参奥10.112—114。

行186 与奥1.333近似,仅有的差别在句首,是"坐"(ἧστο)而不是"站"(στῆ ῥα)。另参《阿波罗颂诗》3.8。王后坐在王宫正厅的立柱旁,紧挨着炉灶,对观阿瑞塔在费埃克斯王宫(奥6.52,6.305等),佩涅洛佩在伊塔卡王宫(奥17.96,23.89等)。

行187 新芽(νέον θάλος):参2.66。德墨丰与珀耳塞福涅的修饰语相似,一个是德墨特尔的女儿,一个是德墨特尔的养子。

行188 门槛(ἐπ' οὐδὸν):标记家宅与外部世界的界限。访客站在上头(奥1.103),乞援人坐在上头(奥10.62,17.339,413等)。

德墨特尔进王宫显圣(参伊4.75),对观离开王宫显圣(2.275起,参伊13.72,24.460,奥1.319,3.371),以及阿佛洛狄特在安喀塞斯面前显圣(《阿佛洛狄特颂诗》5.173—175),另参不和神"头顶苍穹,脚踩大地"(伊4.443),卡利马科斯颂诗6.57,维吉尔《埃涅阿斯》2.592,4.177,10.767。德墨特尔显圣,或与厄琉西斯秘仪传统相连。

行189 头顶房梁(μελάθρου/κῦρε κάρη):同《阿佛洛狄特颂诗》5.173—174。对观荷马诗中,真神比凡人高大,在个儿较小的凡人面前特别突出(伊18.519)。

神圣的光辉(σέλαος θείοιο):神光见证神的临在,参《阿波罗颂诗》3.444,《阿佛洛狄特颂诗》5.174,欧里庇得斯《酒神的伴侣》1083,奥维德《岁时记》1.94。神光要么发自身体(2.278,赫西俄德残篇43,73,巴绪里得斯17.103),要么发自神的脸庞或头颅(伊5.7,5.18,5.206,奥18.333,《日神颂诗》31.12)。

行190 墨塔涅拉亲见女神显圣的反应,对观安喀塞斯的反应(《阿佛洛狄特颂诗》5.182)。墨塔涅拉接待德墨特尔,对观阿喀琉斯接待普里阿摩斯:行190对观伊24.480,行191对观伊24.553,行208—211对观伊24.601起。

羞耻(αἰδώς)与恐惧(δέος)并称,参伊15.657,3.172,18.394,奥8.22,9.269—274,《库普利亚》23.2,索福克勒斯《埃阿斯》1074—1076。羞耻(αἰδώς)与敬畏(σέβας)并称,参伊4.242,5.787,8.178—180,埃斯库罗斯《报仇神》545—549。

敬畏(σέβας):同2.10,2.479,《雅典娜颂诗》28.6,劳作301。

苍白的恐惧(χλωρὸν δέος):伊7.479,奥11.43。

行191 坐榻(κλισμοῖο):同2.193(闪亮的坐榻),墨塔涅拉出于尊敬让出坐榻,参奥7.168,16.42,伊24.100。相比之下,德墨特尔接受入座的矮凳(πηκτὸν ἕδος,2.196)或座椅(δίφρου,2.198)更朴素。

行192—211 似与厄琉西斯秘仪步骤相连:净罪(2.194—201)、禁食禁酒(2.200,2.206—208),粗口(2.202—205),库刻奥汁(2.208—211)。德墨特尔的哀伤(2.194,2.197—198,2.200—201)和沉默(2.194,2.198—199)得到反复强调。

行192 送来好季节好礼物的(ὡρηφόρος ἀγλαόδωρος):同2.54,2.492。

行 194 不语（ἀκέουσα）：德墨特尔的沉默，同 2.198。

美丽的眼低垂（ὄμματα καλὰ βαλοῦσα）：同《阿佛洛狄特颂诗》5.156，参伊 3.217，欧里庇得斯《伊菲革涅亚在奥利斯》1123，《美狄亚》24，忒奥克利图斯 2.112，维吉尔《埃涅阿斯纪》11.480。

行 195 伊安珀（Ἰάμβη）：在稍后的神话版本中，她是特洛亚人，或潘神和埃刻的女儿，参阿波罗多洛斯 1.5.1。在俄耳甫斯神谱中，厄琉西斯王和王后分别是狄绍勒斯和保柏，他们生养的子女有欧布勒俄斯、欧摩勒俄斯、普洛托诺和尼萨（俄耳甫斯残篇 52；俄耳甫斯祷歌 41.6）。Ἰάμβη 与短长格（Ἴαμβος）同词源，这种通常带讽刺意味的短长格诗体或发端于宗教场合，比如德墨特尔和狄俄尼索斯的庆典仪式。阿尔基罗库斯系最早的短长格诗人，其故乡帕洛斯（Paros）盛行德墨特尔崇拜仪式（残篇 215）。此外，古诗人巴博斯同样出身祭司世家（参泡赛尼阿斯 10.28.3）。短长格诗体，参亚里士多德《诗术》1448b31—32，狄奥多罗 5.4.7。知礼数的伊安珀（Ἰάμβη κέδν' εἰδυῖα）：同 2.202。

行 196 银亮的毛皮铺好（ἐπ' ἀργύφεον βάλε κῶας）：依据狄奥多罗记载，赫拉克勒斯行净罪礼，也是坐在铺了狮子皮的坐凳上，头罩斗篷（4.14.3）。

行 197 在荷马诗中，低头坐下、戴面纱等等，均系悲痛的表现，参奥 4.716，20.58，21.55。悲痛中坐或躺倒在地，参伊 18.26，22.414，23.58，24.161。依据普鲁塔克记载，坐在地上和禁食均系地母节的仪式（《伊西斯与俄西里斯》378e，《论迷信》166a，另参阿普列乌斯《金驴记》6.19.5）。

行 198 良久一言不发（δηρὸν δ' ἄφθογγος）：悲痛沉默或可持续数日，参卡利马科斯颂诗 6.15，奥维德《岁时记》4.505，另参埃斯库罗斯《阿伽门农》412，阿里斯托芬《蛙》911—912，《约伯记》2.13，《撒母耳记下》12.16，阿波罗尼俄斯《阿尔戈英雄纪》2.859，1294。

行 200 无欢笑（ἀγέλαστος）：依据阿波罗多洛斯的记载，德墨特尔当时坐在一块石头上，那石头从此被称为无欢笑石（1.5.1）。另参阿里斯托芬《骑士》782，奥维德《变形记》4.456，《岁时记》4.503。

不吃也不喝（ἄπαστος ἐδητύος ἠδὲ ποτῆτος）："点食未进，滴水未沾"，阿喀琉斯哀悼亡友帕特罗克洛斯也是不吃不喝（伊 19.346，同奥 4.788），参伊 19.346，另参希罗多德 3.52.3，色诺芬《居鲁士的教育》7.5.53，柏拉图《斐德若》259c。断食说法或与秘教仪式相连，参卡利马科斯颂诗 6.8，奥维德《岁时记》4.535，俄耳甫斯祷歌 41.3—4，，农诺斯《狄奥尼索斯纪》4.33。

行 201 哀思衣带低束的女儿（πόθωι μινύθουσα βαθυζώνοιο θυγατρός）：同 2.304。 μινύθουσα 本指"衰落，损伤"，参伊 1.491，18.446。

行 202 知礼数的伊安珀（Ἰάμβη κέδν' εἰδυῖα）：同 2.195。

玩笑话（χλεύης）：依据阿波罗多洛斯记载，这是地母节部分仪式的起源："据说因此之故，地母节祭日妇女们说玩笑话"（1.5.1）。诗中未提伊安珀的玩笑内容，或类似厄琉西斯仪式中爆粗口（αἰσχρολογία），并且采用短长格调。参阿里斯托芬《蛙》396，亚历山大的克莱蒙《异教徒劝勉录》2.15.1。

行 203 纯洁的（ἀγνὴν）：同 2.439（德墨特尔），2.337（珀耳塞福涅），劳作 465，奥 11.386，阿尔基罗库斯残篇 120，俄耳甫斯祷歌 40.11，18。

行204 开怀（ἵλαον σχεῖν θυμόν）：或"满心欢乐"，参劳作340，伊1.583，9.639，19.178。

行205 心（ὀργαῖς）：或"性情"，参劳作304，忒奥格尼斯98，214，964。此处或指伊安珀在厄琉西斯秘仪中的重要性。

行206 甜蜜的酒（μελιηδέος οἴνου）：同伊4.346，奥21.293等。形容词μελιηδέος也用来形容石榴籽（2.372）。

行207 喝红酒（πίνειν οἶνον ἐρυθρόν）：原文在行208，与"不合规矩"（οὐ γὰρ θεμιτόν）互换位置。供奉不掺酒的祭品（又称Νηφάλιος）是德墨特尔母女崇拜的普遍仪轨，类似情况也见于日神、月神、风神、记忆神、报仇神等神的崇拜仪轨。参泡赛尼阿斯5.15.10，阿里斯托芬《地母节妇女》730，阿波罗尼俄斯《阿尔戈英雄纪》4.712。

行210 库刻奥汁（κυκεῶ）：字面意思是"搅拌"，调好的混合饮料在喝以前要搅拌均匀，以免麦粉沉底，荷马诗中提到掺酒的不同配方，参伊11.639—642，奥10.234—235。厄琉西斯秘仪的专用饮品也叫库刻奥汁，德墨特尔在此亲自规定不掺酒的调制配方（208—209）。另参阿里斯托芬《和平》712，《吕西斯特拉特》89，普鲁塔克《道德论集》511c，奥维德《变形记》5.496，克莱蒙《异教徒劝勉录》18。

行211 本行末或缺一行至多行诗。

极威严的（πολυπότνια）：或"广受尊崇的"，同阿里斯托芬《地母节妇女》1156，阿波罗尼俄斯《阿尔戈英雄纪》1.1125，俄耳甫斯祷歌40.16。

依照礼仪（ὁσίης ἕνεκεν）：参欧里庇得斯《伊菲革涅亚在陶洛人里》1461。

行212 纤美腰带的墨塔涅拉（εὔζωνος Μετάνειρα）：同2.234，2.243，2.255。

行214 尊严（αἰδώς）：与眼相连，参萨福残篇137.5，埃斯库罗斯残篇355.21，欧里庇得斯《赫卡柏》970—972，阿里斯托芬《马蜂》446。

行215 优雅（χάρις）：与眼相连，参萨福残篇138.2，欧里庇得斯《酒神的伴侣》236。

掌管律法的王者（θεμιστοπόλων βασιλήων）：同2.103，2.473。

行216—217a 同2.147—148a。

行217 颈上套轭（ζυγὸς αὐχένι κεῖται）：参劳作815，忒奥格尼斯1023，卡利马科斯残篇467，俄耳甫斯祷歌61.5。

行219 晚生的（ὀψίγονον）：同2.165。

意料之外的（ἄελπτον）：同2.252，参赫西俄德残篇204.95。

行220 常年祈祷（πολυάρητος）：同2.165。

行211—223 同行166—168。

行224 华冠的德墨特尔（εὐστέφανος Δημήτηρ）：同2.307，2.384，2.470，劳作300。

行228 邪祟（ἐπηλυσίη）：本指"迷惑"，"蛊惑"。同2.230，《赫耳墨斯颂诗》4.37。

断根虫（ὑποτάμνον）：本指"从下面砍断"，"砍断跟的"，和下一行的"断树虫"（ὑλοτόμοιο）一样，或系古人对导致牙痛的蛀虫的俗称，或指巫术里的砍断草根（参奥23.204，奥维德《变形记》7.226起，塞涅卡《美狄亚》729）。

行229 "断树虫"（ὑλοτόμοιο）：本指"砍断树的"。

解药（ἀντίτομον）：字面意思是"砍断—敌对"，或"用开刀法医疗的"。德墨特尔的解药，或指咒语（参伊19.457），或指药草（伊11.740），参埃斯库罗斯《阿伽门农》17，欧里庇得斯《安德洛玛克》122，《阿尔刻提斯》972，品达《皮托竞技凯歌》4.394。德墨特尔治病，参卡利马科斯颂诗6.124，俄耳甫斯祷歌40.20，奥维德《岁时记》4.537。

行230 邪祟（ἐπηλυσίη）：同2.228。被修饰为πολυπήμονος（有害的），同《赫耳墨斯颂诗》4.37。

破解良方（ἐρυσμόν）：或指某种药草。

行232 馨香的（θυώδεος）：同2.244，2.288，2.331，3.355，2.385。

行233起 德墨丰篇章占据整首诗的核心位置。德墨特尔抚养婴儿的方式，有注家主张与柏拉图《泰阿泰德》（160e）所记载的古代家庭的新生儿仪式相连，也有主张与厄琉西斯秘仪相连。德墨丰神话表明，哪怕德墨特尔意图修复人和神的距离，人类依然无法成为神，只能通过虔敬奉行秘仪获得往生福祉的承诺。

明智的克勒伊俄斯（Κελεοῖο δαΐφρονος）：同2.96。

行234 纤美腰带的墨塔涅拉（εὔζωνος Μετάνειρα）：同2.212注释。

德墨丰（Δημοφόων）：词源不明，Δημο—φόων或指"送来光"，或指"给民人（Δημος）带来光"，或指"民人的摧毁者（φοντες）"。德墨丰或与姐姐德墨一样，与德墨特尔的称谓相连（参2.109）。抚养婴儿，或譬喻植物生长周期。在一定程度上，德墨丰或系第一个参加秘仪入会礼的人。在稍后的神话版本中，德墨丰在火中烧死，德墨特尔转而把农耕技艺传给特里普托勒摩斯，参阿波罗多洛斯1.5.1，泡赛尼阿斯2.5.5。有些版本让特里普托勒摩斯直接取代德墨丰，参奥维德《变形记》5.645，《岁时记》4.507。

行235 诸神的飞速长大，参《阿波罗颂诗》3.127起，《赫耳墨斯颂诗》4.17起，《狄俄尼索斯颂诗》26.5，神谱492，卡利马科斯颂诗1.55，阿波罗多洛斯1.7.4，3.7.6。

行236 中间或有佚失。

行237 以琼浆涂抹（χρίεσκ' ἀμβροσίῃ）：德墨特尔的做法近似忒提斯对阿喀琉斯的做法，见阿波罗多洛斯1.5.1，3.13.6，奥维德《变形记》4.487，另参阿波罗尼俄斯《阿尔戈英雄纪》4.869，泡赛尼阿斯2.3.11（美狄亚），普鲁塔克《伊西斯与俄西里斯》16。

神的孩子（θεοῦ ἐκγεγαῶτα）：直译"由神所生的"。用琼浆喂养幼神，或通过琼浆使人得永生，参《阿波罗颂诗》3.123，品达《皮托竞技凯歌》9.63，《奥林波斯竞技凯歌》1.60，赫西俄德残篇23.21，忒奥克利图斯15.106，维吉尔《农事诗》4.415，奥维德《变形记》14.605。

行238 吹送气息（καταπνείουσα）：在荷马诗中，神的气息帮助人鼓起勇气，参伊10.482，奥24.520。

行239 藏（κρύπτεσκε）：同2.249，2.307，2.353，2.452，参阿波罗多洛斯1.5.1，泡赛尼阿斯2.3.11。

犹如燃木（ἠΰτε δαλὸν）：参奥5.488。此处或指"烧掉有朽的部分"。

行242 不衰老也不死（ἀγήρων τ'ἀθανάτόν）：参2.260，《阿佛洛狄特颂诗》5.214，另参《阿波罗颂诗》3.151，参神谱277。不衰老（ἀγήρων），同《阿佛洛狄特颂诗》5.214，伊2.447，8.539，参

奥5.136,7.257,神谱305,955。不死若无不衰老的补充,参《阿佛洛狄特颂诗》5.220,奥维德《变形记》14.132。

行243 纤美腰带的墨塔涅拉(εὔζωνος Μετάνειρα):同2.212注释。

糊涂(ἀφραδίῃσιν):同2.258,伊2.368,5.649,16.354,奥19.523。

行244 馨香的(θυώδεος):同2.232注释。

查看(ἐπιτηρήσασα):依据其他版本,要么是某个名叫普拉克西忒娅(Praxithea)的女仆闯入打破禁忌(阿波罗多洛斯1.5.1),要么是德墨丰的父亲闯入(Hyginus, *Fabulae*, 147)。忒提斯的秘密仪式也是被阿喀琉斯的父亲佩琉斯打断(阿波罗多洛斯3.13.6,阿波罗尼俄斯《阿尔戈英雄纪》4.869—879)。

行245 尖叫(κώκυσεν):同阿波罗尼俄斯《阿尔戈英雄纪》4.872。

拍打大腿(ἄμφω πλήξατο μηρώ):参伊12.162,16.125,奥13.198。

行246 慌了心神(ἀάσθη μέγα θυμῷ):同伊11.340,参奥10.68,伊11.258。

行247 同伊5.871(阿瑞斯对宙斯哭诉)。

痛哭(ὀλοφυρομένη):同2.20。

说出有翼飞翔的话语(ἔπεα πτερόεντα προσηύδα):同2.112注释。

行248 藏(κρύπτει):同2.239注释。原文在行249,译文移至此。

行251 美冠的德墨特尔(καλλιστέφανος Δημήτηρ):同2.295。

行252 意料之外的(ἄελπτον):同2.219。

行253 从火中抱出(ἐξανελοῦσα πυρός):依据阿波罗多洛斯的记载,德墨丰被烧死(1.5.1,另参俄耳甫斯残篇49.100)。原文在行254,译文与"丢开到地上"(ἀπὸ ἕο θῆκε πέδον δὲ,即"从怀里放开他,放到地上")互换位置。丢开到地上,或许意味着德墨丰永远是生活在大地上的人类。

行255 纤美腰带的墨塔涅拉(εὔζωνος Μετάνειρα):同2.212注释。

行256—262 参俄耳甫斯残篇49.95,233。

无知的(Νήϊδες):同《阿波罗颂诗》3.192,参埃斯库罗斯《阿伽门农》1401,索福克勒斯残篇613,农诺斯《狄俄尼索斯纪》5.349。

辨识命数(ἀφράδμονες ... /αἶσαν):参伊20.127,奥7.197。

行257 幸(ἀγαθοῖο)或不幸(κακοῖο):原文行256结尾的ἀγαθοῖο与行257结尾的κακοῖο形成对仗。

行258 糊涂(ἀφραδίῃσι):同2.243。

不可弥补的(μήκιστον):直译"最大的,最严重的",同2.268,参奥5.299,465,索福克勒斯《俄狄浦斯王》1301。

行259 无情的(ἀμείλικτον):同伊11.137,21.98,神谱659。

斯梯克斯水(Στυγὸς ὕδωρ):诸神凭斯梯克斯水发誓,参神谱775—806,伊15.36,奥5.184,《阿波罗颂诗》3.86,《赫耳墨斯颂诗》4.519,阿波罗尼俄斯《阿尔戈英雄纪》3.714。

行260 不死不衰老(ἀθάνατόν καὶ ἀγήραον):参2.242。

行262 逃脱死亡和厄运（θάνατον καὶ κῆρας ἀλύξαι）：参伊 21.565，奥 17.547，22.66，阿波罗尼俄斯《阿尔戈英雄纪》4.872。死亡与厄运并称，参神谱 211—212（均系夜神之子）。

行265 随着年岁流转（περιπλομένου ἐνιαυτοῦ）：参 2.399，《阿波罗颂诗》3.350，伊 2.551，8.404，418，23.833，奥 1.16，11.248，神谱 184，劳作 386。

行266 战争和可怕的喧嚣（πόλεμον καὶ φύλοπιν αἰνὴν）：同伊 4.15，82。此处战争说法或与厄琉西斯一年一度的 Βαλλητύς 古老仪式相连。

行267 可怕的喧嚣（φύλοπιν αἰνὴν）：同伊 5.496 等，原文在行 266，译文移至此。

行268 我是德墨特尔（εἰμὶ δὲ Δημήτηρ）：神显与崇拜仪式的创立通常相连，参奥 16.181，《阿波罗颂诗》3.480，《阿佛洛狄特颂诗》5.100，希罗多德 6.105，阿波罗尼俄斯《阿尔戈英雄纪》3.876。

受敬重的（τιμάοχος）：同《阿佛洛狄特颂诗》5.31（形容赫斯提亚）。

最大的（μέγιστον）：同 2.258。

行269 对观柏拉图《理想国》363c："缪塞俄斯和他的儿子，以天神们的名义，把更神奇的福祉赐给拥有正义的人。"

欢乐（χάρμα）：参伊 14.325，《阿波罗颂诗》3.23，《阿斯克勒皮俄斯颂诗》16.4，品达《皮托竞技凯歌》9.64，泡赛尼阿斯 2.26.7，俄耳甫斯祷歌 50.7。

行270 大神庙（νηόν τε μέγαν）：专为德墨特尔崇拜仪式而建造，或与秘教入会礼所在地（τελεστήριον）相连。在秘密仪式（ὄργια, 273, 476）形成以前，先有德墨特尔的神庙。

行271 下有香坛（βωμὸν ὑπ' αὐτῷ）：香坛设在神庙前，参欧里庇得斯《请愿的妇女》33。原文在行 270，译文移至此。

陡峭的城墙（πόλιν αἰπύ τε τεῖχος）：卫城及其城墙依山丘而建。德墨特尔神庙通常建在城外，比如雅典、阿格腊、柯林斯、帕洛斯等地。秘教入会礼通常包含离开旧生活共同体的隐居阶段，故而设在城外。

行272 卡利科洛斯（Καλλιχόρου）：井名，字面意思是"美龟的"，对观德墨特尔在厄琉西斯停留的第一处少女井（2.99 注释）。稍后作者似混淆两处古迹，参泡赛尼阿斯 1.39.1，卡利马科斯颂诗 6.16，阿波罗多洛斯 1.5.1，俄耳甫斯《阿尔戈英雄纪》729。考古发现的古井口往往有同心圆标记，或系厄琉西斯妇女围绕水井跳圆舞，以此敬拜德墨特尔女神，参泡赛尼阿斯 1.38.6。

在突起的山丘上（ἐπὶ προὔχοντι κολωνῷ）：同 2.298。德墨特尔神庙通常建在山丘或高地上。

行273 秘仪（ὄργια）：同 2.476。该词常指与德墨特尔、狄俄尼索斯、库柏勒、赫卡忒、伊西斯和俄西里斯相连的崇拜仪式，此处专指厄琉西斯秘仪，同阿里斯托芬《蛙》386，《地母节妇女》948，另参希罗多德 2.51，2.81，5.461，欧里庇得斯《酒神的伴侣》34，78 等。

行274 恭敬地（εὐαγέως）：或"圣洁地"，"完美无垢地"，参阿波罗尼俄斯《阿尔戈英雄纪》2.699。

恭敬奉行，求神息怒（ὑαγέως ἔρδοντες ... ἰλάσκοισθε）：同 2.369。求平息愤怒（ἰλάσκοισθε），或"使神息怒"，参 2.292，伊 1.386，奥 3.419。

行275 德墨特尔在离开王宫以前第二次显圣（参 2.188）。

身材和相貌（μέγεθος καὶ εἶδος）：同《阿佛洛狄特颂诗》5.82。异乎常人的身材与美貌并称，参伊24.630，奥6.151，《阿佛洛狄特颂诗》5.85，5.173，希罗多德1.60。

行276 苍老离开她（γῆρας ἀπωσαμένη）：直译"推开苍老"，参伊9.446。

行277 迷人的（ἱμερόεσσα）：同《阿波罗颂诗》3.180，3.185，参2.417。

芳泽（ὀδμή）：神的标记之一，参《赫耳墨斯颂诗》4.231，《狄俄尼索斯颂诗》7.36，忒奥格尼斯9，埃斯库罗斯《普罗米修斯》115，欧里庇得斯《希波吕托斯》1391，阿波罗尼俄斯《阿尔戈英雄纪》4.430，维吉尔《埃涅阿斯纪》1.403，奥维德《岁时记》5.375。

行278 闪光（φέγγος）：参2.189，常用来修饰月光，进而与秘教用语相连，参品达《奥林波斯竞技凯歌》2.55，阿里斯托芬《蛙》344，448，456，柏拉图《斐德若》250b。神的衣袍发光，参赫西俄德残篇43，73，《阿佛洛狄特颂诗》5.86，《日神颂诗》31.13，《月神颂诗》32.8，柏拉图《克里同》44a。

行279 金黄发丝（ξανθαὶ δὲ κόμαι）：参2.302。

行281 墨塔涅拉的反应，对观行188—190。显圣引发的反应，参阿波罗尼俄斯《阿尔戈英雄纪》2.683，4.880，莫斯库斯《欧罗巴》18，维吉尔《埃涅阿斯纪》2.774=3.48，4.279，奥维德《变形记》9.472，阿普列乌斯《金驴记》11.14。

行282 说不出话（ἄφθογγος）：参奥4.703，神谱167。在一定程度上，墨塔涅拉或系秘仪入会礼的参加者，对观秘仪密不外传（2.478—479）。

行284—291 或与古代的某种新生儿仪式（Amphidromia，意思是"绕着新生儿走或跑"）相连，参柏拉图《泰阿泰德》160e，另参希罗多德5.92。

行285 铺得很好的（εὐστρώτων）：很好地铺着床单的。同《阿佛洛狄特颂诗》5.157，农诺斯《狄俄尼索斯纪》18.164。

行288 馨香的（θυώδεος）：同2.232注释。

行289 哭闹（ἀσπαίροντα）：直译"喘息挣扎"，在荷马诗中专指濒死的英雄。在稍后的神话版本中，德墨丰被烧死，德墨特尔转而把农耕技艺传给特里普托勒摩斯，参阿波罗多洛斯1.5.1，泡赛尼阿斯2.5.5。

行291 看护和养母（τροφοὶ ἠδὲ τιθῆναι）：同柏拉图《蒂迈欧》88d，俄耳甫斯祷歌10.18。德墨特尔是更好的养母，或与她被称为秘仪信徒的养母相连。

行292 整夜（παννύχιαι）：或与秘教仪式相连。有别于地母节（阿里斯托芬《地母节妇女》280，655，947），厄琉西斯秘仪不限女性参加。伊阿刻斯（Iacchos）行游队伍既有女性也有男性，或分队而行（阿里斯托芬《蛙》444—448）。信徒队伍抵达厄琉西斯以后，或围绕卡利科洛斯（2.272）跳圆舞，并有爆粗口（αἰσχρολογία，2.202）等固定仪式，随后就是女信徒的整夜求告。厄琉西斯秘仪氛围故而是玩笑与庄重的融合。

行293 恐惧发抖（δείματι παλλόμεναι）：同希罗多德7.140，农诺斯《狄俄尼索斯纪》1.56。

行294 颂诗在此行从女性闺阁的秘密仪式转向男性的公共事务，或与秘仪仪轨相连。

强大的（εὐρυβίη）：即"统治广大领域的"，通常用来修饰诸海神，参神谱239（海神之女欧律比厄），品达《奥林波斯竞技凯歌》6.58，《皮托竞技凯歌》2.12。

如实（νημερτέα）：同2.404。

行295　美冠的德墨特尔（καλλιστέφανος Δημήτηρ）：同2.251。

行296　集会（εἰς ἀγορὴν）：参伊7.382等。

多地（πολυπείρονα）："多边界的，与多国接界的"，同俄耳甫斯《阿尔戈英雄纪》33。

行297　秀发的德墨特尔（ἠϋκόμῳ Δημήτερι）：同2.1, 2.315。

行298　在突起的山丘上（ἐπὶ προὔχοντι κολωνῷ）：同2.272。

富丽的神庙（πίονα νηόν）：同《阿波罗颂诗》3.52。原文在行297，译文移至此。

行300　如有神助（δαίμονος αἴσῃ）：或"神定的命运"，参奥11.61。

行302　金发的德墨特尔（ξανθὴ Δημήτηρ）：金发，或系金黄谷穗的譬喻。同伊5.500, 俄耳甫斯《宝石录》588 =残篇14, 参2.279, 农诺斯《狄俄尼索斯纪》11.395, 维吉尔《农事诗》1.96, 奥维德《岁时记》4.424。

行303　远离（νόσφιν）：同2.4注释。

行304　哀思衣带低束的女儿（πόθῳ μινύθουσα βαθυζώνοιο θυγατρός）：同2.201。

行305　养育众生的大地（χθόνα πουλυβότειραν）：同《赫耳墨斯颂诗》4.517, 伊3.265, 11.619, 770, 14.272。德墨特尔中断大地收成，参欧里庇得斯《海伦》1325起。

行306　残酷的（κύντατον）：本指"像狗的"，"无耻的"。

大地（γαῖα）：德墨特尔让大地寸草不生，对观大地生出水仙引诱珀耳塞福涅（2.8—9）。

行307　华冠的德墨特尔（ἐϋστέφανος Δημήτηρ）：同2.224注释。

藏（κρύπτεν）：同2.239注释，参劳作42, 47, 50。

行308—309　句首连用"许多，无数"（πολλὰ δὲ ... πολλὸν δὲ）。

行309　白麦粒（κρῖ λευκὸν）：同2.452。

行310　毁灭即逝人类的种族（ὄλεσσε γένος μερόπων ἀνθρώπων）：同劳作180。

行311　饥荒（λιμοῦ）：饥荒神是不和神的孩子，参神谱226, 劳作230。

住在奥林波斯的神们（Ὀλύμπια δώματ' ἔχοντας）：同2.135。原文在行312，译文与"荣耀的供奉"互换位置。

行312　燔祭（θυσιῶν）：同2.368。诸神依赖世人的供奉和献祭，参柏拉图《会饮》190c, 阿里斯托芬《鸟》183,《云》628。

行313起　宙斯显得一开始并不知情，随后他连试三次劝说德墨特尔，直到第三次才成功。对观荷马诗中宙斯被迷惑心智（伊14.159）。

行314　金翅的伊里斯（Ἶριν χρυσόπτερον）：同伊8.398, 11.185, 参《阿波罗颂诗》3.107。在本诗中，伊里斯是宙斯派往大地上的信使，赫耳墨斯则是派往冥府的信使（2.335）。另参泡赛尼阿斯8.42.2。

行315　美貌动人的（πολυήρατον εἶδος ἔχουσαν）：同神谱908（大洋女儿）。

秀发的德墨特尔（ἠϋκόμῳ Δημήτερι）：同2.1, 2.297。

行316　他说罢（ὣς ἔφαθ'）：同2.448, 劳作69（"他说罢，众神听从克洛诺斯之子吩咐"）。类似句式未见于荷马诗。

行317 快步穿行过长空（μεσσηγὺ διέδραμεν ὦκα πόδεσσιν）：参《阿波罗颂诗》3.108。伊里斯出发传信，参伊24.77—79等。

行318 馨香的厄琉西斯（Ἐλευσῖνος θυοέσσης）：同2.97，2.490。

厄琉西斯城邦（Ἐλευσῖνος πτολίεθρον）：2.356，参伊2.133，奥1.2，赫西俄德《盾牌》81。

行319 黑衣的德墨特尔（Δημήτερα κυανόπεπλον）：同2.374，2.442，参2.360，神谱406（黑衣的勒托），俄耳甫斯祷歌35.1。

行320 说出有翼飞翔的话语（ἔπεα πτερόεντα προσηύδα）：同2.112。

行321 计划从不落空（ἄφθιτα εἰδώς）：或译"深谙不朽坏的事物"，参《阿佛洛狄特颂诗》5.43，伊24.88，神谱545，550，561。

行322 永在的神族（φῦλα θεῶν αἰειγενετάων）：同2.36。

行326 轮番（ἀμοιβηδὶς）：同伊18.506，奥18.310。

行327 珍贵的礼物（περικαλλέα δῶρα）：同奥8.420。

行328 在永生者中的荣誉（τιμάς ... μετ' ἀθανάτοισιν）：参2.443—444。诸神从其他神们（特别是宙斯）那里得到荣誉，参《赫耳墨斯颂诗》4.470起，神谱399，412，忒奥格尼斯1386，俄耳甫斯祷歌57.9。这样的荣誉被称为"在神们中的荣誉"，参2.366，2.443，2.461，奥13.128，神谱393。

行330 断然拒绝各种说辞（στερεῶς δ' ἠναίνετο μύθους）：对观荷马诗中，福尼克斯规劝阿喀琉斯不要拒绝求和女神（伊9.510，另参9.157，261，299）。

行331 馨香的（θυώδεος）：同2.232注释。修饰奥林波斯山，同《赫耳墨斯颂诗》4.322。

行333 亲眼看见（ἴδοι ὀφθαλμοῖσιν）：同2.57注释。

娇颜的女儿（εὐώπιδα κούρην）：同奥6.113，142，参索福克勒斯《特剌喀斯少女》523，卡利马科斯《阿尔忒弥斯颂诗》204。

行334 大声打雷的远见的宙斯（βαρύκτυπος εὐρύοπα Ζεύς）：同2.3注释。

行335 执金杖的弑阿尔戈斯者（χρυσόρραπιν Ἀργειφόντην）：赫耳墨斯，同5.117。赫耳墨斯的金杖，参《赫耳墨斯颂诗》4.528起。赫耳墨斯在地上世界和地下世界之间往返，参《赫耳墨斯颂诗》4.572，俄耳甫斯祷歌57.1—2。

厄瑞波斯（Ἔρεβος）：即"虚冥"，同2.349，2.407，参奥12.81，20.356，神谱123，658，669。

行336 用甜美的话说服哈得斯（Ἀΐδην μαλακοῖσι παραιφάμενος ἐπέεσσιν）：对观荷马诗中，哈得斯不息怒不让步（ἀμείλιχος ἠδ' ἀδάμαστος，伊9.158）。赫耳墨斯的说服能力，参《赫耳墨斯颂诗》4.317。

行337 纯洁的（ἀγνὴν）：同2.203，2.439。

走出迷雾的幽冥（ἀπὸ ζόφου ἠερόεντος）：同2.402。参2.80注释。

行338 和神们在一起（μετὰ δαίμονας）：或"在神们中间"，同伊1.222。

行339 让她母亲亲眼看见她……愤怒（ὄφρα ἑ μήτηρ/ὀφθαλμοῖσιν ἰδοῦσα）：同2.350，参2.57，2.68，2.333，2.409—410。

行340 没有违抗（οὐκ ἀπίθησεν）：同哈得斯（2.358），瑞亚（2.448），德墨特尔（2.470），对比

献给德墨特尔的荷马颂诗　　237

伊里斯和众神的反应。

大地幽深处（ὑπὸ κεύθεα γαίης）：同2.398，2.415，参神谱300，334，483。

行341 下行（κατόρουσε）：赫耳墨斯的下行。

行343 含羞的妻子（αἰδοίη παρακοίτι）：同伊2.514，参《阿波罗颂诗》3.148，《阿佛洛狄特颂诗》5.44，另参《赫耳墨斯颂诗》4.5。αἰδοίη的另一层意思是"可敬的"，如参2.374，2.486，神谱44，劳作257。

行344 并不情愿（πόλλ' ἀεκαζομένη）：参奥13.277，18.135。ἀέκουσαν同2.19注释。

行345 本行有残缺（ἔργοις θεῶν μακάρων ... μητίσετο βουλῇ）。

行347 黑发的（κυανοχαῖτα）：通常是波塞冬的修饰语，又译"黑鬃神"，如参伊20.144，奥9.536，神谱278，另参欧里庇得斯《阿尔刻提斯》439。哈得斯和波塞冬有相通的修饰语，且与马相连，参伊20.224，赫西俄德《盾牌》120，泡赛尼阿斯8.25.8。

往生者（καταφθιμένοισιν）："被耗损者"，即死者，动词的近似用法参2.353，索福克勒斯《菲罗克忒忒斯》266，欧里庇得斯《阿尔刻提斯》622，希罗多德2.123。

行348 高贵的珀耳塞福涅（ἀγαυὴν Περσεφόνειαν）：同奥11.213，226，635等，赫西俄德残篇280.12，俄耳甫斯祷歌41.5，44.6，46.6。

行349 厄瑞波斯（Ἐρέβευσφι）：参2.335，2.407，伊9.572，神谱669。

行350 让她母亲亲眼看见她（ὄφρα ἑ μήτηρ/ὀφθαλμοῖσιν ἰδοῦσα）：同2.339注释。

停止对永生神的愤怒和可怕怨恨（χόλου καὶ μήνιος αἰνῆς/ἀθανάτοις λήξειεν）：同2.410。旧勘本不做λήξειεν而作παύσειεν，参奥4.659，《狄奥斯库罗伊颂诗》33.14，欧里庇得斯《海伦》1320。

行352 出生大地的人类（χαμαιγενέων ἀνθρώπων）：同《阿佛洛狄特颂诗》5.108，神谱879。

行353 藏种子（σπέρμ' ... κρύπτουσα）：参2.307。

断绝（καταφθινύθουσα）：同根动词参2.347（καταφθιμένοισιν），2.352（φθῖσαι），恩培多克勒残篇111.4。

行355 馨香的（θυώδεος）：同2.232注释。馨香的神庙，参品达《奥林波斯竞技凯歌》7.32，普鲁塔克《道德论集》437c。

行356 离群（ἀπάνευθε）：或"离得远远的"，参2.27。原文在行355，译文移到此。

多石的（κραναὸν）：在荷马诗中用来修饰伊塔卡（伊3.201，奥1.247等）。

厄琉西斯城邦（Ἐλευσῖνος πτολίεθρον）：同2.318。

行357 统治地下亡魂的（ἄναξ ἐνέρων）：或"冥婚的神主"，同伊20.61，参神谱850，伊15.188。

行358 抬眉微笑（μείδησεν/ὀφρύσιν）：冥王的笑不是通过嘴唇而是通过眉毛表现出来，以眉毛示意，参《赫耳墨斯颂诗》4.279，奥9.468。

没有违抗（οὐδ' ἀπίθησε）：同2.340，2.448，2.470。

行359 明智的（δαΐφρονι）：诗中还有两处形容克勒伊俄斯（2.96，2.233），另参奥15.356。古代作者极少用该修饰语形容珀耳塞福涅。

行360　黑衣的（κυανόπεπλον）：同2.319，2.374，2.442。

行363　并非不体面（οὔ τοι ... ἀεικὴς）：同2.83。

行364　去了那里（ἔνθα δ᾽ ἰοῦσα）：指回到大地上，也有勘本作ἔνθα δ᾽ ἐοῦσα。

行365起　哈得斯承诺珀耳塞福涅三件事：号令大地万物（2.365），在神们中的荣誉（2.366）和惩罚不虔敬不献燔祭的人（2.367—369），这三项承诺分别指向大地，天庭和冥府的荣誉，珀耳塞福涅由此可以沟通诸神无法沟通的地上世界和地下世界，以及人类无法沟通的属人世界和属神世界。

行367　不义对待（ἀδικησάντων）：参劳作260，272，334，萨福残篇1.20。

永受惩罚（τίσις ἔσσεται ἤματα πάντα）：或与死后奖惩的俄耳甫斯教义相连，或与未参加厄琉西斯入会礼者的死后命运相连（2.481—482）。在冥府受惩罚或奖赏，参奥11.576—600，4.563—569，伊3.278—279，9.453—457，另参柏拉图《理想国》363a—366b，欧里庇得斯《海伦》1355—1357，阿里斯托芬《蛙》457—459，泡赛尼阿斯10.31.9—11，普鲁塔克《道德论集》21起，拉尔修《名哲言行录》6.39。

行368　燔祭（θυσιῶν）：同2.312。

求神息怒，恭敬执行（ἱλάσκωνται/εὐαγέως ἔρδοντες）：参2.274。

行370　审慎的（περίφρων）：荷马诗中常用来修饰佩涅洛佩（如奥16.435等）。

行371　高兴地跳起（ἀνόρουσ᾽ ὑπὸ χάρματος）：同2.411。

行372　悄悄（λάθρη）：或"秘密地，暗中进行"，同2.411。

石榴籽（ῥοιῆς κόκκον）：参阿波罗多洛斯1.5.3，奥维德《变形记》5.535，《岁时记》4.607。石榴籽有不同的象征意味：或与鲜血和死亡相连（泡赛尼阿斯9.25.1），有神话提到石榴从狄俄尼索斯·扎格勒斯幼神的鲜血生成（亚历山大的克莱蒙《基督徒的劝勉》2.19）；又或象征婚姻和繁衍（希罗多德4.143），从而与庇护婚姻的赫拉相连（泡赛尼阿斯2.17.4）；又或与春药相连。相传厄琉西斯秘仪和地母节禁食石榴（路吉阿诺斯《赫耳墨斯对话》7.4，波菲利《论禁肉食》4.16，参普林尼《自然史》23.107，24.59）。在本诗中，石榴籽或系冥王与冥后联姻的象征。

行373　出其不意（ἀμφὶ ἓ νωμήσας）：此处解释素有争议。要么哈得斯暗中行事，不希望被赫耳墨斯看见，要么哈得斯思前想后反复斟酌。

行374　可敬的（αἰδοίη）：同2.343，2.486。

黑衣的德墨特尔（Δημήτερα κυανόπεπλον）：同2.319，2.442。

行375　不朽的马（ἵπποις/ἀθανάτοισι）：同2.18，2.32，2.382。

行376　众生的统帅（πολυσημάντωρ）：同2.31，2.84。

行377—379　参伊5.364—366，奥3.481—484。

行380—383　参2.33—35，《阿佛洛狄特颂诗》5.122—125，巴绪里得斯5.24—27。

行383　翻山涉水（ἀλλ᾽ ὑπὲρ αὐτάων）：直译"越过它们"，指前文的大海、河流、峡谷和山巅，或仅指山巅。

行384　把马车停在（στῆσε δ᾽ ἄγων）：直译"把它们停在"，同伊2.558。

华冠的德墨特尔（ἐϋστέφανος Δημήτηρ）：同2.224注释。

行385　馨香的(θυώδεος)：同2.232注释。

行386　如酒神狂女(ἠΰτε μαινὰς)：参欧里庇得斯《海伦》543,《希波吕托斯》550,《特洛亚女人》349, 奥维德《岁时记》4.457—45。在荷马诗中，这个表述指安德洛玛克"像个疯子"(伊6.389, 22.460), 此处或指厄琉西斯秘仪与狄俄尼索斯崇拜的关联。

繁茂的山林(δάσκιον ὕλης)：同《阿尔忒弥斯颂诗》27.7, 奥5.470等。

行387—401　有不同程度的缺文。

行394　说吧(ἐξαύδα)：对观忒提斯对阿喀琉斯的话(伊1.362—363, 18.73—74)。

行395　此从旧勘本(ὣς μὲν γάρ κ' ἀνιοῦσα π[αρὰ στυγεροῦ Ἀΐδαο])。还有其他缺文补法，比如West本读作 ὣς μὲν γάρ κεν εοῦσα π[αρ' ἄλλοις ἀθανάτοισιν]。大致译为"若未吃食，你将与其余永生者同住"。

可恨的冥府(στυγεροῦ Ἀΐδαο)：或"可恨的冥王"，同伊8.368。

行396—397　参2.485。

行397　所有永生者给的荣誉(πάντεσσι τετιμ[ένη ἀθανάτοι]σιν)：参2.366。

行398　重新遁入(πτᾶσα πάλιν⟨σύ γ'⟩ἰοῦσ' ὑπὸ)：对观2.402—403的上行。

大地幽深处(ὑπ[ὸ κεύθεσι γαίης])：同2.340, 2.415。

行399　每年有三分之一时光(ὡρέων τρίτατον μέρ[ος εἰς ἐνιαυτόν])：或"一年的第三份时光，一年三季中的一季"。赫西俄德在《劳作与时日》中谈及农夫的一年时光，大致将一年分为三季：三月到六月、七月到十月、十一月到二月，分别是耕种季，收成季和寒歇季(劳作414—617)。相应的，时光神(Horai)也有三姐妹：欧诺弥厄、狄刻和丰盛的厄瑞涅(神谱901—906)。另参埃斯库罗斯《普罗米修斯》454, 阿里斯托芬《鸟》709, 阿波罗多洛斯1.5.3。古代作者也将一年分成两半，珀耳塞福涅一半时间在大地上，一半时间在冥府，参奥维德《岁时记》4.614,《变形记》5.567, Hyginus, *Fabulae*, 146; Servius注疏维吉尔《农事诗》1.39。依据古代得洛斯传统说法，阿波罗一年中有一半时间在得洛斯，另一半时间在吕基亚。古代作者还将一年分成四季，参阿尔克曼残篇20。依据德尔斐传统说法，阿波罗有九个月在德尔斐，三个月不在。珀耳塞福涅被劫发生在收成季后，与农作物生长规律相连，另参神谱912, 俄耳甫斯祷歌29.14。此外，三分之说或与珀耳塞福涅与月神、赫卡忒、阿尔忒弥斯混同相连，参波菲利, antr. nymph., 18, Servius注疏维吉尔《农事诗》3.26, 注释《埃涅阿斯纪》3.13, 4.51, 6.118。

行401—403　对观俄耳甫斯祷歌29.12起："传统的女孩儿，爱新草的气息，从长满绿芽的林间显现圣洁身影，你被劫走，在秋的婚床上……"

春花(ἄνθεσι ... ἠαρινο[ῖσι])：参神谱279, 劳作75, 伊2.89等。

行402　走出迷雾的幽冥(ἀπὸ ζόφου ἠερόεντος)：同2.337。参2.80注释。

行403　纸莎草抄件中有一行补文403a。

重新上来(αὖτις ἄνει)：对观2.398的下行。

行404　大奇观(μέγα θαῦμα)：同《阿波罗颂诗》3.156, 3.415,《赫耳墨斯颂诗》4.219, 4.270。

行404　接纳一切的(πολυδέγμων)：同2.9注释。

行405　美丽的珀耳塞福涅(Περσεφόνη περικαλλής)：同2.493。

行406　如实（νημερτέα）：同2.294。

行407—413　对观2.340—374。

救助神赫耳墨斯（Ἑρμῆς ἐριούνιος）：赫耳墨斯的专用修饰语，又译"分送好运的赫耳墨斯"，同《德墨特尔颂诗》4.3等，《潘神颂诗》19.28，伊20.34，24.457，679，奥8.322等。

行409　厄瑞波斯（Ἔρεβευς）：同2.335，2.349。

亲眼见到（ὀφθαλμοῖσιν ἰδοῦσα）：同2.57注释。

行410　参2.350—351。

行411　高兴地跳起（ἀνόρουσ᾽ ὑπὸ χάρματος）：同2.371。

行412　甜蜜的石榴籽（ῥοιῆς κόκκον, μελιηδέ᾽ ἐδωδήν）：同2.372。

行413　不情愿（ἄκουσαν）：对观2.371—372，哈得斯没有强行迫使，珀耳塞福涅也没有不情愿。另参2.19（ἀέκουσαν）注释。在维吉尔《农事诗》(1.39)中，珀耳塞福涅无意回到母亲身边。

行414—432　对观2.5—2.20。

克洛诺斯之子周密谋划（Κρονίδεω πυκινὴν διὰ μῆτιν）：参神谱572，劳作71。

行415　大地幽深处（ὑπὸ κεύθεα γαίης）：同2.340，2.398。

行417　迷人的青草地（ἱμερτὸν λειμῶνα）：参2.7。

行418—423　此处共出21个大洋女儿的名录，其中16个出自赫西俄德笔下的大洋女儿名录（神谱349—361），其余5个名字中有一个是赫西俄德笔下的涅柔斯女儿（神谱246）。另参阿波罗多洛斯1.11，泡赛尼阿斯4.30.4，维吉尔《农事诗》4.336。涅柔斯女儿名录，参伊18.39—48，神谱243—262，另参俄耳甫斯祷歌24.10—11。

琉喀珀斯（Λευκίππη）：字面意思是"白马"，斯巴达宁芙名，参欧里庇得斯《海伦》1466，泡赛尼阿斯3.13.7。Λευκιππίδες的字面意思是"琉喀珀斯的女儿"。

普法伊诺（Φαινώ）："发光的"，参赫西俄德残篇291.3。

厄勒克特拉，伊安忒（Ἠλέκτρη καὶ Ἰάνθη）：这两个名字并称，同神谱349。前者的字面意思是"闪亮的"，后者的字面意思是"青紫色的"。

墨利忒（Μελίτητετε）："蜜般的"，涅柔斯女儿之一，同神谱247，伊18.42。德墨特尔母女的女祭司又称Melissae（卡利马科斯颂诗2.110）。传说赫拉克勒斯参加阿格腊小秘仪与墨利忒有关（古代作者注疏阿里斯托芬《蛙》501）。

伊阿刻（Ἰάχη）："呼吼的"。或形容水流的声音，或与厄琉西斯秘仪中的伊阿科斯（Iacchus）有关。

荷狄亚，卡利若厄（Ῥόδειά τε Καλλιρόη τε）：这两个名字并称，同神谱351。前者的字面意思是"玫瑰"，后者的字面意思是"美丽的水流"，另参神谱288，981。伊利索斯河附近有一道泉水名叫卡利诺厄，紧挨阿格腊小秘仪所在的神庙。

墨罗波西斯（Μηλόβοσίς）："守护牧群的"，同神谱354。

梯刻，如花的俄库诺厄（Τύχη τε καὶ Ὠκυρόη καλυκῶπις）：这两个名字并称，同神谱360。前者字面意思不详，或与"财富，好运"相连（参《雅典娜颂诗》11.5，泡赛尼阿斯9.16.2），后者的字面意思是"激浪的"。καλυκῶπις同2.8注释。

克律塞伊斯(Χρυσηΐς):"金子的,金线的,金箭的",同神谱359。

伊阿涅伊拉,阿卡斯忒(Ἰάνειρά τ' Ἀκάστη):这两个名字并称,同神谱356。前者的字面意思是"有力的",在荷马诗中是涅柔斯女儿之一(伊18.47)。后者的字面意思是"槭树"。

阿德墨忒(Ἀδμήτη):"不驯服的,处女的",同神谱349。

荷多珀斯(Ῥοδόπητε):"玫瑰色的,玫瑰容颜的"。

普路托(Πλουτώ):"财富",同神谱355,参2.489。

非常诱人的卡吕普索(ἱμερόεσσα Καλυψὼ):"掩藏,包裹",同神谱359,参神谱1017—1018。卡吕普索是《奥德赛》的重要人物。

斯梯克斯(Στὺξτε):"荣誉",同神谱361。

乌腊尼亚(Οὐρανίη):"属天的",同神谱78(缪斯名),神谱350(大洋女儿名)。

可爱的伽拉克骚拉(Γαλαξαύρη τ' ἐρατεινή):"奶白的流水",同神谱353。

行424 帕拉斯和阿尔忒弥斯(Παλλάς καὶ Ἄρτεμις):这两个女神在珀耳塞福涅被劫现场,参欧里庇得斯《海伦》1315,狄奥多罗5.3.4,泡赛尼阿斯8.31.2,奥维德《变形记》5.375—377。俄耳甫斯残篇中没有援引这行诗,但在旁注中提到雅典娜和阿尔忒弥斯(49.40)。

射箭手阿尔忒弥斯(Ἄρτεμις ἰοχέαιρα):阿尔忒弥斯的专用修饰语,同《阿波罗颂诗》3.15,3.159,3.199,《阿尔忒弥斯颂诗》9.2,神谱918,伊5.53等。

行426—427 参2.6—8。两处各六种花,仅有一种不同:紫罗兰(2.6)换成了百合(2.427)。

百合(λείρια):参伊3.152,13.830,神谱41。

水仙(νάρκισσόν):参2.10—14。藏红花与水仙比较,意思不明。在索福克勒斯笔下,藏红花和水仙均系献给德墨特尔母女的圣花(《俄狄浦斯在科洛诺斯》681)。

行429—432 对观2.16—20。

接纳一切的神主(ἄναξ πολυδέγμων):同2.17,参2.9,2.31,2.404。

行431—432 参2.19—20。

行432 不情愿(ἀεκαζομένην):另参ἀέκουσαν(2.19注释)。

大声地哀号(δ' ἄρ' ὄρθια φωνῇ):同2.20。

行434—436 三行重复连用三次θυμός。

行435 鼓舞心灵(κραδίην ἴαινον):或"让心欢喜",参2.65。

心灵和勇气(κραδίην καὶ θυμὸν):同伊10.220。

行438 头巾闪亮的赫卡忒(Ἑκάτη λιπαροκρήδεμνος):同2.25,另参2.458(瑞亚)。赫卡忒在厄琉西斯秘仪中占有一席之地。

行439 纯洁的(ἁγνῆς):同2.203,2.337。

行440 侍卫和伴从(πρόπολος καὶ ὀπάων):赫卡忒陪伴珀耳塞福涅每年上下循行。在其他神话版本中,赫卡忒是德墨特尔的女儿,参欧里庇得斯《海伦》570,《伊翁》1048,俄耳甫斯残篇41,卡利马科斯残篇466,阿波罗尼俄斯《阿尔戈英雄纪》3.467,忒奥克里托斯2.12。赫卡忒是墓间亡灵的向导,与冥府世界相连,此外这两位女神常与月神混同。

冥后（ἄνασσα）："神后，王后"，参阿波罗尼俄斯《阿尔戈英雄纪》3.861，4.147，俄耳甫斯祷歌1.7。

行441　宙斯兑现诸神给德墨特尔母女新荣誉的承诺，这是德墨特尔兑现她给厄琉西斯人传授秘仪的承诺的前提。

大声打雷的远见的宙斯（βαρύκτυπος εὐρύοπα Ζεὺς）：同2.3注释。

行442　秀发的瑞亚（Ῥείην ἠΰκομον）：同2.60，2.75，2.442。瑞亚是克洛诺斯的姐妹和妻子，宙斯和德墨特尔的母亲（神谱453）。

黑衣的德墨特尔（Δημήτερα κυανόπεπλον）：同2.319，2.374。

行443　与2.461近似。

行444　与2.462近似，对观2.328。

行445　与2.463近似。

行446　同2.464，对观2.399。

行447　与2.400，2.465近似。

行448　他说罢（ὣς ἔφαθ'）：同2.316。

没有违抗（οὐδ᾽ἀπίθησε）：同2.340，2.358，2.470。

命令（ἀγγελιάων）：或"消息"。

行449　奥林波斯山顶（κατ' Οὐλύμποιο καρήνων）：同伊1.44。

行450　拉里奥（Ῥάριον）：靠近厄琉西斯神庙的平原，有最早的耕种地。在稍后的神话里，特里普托勒摩斯在德墨特尔的指引下最早在此播种。厄琉西斯秘仪中的祭品也统一由拉里奥平原的收成谷物做成（泡赛尼阿斯1.38.6）。依据卡利马科斯（残篇21.10）记载，德墨特尔崇拜仪式又名Ῥάριας。

滋养生命的（φερέσβιον）：或"孕育生命的"，下行以否定句式重复出现，同2.469，神谱693，《阿波罗颂诗》3.341，《阿佛洛狄特颂诗》5.341，《大地颂诗》30.9。

行451　最丰饶的土地（οὖθαρ ἀρούρης）：同伊9.141，283。原文在行450，译文移至此。

行452　休耕（ἔκηλον）：又指"安闲"，原文在行451，译文移至此。

白麦粒（κρῖ λευκὸν）：同2.309。

藏（ἔκευθε）：参2.307，2.353（藏种子）。

行453—456　区分两个季节：谷物生长季和收成季。

行456　捆成束（ἐλλεδανοῖσι δεδέσθαι）：谷物收成分成收割和捆束两个阶段，参伊18.552，赫西俄德《盾牌》288，农诺斯《狄俄尼索斯纪》2.78，37.385，47.125。

行457　荒凉的天宇（αἰθέρος ἀτρυγέτοιο）：同2.67。

行459　头巾闪亮的（λιπαροκρήδεμνος）：同2.25，2.438（赫卡忒）。形容瑞亚，参俄耳甫斯《阿尔戈英雄纪》627。形容美惠神，参伊18.382，《库普利亚》5.3。

行460　大声打雷的远见的宙斯（βαρύκτυπος εὐρύοπα Ζεὺς）：同2.3注释。

行461—465　与2.443—447近似。

行462—469　有不同程度的缺文。

行464—465 对观2.399—400。

行464 进入迷雾的幽冥(ὑπὸ ζόφον ἠερόεντα)：同2.80注释，参2.337, 2.402。

行466 颔首应允(ἐπένευσε κάρητι)：同2.169。宙斯颔首，标记神王做出不可改变的决定，参伊1.524, 8.246, 15.75, 17.209，埃斯库罗斯《乞援人》91，欧里庇得斯《阿尔刻提斯》968，卡利马科斯颂诗5.131—136。

行469 滋养生命的(φερέσβιον)：同2.450注释。

行470 华冠的德墨特尔(Δημήτηρ ἐϋστέφανος)：同2.224注释。

没有违抗(οὐδ᾽ ἀπίθησεν)：同2.340, 2.358, 2.447。

行471—473 参奥维德《岁时记》4.615—618。德墨特尔为古代阿提卡地区带来农业和宗教，参希波克拉底3.771，伊索克拉底4.28，狄奥多罗5.68.2—3，泡赛尼阿斯1.5.2。

行472 大地突然开花，参《阿波罗颂诗》3.135—139，伊14.347。

行473 掌管法律的王者(θεμιστοπόλοις βασιλεῦσι)：同2.103, 2.215。

行474起 前文有六名厄琉西斯王(2.153—155)，其中波吕克赛诺斯(2.154，另参2.477)和杜里赛克斯(2.155)未被提及。

特里普托勒摩斯和狄俄克勒斯并称，同2.153。

策马的(πληξίππῳ)：同伊2.104, 4.327, 5.705等。古代麦加拉有纪念英雄狄俄克勒斯的竞技赛会，包括马车比赛。

欧摩勒波斯和克勒伊俄斯，分别排在行154—155行尾。

行476 秘仪(ὄργια)：同2.273。本行词尾修饰语有的勘本读作πᾶσι(全部)，有的读作καλά(美丽的)，与行478的σεμνά(庄严的)相接。

行477 有注家主张删掉此行。本行三名王者在行153—154并称，次序一致。此行或有可能为欧莫勒波斯创立祭司制度叙事做铺垫，但整个段落最终没有完成。

行478 庄严的(σεμνά)：同1.1注释，形容德墨特尔仪式，参阿里斯托芬《地母节妇女》948, 948, 1151，欧里庇得斯《希波吕托斯》25，索福克勒斯《俄狄浦斯在科洛诺斯》1050等。

僭越(παρεξ[ίμ]εν)：参索福克勒斯《安提戈涅》60。秘仪密不外传。这一禁忌得到法律和祭司传统的保证，参普鲁塔克《阿尔喀比亚德传》22，另参修昔底德6.27起。秘仪前的洁净和禁食似乎不属于保密范畴，需要保密的部分涉及发生在圣殿中的重要仪轨，参泡赛尼阿斯1.14.3, 1.38.7，克莱蒙《异教徒劝勉录》2.22.4。

不得打听(οὔτε πυθέσθαι)：参泡赛尼阿斯1.38.7，忒奥克利图斯3.51，欧里庇得斯《酒神的伴侣》471，狄奥多罗5.48.4。此处或指秘仪步骤μυστεία，也就是参加过秘仪的信徒受命密不外传。参柏拉图《斐德若》250b—c，克莱蒙《汇编》5.70.7，普鲁塔克《阿尔喀比亚德传》22.3，《德摩特里乌斯传》26.2。

行479 不能外传(οὔτ᾽ ἀχέειν)：或"不得散布，泄露"，参《潘神颂诗》19.18，赫西俄德《盾牌》93，欧里庇得斯《腓尼基妇女》1040，斯特拉波467。

行480—482 最早谈及秘教信徒死后往生的福分，参品达残篇137(另参129, 143)，索福克勒斯残篇753，另参品达《奥林波斯竞技凯歌》2.67，柏拉图《理想国》365a3，《斐多》69c，《高尔吉亚》493b，欧里庇得斯《疯狂的赫拉克勒斯》613，阿里斯托芬《蛙》154—158,455，泡赛尼阿斯10.31.9—11。

大地上的人类……有福了（ὄλβιος ... ἐπιχθονίων ἀνθρώπων）：同样句式参2.486—487，奥5.306,6.153，神谱96,954，劳作826，《大地颂诗》30.7等。

亲见过的（ὄπωπεν）：指秘教入会礼的参加者。此处或指秘仪步骤ἐποπτεία，也就是秘仪信徒进入静观以获得更好启示，参《苏达辞典》ἐπόπται词条。

未行入会礼的（ἀτελὴς ἱερῶν）：或"未完成圣礼的"，"未入教的"。秘教入会礼也被称为τέλος-τέλη，包括厄琉西斯秘仪，参埃斯库罗斯残篇387，索福克勒斯《俄狄浦斯在科洛诺斯》1050，欧里庇得斯《希波吕托斯》25，柏拉图《理想国》560e。

命中无份的（ἄμμορος）：或"命苦的"，参伊6.408,24.773。

进入迷雾的虚冥（ὑπὸ ζόφῳ εὐρώεντι）：同2.81注释。

两样的（οὔ ποθ' ὁμοίων）：直译"不相像的"。原文在行481，译文移至此。

行484 加入其他神们的聚会（θεῶν μεθ' ὁμήγυριν ἄλλων）：同《阿波罗颂诗》3.187。

行485 鸣雷的宙斯（Διὶ τερπικεραύνῳ）：同劳作52，伊1.419,16.232等。

行486 庄严的（σεμναί）：同2.1注释。

可敬的（αἰδοῖαι）：同2.343,2.374。

乐意（προφρονέως）：同神谱419，原文在行487，译文移至此。

行486—489 似乎重复2.380的说法，但此处强调入会信徒在此生的福分，参神谱97，《大地颂诗》30.9。

行488 家火旁（ἐφέστιον ἐς μέγα δῶμα）：直译"在大家宅里的灶火旁"，普鲁托斯和赫斯提亚在家灶旁共有神龛。在古人眼里，财神或穷神走进人家，和这家人住在一起，参神谱593，索福克勒斯残篇273，普鲁塔克《道德论集》693。

普鲁托斯（Πλοῦτον）：财神，特别是与农耕相连的财富。在赫西俄德笔下，普鲁托斯是德墨特尔和英雄伊阿西翁在克里特耕田生下的儿子（神谱969—974，参奥5.125），既与农耕有关，也与秘教相连，传说伊阿西翁与萨莫色雷斯等地的秘教传统有关（忒奥克利图斯3.50，狄奥多罗5,48）。在阿里斯托芬笔下，普鲁托斯和德墨特尔母女一起出现在地母节仪式中（《地母节妇女》296），另参俄耳甫斯祷歌40.3，狄奥多罗1.12.4。普鲁托斯常被表现为幼神形象，稍后与狄俄尼索斯、伊阿刻斯混同，参索福克勒斯《安提戈涅》1115,1146，残篇959，品达《奥林波斯竞技凯歌》2.53，另参阿里斯托芬《财神》727，柏拉图《克拉底鲁》403a，俄耳甫斯祷歌18.4。普鲁托斯还用来指称其他地下神祇，参索福克勒斯《安提戈涅》1200。普鲁托斯区别于冥王的别称普鲁同。

送财富（ἄφενος δίδωσιν）：指农耕财富，参伊1.171,23.299，奥14.99，神谱112，劳作24,637。

行490—491 三处德墨特尔圣地分别是平原、海岛和山地，德墨特尔不只是地方性秘仪的神主，更是具有泛希腊意味的奥林波斯神。

帕洛斯（Πάρον）：爱琴海上的岛屿，曾系克里特殖民地（参2.123），相传岛上有古老的德墨特尔圣地，参《阿波罗颂诗》3.44，希罗多德6.134，阿里斯托芬《鸟》1764，泡赛尼阿斯10.28.3。

安忒戎（Ἀντρῶνά）：古代色萨利地区地名，出现在《伊利亚特》卷二的点将篇章中（伊

2.697),与之邻近的皮拉索斯被称为"德墨特尔圣地"(伊2.696,参斯特拉波435)。也有注家指安特柔斯(Andros)

多岩石的(πετρήεντα):同《阿波罗颂诗》3.44,3.183。

行492 送来好礼物好季节(ἀγλαόδωρε ὡρηφόρε):同2.54,2.192。

行493 与《德墨特尔颂诗》13.2近似。

美丽的珀耳塞福涅(Περσεφόνη περικαλλὴς):同2.403。

行494—495 同《大地颂诗》30.18—19,另参第6,10,25,31首颂诗的结尾求告。

犒赏(πρόφρονες):同2.138,2.140,2.226。

行495 荷马颂诗本系英雄叙事长诗的序歌,本行是典型的过渡性结束语,共有12首荷马颂诗采用这一结束语。

林郁沁(Eugenia Lean):《美妆帝国蝴蝶牌：一部近代中国民间工业史》，陶磊译，上海：光启书局，2023年

书评与回应

·《美妆帝国蝴蝶牌：一部近代中国民间工业史》·

重释"工业主义"的意义与可能

捣鼓"实验"

对两篇书评的回应

重释"工业主义"的意义与可能

■ 文/李煜哲

导语：文人工业主义者陈蝶仙

如何在全球视野下定位中国在20世纪早期的工业发展，是中国科技史、工业史研究的重要问题。对此，现有研究常涉及两种视角：其一是立足于横向的空间维度，将现代中国工业置于全球工业版图中进行比较与考量，思考中国之外的他者——尤其是西方发达资本主义工业——如何与现代中国的诸多力量交汇、互通与碰撞；其二则是从纵向的时间维度，上溯千年的中国历史，寻找从中国"本土"传统中自发生长的、可谓中国形式的科学与技术成就，并考察这些传统如何作用于20世纪的中国工业进程。这两种视角的交织不仅见于今天关于现代中国的史学研究，也同样可见于活跃在20世纪早期的中国新式文人的工业实践中。林郁沁教授的新著《美妆帝国蝴蝶牌：一部近代中国民间工业史》一书，即以集作家、编辑、商人、工业家等多重角色为一身的文人工业主义者陈蝶仙为研究对象，通过讨论陈蝶仙在20世纪早期的文化活动与工商业实践，在中国现代工业史领域作出新的探索。

立足于文化、科技、工业等场域交汇处的现代中国精英，陈蝶仙并非个例。[①]那

---

① 例如，费侠莉于1970年出版的《丁文江：科学与中国新文化》一书的研究对象丁文江，同样具有多重身份：他既是政府官员、新闻记者、企业家、政论家和教育家，也是受过西方教育的、追逐"科学维新"的地理学家。见 Charlotte Furth, *Ting Wen-Chiang: Science and China's New Culture* (Cambridge, MA: Harvard University Press, 1970)。中译本见费侠莉（Charlotte Furth）：《丁文江——科学与中国新文化》，丁子霖、蒋毅坚、杨昭译，北京：新星出版社，2006年。

么，为什么要选择陈蝶仙为关注对象？从陈蝶仙这一个案，何以能延展出对于现代中国科技发展、工业制造、知识生产等层面的深入探索？通过直面上述问题，林郁沁教授并未将此书写成一部陈蝶仙的传记，而是重点考察了陈蝶仙的文化生产与物质实践，并从中发掘出了本书的核心概念——"民间工业主义"（vernacular industrialism）。林郁沁教授指出："中国民间工业主义涵盖了正规与非正规的工业尝试、随意性的试验和工厂里的劳动、本土化的实验和对全球潮流的主动适应，同样也涵盖了物质性的工业建设和知识性的文字工作。"[1] 换言之，民间工业主义格外关注一些看似与工业生产无关、却实际上成为20世纪早期中国工业活动重要组成部分的工业实践。这些实践并非由政府和在当时具有较大影响力的工业机构、学术研究机构来主导，也区别于既往工业史叙述中对于有组织的、"正规"的工业化与现代科学活动的偏爱。民间工业主义证明，20世纪早期中国的工业现代化道路并非曲折甚至失败；那些灵活、偶然、不合所谓"正规"与"常规"的生产实践，恰恰说明了中国工业现代化路径的丰富性与活力。民间工业主义由此与西方中心主义工业现代化话语形成了有力的对话，并与后殖民研究中对工业现代化叙事进行去中心化的其他学术成果，共同拓展了"工业现代性"范畴的边界。

一、新式知识生产：文化志业、性别场域与日常生活

全书在导论和结论之外共六章，分为三大部分。本书第一部分"世纪之交的杭州士绅实验"追溯了陈蝶仙一生志业的起源。本部分由第一章"无用之用"构成，这一章主要关注陈蝶仙及其同代人如何开始尝试诸多新的事业，既包括新式文化生产，也包括其他商业、制造活动。后者看似无用，充满游戏化的精神，并不见容于传统文人。但通过详细梳理这些事业之间的潜在联系，作者看到了陈蝶仙发掘"无用之用"的能力：他擅长从看似无用之事务中找出它们的实用价值，而这正显示出陈蝶仙具有企业家的品质。就研究方法而言，本章尤其值得注意的是作者对以"现代科学"视角去评估新式文人对新知识的探索这一研究范式的有效性的质疑：作者提醒读者不应不假思索地将陈蝶仙探索科学及工业知识的试验纳入所谓"现代科学"的范畴，而应同时关注到这些试验与中国博物学文人传统的关系[2]，

---

[1] 林郁沁（Eugenia Lean）：《美妆帝国蝴蝶牌：一部近代中国民间工业史》，陶磊译，上海：上海光启书局，2023年，第12页。
[2] 同上书，第49—50页。

看到陈蝶仙如何利用传统的文人美学、雅集与游戏文化,以及竹枝词这样的文本实践,将新式事物、知识与科技转化为更易被本地精英群体接受的形式。

以陈蝶仙文化生产事业所需要的脑力劳动为起点,作者开启了本书第二部分"制造业知识:1914—1927"的讨论。在上海新兴的出版文化中,陈蝶仙通过原创、汇编、编译等工作传播工业技艺知识建构了民间工业主义。本书第二章以陈蝶仙创办的刊物《女子世界》(1914—1915)的"制造库"栏目为重点,吸纳配方研究、出版文化研究、性别研究等多领域的学术成果,对该专栏文章的实际生产过程和该栏目传播知识的目标受众展开了细致的考察。就文本生产而言,这类文章经历了充满"语言摩擦"(language friction)[①]的翻译、选择、改写与编纂,这种知识生产过程动摇了该栏目提供的生产技术和配方信息的可靠性。就目标受众而言,作者提示我们深入思考其中的性别分布。尽管男性科学爱好者、制造商和新兴工业家更可能是这些新式知识的真正接受者者兼实践者,被改革派知识分子视为"新女性"反面的上流阶层闺秀(genteel woman)作为理想的新知受众的地位不可忽视。通过将后者纳入目标读者群,陈蝶仙的"制造库"栏目发现了闺秀们的游戏性创新实践通往工业制造的现代化可能:她们在闺阁(inner chamber)中将新式配方与技术应用于家庭生产,这种"科学"活动不仅将闺阁这个看似私密的空间重塑为现代场域,而且在一定程度上重新定义了"闺秀"群体,激活了她们进入"新女性"隐喻的政治潜力。

第三章继续关注陈蝶仙利用新兴出版物进行的文本生产及由此衍生的新式知识生产。本章研究了陈蝶仙在20世纪10年代末到20年代为之撰稿和编辑的《申报》"家庭常识"栏目和编纂的《工商业尺牍偶存》。在某种程度上,二者都显示出了"认识论的多元主义"(epistemological pluralism)。[②]"家庭常识"栏目以博学的姿态为目标读者提供专门知识,在一定程度上与中国的博物传统一脉相承;《工商业尺牍偶存》则在提供技术化知识的层面比"家庭常识"栏目更进一步,表面上是以传统的书信汇编文类为读者提供写信模板,实际上却成为提供制造业与商业方面专业建议的新知实践手册。陈蝶仙所发表的这些有别于专业出版物和专业职业教育训练的工业"常识",一方面打破了知识的等级,另一方面也重构了日常生活:读者既可以阅读这些知识为娱乐,也可严肃地将这些知识应用于家庭空间与新式生产,成为塑造现代市民与发展本土工业的国族话语的实践者。

---

① 林郁沁:《美妆帝国蝴蝶牌:一部近代中国民间工业史》,第92页。
② 同上书,第138页。

二、"物质转向":工业产品制造与流通的本土性与全球性

如果说第二部分主要关注陈蝶仙的文本生产工作如何与他的商业、工业制造活动相互促进,那么第三部分"物品制造:1913—1942"的关注重心则转向了陈蝶仙民间工业主义实践的物质生产方面。第四章考察陈蝶仙开办的家庭工业社,分析该公司如何通过展示家族式经营生产方式和低级机械化程度、寻找和使用本地原材料、翻译并调整制造原材料的外国技术和配方以适应本地条件等方式,塑造了自身旨在自给自足的本土主义民间工业形象。其中尤为值得注意的是陈蝶仙的"玩创"(tinkering)实践,即在模仿、试验过程中调整和改良产品或技术。作者在开篇的"导论"一章中已指出"玩创"概念对于重新思考创新与工业生产具有积极意义,而第四章对于陈蝶仙"玩创"式生产实践的具体分析,则进一步揭示了民国工业建设语境中"改良"与"发明"概念之间的复杂关联,以及陈蝶仙所营销出的自给自足和本土主义表面形象背后的全球性知识流动。

在产品生产的基础上,家庭工业社的商业成就同样离不开品牌推广。第五章关注的正是陈蝶仙创建的"无敌牌"(英文名Butterfly,故也可称为"蝴蝶牌")系列商标。作者在本章中使用了大量图片材料,从听觉、视觉、物质性等方面对该商标的名称、图案设计、广告宣传,与电影文化的关系等方面进行了考察,充分贴近历史现场,探寻陈蝶仙如何为该商标进行推广和维护。如果说第四章提供了关于科学技术知识如何在全球流动与本土化的视角,第五章则受新近对海外离散华人的全球史研究启发,关注到家庭工业社将蝴蝶牌产品定位为国货销往海外华人市场的商业实践如何使"本土"(local)与"中华性"(Chineseness)概念变得复杂。作者指出,离散华人群体将蝴蝶牌产品作为"国货"来消费,并不意味着这些华人群体构成了蝴蝶牌在海外的"本土"市场;离散华人通过购买这些产品来获得的"中华性",也更像是家庭工业社利用大众媒体营销出来的幻象。本章中对于作为营销手段的多重媒体形式如何营造出真实感以加强消费者与商品之间情感联结的分析,与第一章在分析竹枝词时关于摄影术和照相机等新媒体技术对重塑"真实"的讨论遥相呼应。

对于"真实"的追求与困惑,并不仅仅体现在竹枝词这样的文本实践和广告营销这样的商业实践中。对真假国货的辨别,对中国出版市场上流通的工艺与科技知识是否可靠的焦虑,都是民间工业主义实践需要直面的问题。第六章讨论了在此背景下陈蝶仙的一系列汇编工作。这既包括提供工业知识的《家庭常识汇编》,

也包括传播医学知识的《梅氏验方新编》和关乎国货生产的《实业致富丛书》。三部汇编自证真实性的手段相互关联又有所区别。《家庭常识汇编》通过汇总报纸上发表过的零散文章并为之撰写前言重建信息秩序,并提倡"实验"观念以鼓励目标读者积极参与到具体工业知识的检验与运用中。《梅氏验方新编》既通过编者自身复杂而严苛的专业编校劳动及编者以个人经验证实药方有效性的方式,向读者保证信息的可信度;又以借助大众媒体公开祖传秘方的方式,来缓解读者对商品化知识的可靠性的焦虑。《实业致富丛书》则以标榜自身具有鉴定真正国货的能力,来巩固陈蝶仙作为"国货运动"领袖的声望,并鼓励中国工业家们对西方产品进行有精巧的仿制与改造,以带动工业创新、制造真正的国货、发展民族工业。

  本书第三部分对物品生产、流通与消费等层面的关注,在一定意义上是对20世纪80年代以来在文化研究、人类学、民族志和历史学领域逐渐升温的"物质转向"(material turn)研究风向的延续。[1]以"物品"为中心,本部分提供了关于如何研究"物"的方法论启发。作者既充分辨析了与陈蝶仙工业制造活动相关的物品的文字材料,也很注意对物品本身物质性的分析。例如,第四章不仅通过回忆录、报刊文章、政府公报、公司档案等多种文字资料,对陈蝶仙家庭工业社的产品生产与品牌经营进行了全面考察,还通过对陈蝶仙家庭工业社的产品的化学分析,证明了该公司自产牙粉的成分确实出自本土原材料。[2]第五章对于"无敌牌"商标的视听觉精巧构造的细读、对该品牌的商品宣传如何利用新媒体技术物质性的研究,

---

[1] 关于文化史与全球史领域的"物质转向",参见 *Material Powers: Cultural Studies, History and the Material Turn*, eds. Tony Bennett and Patrick Joyce (London: Routledge, 2010); Giorgio Riello, "The 'Material Turn' in World and Global History," *Journal of World History* 33, no.2 (2022), pp.193–232. 在中国研究领域以物质性和物质文化为中心的代表性著作包括但不限于:Craig Clunas, *Superfluous Things: Material Culture and Social Status in Early Modern China* (Cambridge: Polity Press, 1991); Frank Dikötter, *Exotic Commodities: Modern Objects and Everyday Life in China* (New York: Columbia University Press, 2006); Craig Clunas, *Empire of Great Brightness: Visual and Material Cultures of Ming China, 1368-1644* (Honolulu: University of Hawaii Press, 2007); Frank Dikötter, *Things Modern: Material Culture and Everyday Life in China* (London: Hurst & Company, 2007); Jonathan Hay, *Sensuous Surfaces: The Decorative Object in Early Modern China* (London: Reaktion Books, 2010); Dorothy Ko, *The Social Life of Inkstones: Artisans and Scholars in Early Qing China* (Seattle: University of Washington Press, 2017); Denise Y. Ho, *Curating Revolution: Politics on Display in Mao's China* (Cambridge: Cambridge University Press, 2018); Laurence Coderre, *Newborn Socialist Things: Materiality in Maoist China* (Durham: Duke University Press, 2021); *Material Contradictions in Mao's China*, eds. Jennifer Altehenger and Denise Y. Ho (Seattle: University of Washington Press, 2022); 等等。
[2] 作者提供了伊克赛尔实验室对陈蝶仙装牙粉的容器的红外光谱分析的报告资料来证明牙粉的主要成分确有碳酸镁。见林郁沁:《美妆帝国蝴蝶牌:一部近代中国民间工业史》,第187页。

以及第六章关于陈蝶仙运用各种文本策略区分"真货"与"假货"、"国货"与"洋货"的讨论，都综合运用了文字材料与物品本身，来为陈蝶仙及其同代人对所面对的新式物质性赋形。

可以说，《美妆帝国蝴蝶牌》对于"物"的敏锐与重视，与近年来英文学界在物质文化研究领域的其他成果异曲同工。例如，高彦颐在《砚史：清初社会的工匠与士人》一书中如此强调学者自身对于"物"的感知的重要性："即便是高像素照片，仍难以捕捉到工匠或鉴藏家所讲究的石质——不仅仅是砚的形态或设计，更指它如小儿肌肤般的柔润质感、细致石品等矿物特征以及用食指轻扣发出的木质回声。"① 这种研究态度并非旨在为"物"的主体性正名，而在于提示研究者关注物品所身处的生产与流通网络及历史主体的物质实践，认识到"物"之于人并非只有象征意义，"物"与"词"也并不应被对立起来讨论。②《美妆帝国蝴蝶牌》正是破除"词"与"物"分野的有益尝试。通过解析陈蝶仙的文本实践、商业实践与工业生产如何相互交织，本书充分发掘了陈蝶仙的知识生产与认知方式背后的物质性。

三、"民间工业主义"概念的生长力与反思

在本书的结语部分，林郁沁教授总结了陈蝶仙的工商业活动何以能代表民间工业主义的实践形式，并进一步探索了民间工业主义概念的生长力，尤其是该概念与毛泽东时代乃至改革开放时代工业生产实践的紧密关系。作者打破了陈蝶仙的"非正规"实践与看似更为"正规"的工业活动之间的等级关系："陈蝶仙等个人频繁从事的民间工业实践，每每超出政府辖域或正规场所。在这些实践中，有一些会涉及正规工业和科学，尽管有时以意想不到的方式。玩创活动和商业化的知识工作不见得就是自外于正规工业、科学工作的次要、无用的活动，它们其实可以和高效的工业探索互相兼容。"③ 作者提示我们，不应将陈蝶仙的民间工业主义实践定位为"前工业化"，而应看到该概念蕴含的工业实践——包括生产方式、消费方

---

① Dorothy Ko, *The Social Life of Inkstones: Artisans and Scholars in Early Qing China* (Seattle: University of Washington Press, 2017), p.7. 引文引自中译本，高彦颐：《砚史：清初社会的工匠与士人》，詹镇鹏译，北京：商务印书馆，2022年，第7页。
② 例如，*Writing and Materiality in China* 一书的导言就提示读者去关注"写作"这一文本实践背后复杂的物质性，从而打破将形式与内容、"词"与"物"、文献与器物对立起来的研究倾向。见 *Writing and Materiality in China: Essays in Honor of Patrick Hanan*, eds. Judith T. Zeitlin and Lydia H. Liu (Cambridge, MA: Harvard University Asia Center, 2003), pp.1–2.
③ 林郁沁：《美妆帝国蝴蝶牌：一部近代中国民间工业史》，第280页。

式、品牌和商标法规等——如何拓展了我们对"工业化"与"工业现代性"的理解。由此，陈蝶仙在20世纪早期的民间工业主义实践，既与毛泽东时代社会主义工业实践所重视的本土化改造、群众实验、自给自足等理念相联通，也与改革开放以来"山寨""众创"等工业活动中以策略性模仿、技术知识开源等方式带动创新的制造文化遥相呼应。

作为本书的核心概念，"民间工业主义"横跨20世纪与21世纪的蓬勃生长力，为重新理解中国的工业制造活动打开了许多思考空间。这里笔者试提出几条可进一步思考的路径。

其一，民间工业主义式的生产实践，与手工艺、手工业之间存在怎样的关系？在本书导论中，作者指出"民间工业主义"受到陈蝶仙所处时代"小工艺"这一术语的启发：此处的"工艺"并不同于20世纪30年代之后与手工制作关联的"手工艺"，而主要被用来描述与轻工业相关的工业技术。[1] 从这个角度来看，"民间工业主义"与"手工艺"似乎是在不同的层面展开：前者的"民间"关乎话语的等级，用来表述某种与"正规"相对的制造活动的合法性；而后者的"手"则关乎生产主体与制造方式，强调该工艺依靠人的手工制作而非机械化生产。然而，作者在第四章中指出，陈蝶仙的家庭工业社对自身规模小、机械化程度低、以自给自足为目标的定位，需要放在20世纪二三十年代推崇本土手工劳动来对抗"洋货"的国货运动的背景下来理解，这又在一定程度上说明了陈蝶仙的民间工业主义生产实践与手工业生产不无关联。由此，如何理解民间工业主义与多种形式的"手工业"（如前现代的官府与民间作坊、新中国社会主义改造时期的手工业）的区别与联系，以及二者与全球范围内本土主义、文化民族主义的关系，或可进一步思考。[2]

另一个可以探讨的问题与"民间工业主义"所关联的学科视野有关。对于"民间"与"日常"的研究，关注本土与全球之间交互与流通的工业史、科技史等，

---

[1] 林郁沁：《美妆帝国蝴蝶牌：一部近代中国民间工业史》，第7页。
[2] 可以参考的案例有：20世纪20年代以降日本的"民芸"（民间工艺）范畴及相关的运动；以及发生在19世纪末的俄国、维多利亚时代的英国、19世纪末至20世纪前期的波兰等地，与"民族形式"和民族国家话语密切相关的工艺美术运动。与此相关的研究，可参考Kim Brandt, *Kingdom of Beauty: Mingei and the Politics of Folk Art in Imperial Japan* (Durham: Duke University Press, 2007); Peter Stansky, *Redesigning the World: William Morris, the 1880s, and the Arts and Crafts* (Princeton, N.J.: Princeton University Press, 1985); Wendy Salmond, *Arts and Crafts in Late Imperial Russia: Reviving the Kustar Art Industries, 1870–1917* (Cambridge: Cambridge University Press, 1996); David Crowley, *National Style and Nation-State: Design in Poland from the Vernacular Revival to the International Style* (Manchester: Manchester University Press, 1992).

都为作者建构民间工业主义框架提供了有益资源。然而如若细究,还可以提出如下问题:在考察20世纪早期民间工业主义的生成时,是否有必要对技术与科学进行更为明确的区分?如果做出区分,那么相较"科学"而言,技术理论与技术史视野又会给本研究带来哪些新的可能?综观全书,无论是陈蝶仙对于"玩创"活动的重视,还是他在制造业和工业技艺方面的知识生产与知识工作,都似乎更多地指向具体性的"技术",而非相对更为抽象、理论化或"正规"的"科学"。不过,本书在很多情况下对"科学"与"技术"间区别的模糊化处理,也许是因为这样做能更好地反映"20世纪早期科学知识、技术和工业的所有权尚未确定的状态"①,或是受英文学界常见的将科学史与技术史放在一起讨论的研究范式的影响②,亦或是有意规避西方学术传统中对科学与技术进行区分的假设。无论如何,本书的"民间工业主义"概念都为技术史研究提供了很大启发。它并不仅仅带领研究者注意到基础科学、应用科学、技术等概念在中国现代史中的不确定性、多元性与流动性,更有助于构建一种批判性的技术史叙述方式——这种叙述不再以西方作为比较标准来评判本土技术的进步与否,从而更大限度地避免殖民主义思维的侵扰。

结语:非"另类现代性"的工业现代性

借用王璞在郭沫若研究中将郭沫若视为"二十世纪中国的一个巨大文化存在"③的表述,《美妆帝国蝴蝶牌》中的陈蝶仙同样可称为某种有重大意义的"文化存在":他在文化、商业、工业等多方面的生产实践,可视为19世纪末至20世纪前期文人工业主义者的有力写照。通过从陈蝶仙身上挖掘出与所谓"正规"的工业生产及"常规"的制造活动不同的民间工业主义,本书参与到了修正主义史学的学术脉络中。本书提出的民间工业主义概念,与对于非西方文化"另类现代性"(alternative modernities)的研究脉络形成了潜在的对话关系。民间工业主义所指称的存在于轻工业与制造业领域的异质性生产方式,以及这些生产活动所蕴含的

---

① 林郁沁:《美妆帝国蝴蝶牌:一部近代中国民间工业史》,第8页。
② 这类著作包括但不限于:李约瑟(Joseph Needham)所发起与主持编辑的多卷本《中国科学技术史》(Science and Civilisation in China); John V. Pickstone, *Ways of Knowing: A New History of Science, Technology and Medicine* (Chicago: The University of Chicago Press, 2000); Henry Heller, *Labour, Science and Technology in France, 1500–1620* (Cambridge: Cambridge University Press, 1996); *Science and Technology in the Global Cold War*, eds. Naomi Oreskes and John Krige (Cambridge, MA: The MIT Press, 2014); 等等。
③ 王璞:《一本书的"自叙传"与问题延伸:回应两份评论》,《现代中文学刊》2019年第1期。

通向由"正统"工业活动主导的工业现代化路径的潜力,都可视为工业主义概念内的"另类现代性"。但作者并未采用这一提法;相反,作者对于"将分析性范畴和二元论具体化"的做法具有高度的警觉,质疑现代化叙事所导致的诸如"手工—机械""理性—具象""土著—都市"等概念的二元区分,认为"民间"不应与所谓"普世"或"现代"的工业化截然对立。[1]这种警觉在一定意义上与其他学者对"另类现代性"这一说法的质疑不谋而合:"另类"的提法似乎在暗示这种现代性与某种始于西方的"原始现代性"相区别,实质上是对将西方与现代性画等号(western-equals-modern equation)做法的复制。[2]通过从"民间"与"日常"领域中挖掘出具有现代性的工业主义实践活动,《美妆帝国蝴蝶牌》有力打破了西方与现代性之间的等价关系:这些活动所指向的并非"另类现代性",而是被主流现代性叙事边缘化的"现代性"的一个面向。

---

[1] 林郁沁:《美妆帝国蝴蝶牌:一部近代中国民间工业史》,第11—12页。
[2] 关于"另类现代性"的有效性、问题与批判,以及"日常性"概念、实践与经验对于现代性批判的意义,参见 *Everyday Modernity in China*, eds. Madeleine Yue Dong and Joshua Goldstein (Seattle: University of Washington Press, 2006), pp.3-8。

捣鼓"实验"

■ 文/汪炀

"陈蝶仙翻译馆译出的某些虚构性文本,或许巩固了对其工业创新弥足珍贵的玩创理想(the ideals of tinkering)和实证工作(empirical work)……"①一如该节取为例证的福尔摩斯情结,其中或有略显天真的信徒,亦存颇具自反性的"福学家",以及在旁由此棱镜审视维多利亚时代的研究者,②围绕着陈蝶仙的学术场域似有相类的生态系统。

林郁沁教授专著《美妆帝国蝴蝶牌:一部近代中国民间工业史》(*Vernacular Industrialism in China: Local Innovation and Translated Technologies in the Making of a Cosmetics Empire, 1900–1940*;下简称《美妆》)便占据一独特生态位。该书导言提到,此前关于陈蝶仙的科学实验、常识写作与工商业等活动多以圣徒传风格叙述,或是另有像中岛知惠子(Chieko Nakajima)单纯以作家身份来标举此般实践在当时的普及状况,③然而这样将两方面生平简单并置实则是此类研究无所适从的体现,仅仅是因为材料由华生卷宗转为切实的历史遗存所不得不做的补缀("just

---

① Eugenia Lean, *Vernacular Industrialism in China: Local Innovation and Translated Technologies in the Making of a Cosmetics Empire, 1900–1940*, New York: Columbia University Press, 2020, pp.188–189.
② 如[美]斯尔詹·斯马伊奇:《鬼魂目击者、侦探与唯灵论者:维多利亚文学和科学中的视觉理论》,李菊译,南京:译林出版社,2022年。
③ Chieko Nakajima, *Body, Society, and Nation: The Creation of Public Health and Urban Culture in Shanghai*, Harvard: Harvard University Press, 2018, pp.218–221.

so")。① 相较而言,《美妆》一书则积极调动起陈蝶仙文人身份与以上诸多实践间的隐匿线索,由此同多条学术脉络对话。

与之相应,书中三部分的划分相较于以时间为经纬,更体现为三个相近主题的簇状分布。首章即单独作为第一部分,重心放在陈蝶仙(自身风格)写作与实验等兴趣的早年缘起。不同于中岛全然捆绑至陈蝶仙幕僚经历、同兄弟与日本教习的知识交流,或是汲汲于寻求 Hugo Gernsback 那般理想型的中国对应,②本章更留意陈蝶仙背后的本土因素。士医的家庭背景以及雅集、博物等取向,形塑了陈蝶仙对知识与相关实践的喜好,也进一步投射于他的世情写作。在文体层面,陈蝶仙利用诸多媒介来为(小说)读者构建真实布景与共情通感,但亦另在竹枝词篇目中寄寓反思与间离:似与福尔摩斯"as if"之写作设定有所冥契。③ 不过,二者的亲和性与其说是同柯南·道尔一道出自现代性的内部反思,陈蝶仙更像是因被抛(Geworfenheit)而入世纪之交中国这般接触地带的有意调动,此般矛盾体正是林郁沁访谈中提及选取微观史对象的触动初因。④

第二部分着眼于出版场域,同样未曾忘却陈蝶仙一体两面身份间的联结,首章提及的写作活动正带给他之于读者群的传播网络与发声权重;且就《美妆》一书本身写作而论,此处也正是林郁沁深入探究陈蝶仙的起点。第二章由"玫瑰精"等化妆品家庭制法于女性期刊的登载切入,一方面(女性编辑隐形合作参与下的)男性编纂者在此过程中塑造着显性的知识占有与权威(亦成 Osiris 中科学与男性气质专题一文⑤),另一方面身处闺阁的女性接受者在为知识付费同时,依托、融合本土基础开展家庭实验,由此揭示了为五四叙事所遮蔽之闺秀群体与家庭场域等暗面的(广义)政治、文化参与。而像第三章述及的家庭常识出版则由灭火器这般具体物件引介,陈蝶仙不仅在产品介绍中勾连背后的化学知识,又利用公众演示等大众科学(popular science)途径推广产品,于另一侧面体现知识权威同商业活动的互相促进,某种意义上与欧亚大陆另端之维多利亚时期风貌共振。⑥ 若着意审视以上

---

① Michael Saler, *As If: Modern Enchantment and the Literary Prehistory of Virtual Reality*, Oxford: Oxford University Press, 2012, pp.20−23.
② Lean, *Vernacular Industrialism in China*, p.29.
③ Saler, *As If*, Chap. III.
④ 陈利:《从微观史到围观全球史:哥伦比亚大学林郁沁教授访谈录》,《信睿周报》第43期,2021年。
⑤ Eugenia Lean, "Recipes for Men: Manufacturing Make-up and the Politics of Production in 1910s China," *Osiris*, Vol.30, No.1 (2015), pp.134−157.
⑥ 如 Bernard Lightman, *Victorian Popularizers of Science: Designing Nature for New Audiences*, Chicago: The University of Chicago Press, 2007。

两类实用文本，陈蝶仙客观上依托新媒介潜在培育了大众读者群体的知识与公民素养，且倾向采用混杂文言的商业白话来进行表述，这正与他世情小说的写作旨趣呼应，鸳蝴派远非以《新青年》为基点而简单划之为保守、媚俗的旧堡垒。

第三部分则关乎更为具体的工商业实践，这里非取高家龙（Sherman Cochran）那般管理模式在地化的范式，[①] 而是由陈蝶仙之能动性来折射民国时期民间工业、知识产权与出版事业等面向。第四章重审陈蝶仙取乌贼骨制作牙粉的神话，剖析在此背后实际收购盐卤与薄荷等原料的商业运作，积极获取工艺知识的翻译加工，以及在投入规模化生产前的反复实验打磨，最后如何在回忆文本中添得本土与爱国的光晕，某种意义上本章也算是对圣徒传模式写作的回应。第五章则延伸至运营中的知识产权策略，陈蝶仙利用自身在小说方面的声誉潜移默化达成品牌宣传，并借助图片+电影等新媒介、知识产权法律+国货等现时性话语进一步扩大影响；值得注意的是，该章会在 Osiris 专题论文基础上另扩充至后续写作计划。[②] 最后一章可视为以上"词"与"物"向度的合流、总结，陈蝶仙知识编纂在传播知识内容目的外，更多出于一种对自身知识可信度（credibility）的再确认，像对"实验"过程的强调、取祖传"秘"方的共享皆为顺应媒介传播的策略；这样对科普知识的有意编纂同第二部分所述之大众科学取向不尽相同，预期读者会倾向于工业同行，通过对本土与外来知识的实验性创制来标榜自身相较各方的独立性。林郁沁取夏平（Steven Shapin）所述18世纪英国绅士的科学共同体网络担保作为对举，[③] 而像陈蝶仙则更与时俱进运用诸多新媒介来拓展这一效应。由此，第三部分就陈蝶仙的知识反刍尚可带及他译文文类的分析，根据生产过程的反复实际验证来调整知识接受亦是编译流程的具身化隐喻，某种意义上相较 Pamela Smith 所论更交叠一层跨文化转译的棱镜。[④]

以上关于《美妆》一书的概述，在导言所对话之自强运动叙事、（后）殖民与日

---

① ［美］高家龙：《大公司与关系网：中国境内的西方、日本和华商大企业（1880—1937）》，程麟荪译，上海：上海社会科学院出版社，2002年。
② Eugenia Lean, "The Making of a Chinese Copycat: Trademarks and Recipes in Early Twentieth-Century Global Science and Capitalism," *Osiris*, Vol.303, No.1 (2018), pp.271−293.
③ Steven Shapin, *A Social History of Truth: Civility and Science in Seventeenth-Century England*, Chicago: The University of Chicago Press, 2015.
④ Pamela H. Smith, *The Body of the Artisan: Art and Experience in the Scientific Revolution*, Chicago: The University of Chicago Press, 2004; Pamela H. Smith, *From Lived Experience to the Written Word: Reconstructing Practical Knowledge in the Early Modern World*, Chicago: The University of Chicago Press, 2022. 笔者在 Smith 教授2023年5月22日于复旦大学讲座中问及两人书中何以选用概念的问题，可参见 Pamela H. Smith 主讲、刘小朦整理：《实验室里的历史学家：历史上工艺实践与科学知识的交汇》，《澎湃新闻·私家历史》2023年6月6日。

常技术转译等反思基础上,着重突出了同维多利亚时期科学境况对举、科学实践回返至写作风格的潜在生产向度。在疫情期间初读时,笔者更多是同Sherlockian一般沉溺于搜罗历史材料的对读,在书斋中实验某种论述因果的确证性关系,当然也于解谜过程中储备相应方法论以求找到适合自己的研究进路与亲和材料;而如今时隔后的重读,并非出于拓展至近代中国或科学史论域的班门弄斧(以上读法3),更多是取本书作为平行性的(历史)文本(类似"福学家"读法),就《美妆》的译词、注释等话题见教一二。

本书就陈蝶仙知识工作(knowledge work)的阐发,很大程度上是围绕其知识编译与实际验证两方互动展开,故以下提问可简单统摄为《美妆》书中"shiyan"星丛的运用情况。星丛(constellation/konstellation)借自本雅明(Walter Benjamin)《德意志悲苦剧的起源》(*Ursprung des deutschen Trauerspiels*)一书序言的方法性论述;①结合本书而言,也就是于具体操作而论的现象(Phänomen,以下就"tinker"来考量#2)、对此般操作进行捕捉的概念(Begriff,此处聚焦于词汇#1),以及在落到现象界或被概念捕捉前已然呈现的某种理念(Idee,即经学/考据的以实证验至科学史意味experience/experiment的嬗变#3)。[当然,本雅明之定义同当下观念史、词汇史与概念史等领域的界分还是有所差别,暂且按下不表。]

#1首先是就词汇层面,书中系统性说明主要有两处,一为"Chen's vernacular industrialism thus involved efforts to engage in copying (*fangzhi* or *fangzao*), **experimenting (*shiyan*)**, and improving (*gailiang*) small technologies"(中译亦特别加了译注②)与"Its key practices of **tinkering**, emulating, and improving",③一为"hands-on empirical verification (*shiyan*)"与同在该章的第12条注释"联结至同音词试验"。④展开而论,至少书的前两部分,以上"shiyan""experiment[ation]"等在行文中似乎是互为代换的,皆更为广义地指向陈蝶仙的实践性操作;而到第三部分(特别是第六章《家庭常识汇编》处)则开始区分为"**scientific experimentation**"与陈蝶仙所处世纪之交语境中"being **verified** against or confirmed **by reality or practice**/the test of application in reality"两类指向,⑤由此将陈蝶仙的"实验"放缩至后一类(在此

---

① [德]瓦尔特·本雅明:《德意志悲苦剧的起源》,李双志、苏伟译,北京:北京师范大学出版社,2013年。
② 林郁沁:《美妆帝国蝴蝶牌:一部近代中国民间工业史》,陶磊译,上海:上海光启书局,2023年,第18—19页。
③ Lean, *Vernacular Industrialism in China*, pp.17, 144, 166.
④ Ibid., pp.247, 253-258.
⑤ Ibid., pp.253-254.

同时亦将文本层面的验证实践涵括其中）。若据此反观，前两部分取"experiment[ation]"之对译是否尚需斟酌，或是就语义的历史性说明需在章节排布中稍作前提（以及就"实验—试验"有所分析），如陈蝶仙当时稿件中的"便于［闺阁中］试验计"［has become the strategy of experimentation (shiyan ji)］，①同时期读者来信之"所述菌之简便试验法一则"［where he described a testing method (shiyan fa)］，②两处似更近乎验证性的（尝试性）检验（verification）、检查（test/examination）。

#2 由此也延伸出第二点现象层面的考量。当然，本书开篇便以"tinker"涵括陈蝶仙在词与物两个层面互动的实践现象，这实则同上述第三部分放缩后的"实验"操作指向类似；因此，以上#1 词汇问题若转至现象层面倒也不那么凸显与关键。但也正因此，可能会使本书所暗含的"实验"理念嬗变被读者目光轻易扫过。"tinker"除了作为本书屡次提及之草根DIY、知识所有权抵抗等现象的陌生化表达，③是否在某种意义上亦包含了陈蝶仙对"实验"之词汇意涵进行"捣鼓"乃至"捣糨糊"的指向？④易言之，在以下#3 理念层面关于"实验"语义认知变化的因素外，"实验"词义在当时暧昧语境中是否存在被使用者出于修辞效果的有意"误读"？像第六章论述的《家庭常识汇编》案例便是陈蝶仙扭结自身"实验"实践相较西来与本土两方的杂合性，以此形塑自身的独立性。而若审视同处民国时期的中医群体，面对西医就药物之化学成分分析、科学实验等的标举，亦会以中药方剂已历诸多病人案例"实验"来宣扬有效性；⑤此外像对反复运用的"验方"编纂亦可成陈蝶仙文本层面"实验"的例证，且就此进一步而论，一如第六章论述陈蝶仙《梅氏验方新编》的祖传"秘"方性质，一如恽铁樵在转接中重塑渡边熙"汉方之秘"的证言，转为以此创造性"误读"而成中医医家不可言传之开方技艺的标榜，皆是相类的解读案例。⑥同时，即便是区分出"scientific experimentation"定义的一

---

① Lean, *Vernacular Industrialism in China*, p.86.
② Ibid., pp.135-136.
③ Lean, *Vernacular Industrialism in China*, pp.28-32. 另可参见Fei-Hsien Wang, *Pirates and Publishers: A Social History of Copyright in Modern China*, Princeton: Princeton University Press, 2019.
④ 相较陶磊译介所取"玩创"，之前介绍林郁沁该书与相关访谈则倾向于使用"捣鼓"。
⑤ Sean Hsiang-lin Lei, "How Did Chinese Medicine Become Experiential? The Political Epistemology of *Jingyan*," *Positons: Asian Critique*, Vol.10, No.2 (2002), pp.333-364.
⑥ "Dose-Response Relationship Research on TCM Reconsidered: (Re)justifying the Testimony - 'Secret of Chinese Medicine: It all depends on the dose(age)'," "Histories of Knowledge: Political, Historical and Cultural Epistemologies in Intellectual History" International Society for Intellectual History (ISIH) Conference, Università Ca' Foscari, Venice, 2022.

侧,该章所列《汉语大词典》诸文本在时人缺乏具体科学实践的前提下得到理解与接受的程度,同样需要打个问号,是否可能同样是取自证言而非历经实践后的修辞效果? 至少就本书所论,陈蝶仙这般出于商业目的,反倒会有更加切实的实践操作。那更进一步而言(若尚处本问射程内),鸳蝴派的理念传递可能不失为五四之启蒙路线更民间、大众或是落地性的存在? 或是像在章节概述中努力勾连的,科学史等视角切入能对材料本身之文学史研究(或是另取哲学文本的思想史,如 *Thinking with Sound*①)反哺几何?

#3 最后便是理念层面,不论以上词汇与现象而言存在诸多交叠、暧昧地带,但总体可见证由经学/考据的以实证验至科学史意味 experience/experiment 的理念嬗变(奥斯曼地区可见类似同调②),甚至转变在具体通过词汇层面表现前,于行文思想中已然嵌入这般因素。而在落到现象界或被概念捕捉前的状态,《美妆》一书中似提及"实验谈"(jikkendan, accounts of experience)这一文类的参考坐标。③ 这实则可引申出两个方向的问题:一为笔者有些许公案性的疑惑,即此处文献参考标注为季家珍(Joan Judge)2015年 *Republican Lens* 一书,定位处季家珍将实验谈概述为对个人日常生活的经历加以政治化与认知负载化云云,同时这一描述通过女性期刊的媒介平台得到传播,使个人经验与集体认知得以共振。季家珍指出该词在马西尼与刘禾论著中并未作为回归借词(return graphic loan)论述(沈国威则将之置于"日语借义词"分类④),同"经验(谈)"大体可互为代换,相应在世纪之交影响中国语境中的理解。⑤ 而季家珍获取以上信息的来源则自雷祥麟2002年论文"How Did Chinese Medicine Become Experiential"、⑥ 同载于2014年论文集的沈国威(严复通过培根与密尔意识到科学方法意味之实测/考订/观察/演验、推求/贯

---

① Viktoria Tkaczyk, *Thinking with Sound: A New Program in the Sciences and Humanities around 1900*, Chicago: The University of Chicago Press, 2023. 书评可参见拙文 "Review of *Thinking with Sound: A New Program in the Sciences and Humanities around 1900*, by Viktoria Tkaczyk," *Isis*, Vol.115, No.2 (2024), forthcoming。
② Eirini Goudarouli and Dimitris Petakos, "Translating the Concept of Experiment in the Late Eighteenth Century: From the English Philosophical Context to the Greek-Speaking Regions of the Ottoman Empire," *Contributions to the History of Concepts*, Vol.12, No.1 (2017), pp.76–97.
③ Lean, *Vernacular Industrialism in China*, p.254.
④ 沈国威:《汉语近代二字词研究:语言接触与汉语的近代演化》,上海:华东师范大学出版社,2019年,第274页。
⑤ Joan Judge, *Republican Lens: Gender, Visuality, and Experience in the Early Chinese Periodical Press*, Berkeley: The University of California Press, 2015, p.251.
⑥ Sean Hsiang-lin Lei, "How Did Chinese Medicine Become Experiential? The Political Epistemology of *Jingyan*," *Positons: Asian Critique*, Vol.10, No.2 (2002), pp.333–364.

通/会通、试验/印证/查验三步，也更多是在验证verification层面①）与林郁沁（即本书的早期缩略版本②）两文，季家珍脚注似就陈蝶仙与"实验谈"的认识型做了类通性解读，那若更具体而言陈蝶仙"实验"在受众中的权威/修辞力量是出于集体（普遍）体验能力的共振（—实验谈），还是自确证事实本身的价值（—实验）？另一方向问题则是更为实存性的，就以上嬗变而论，陈蝶仙是简单归并为这般跨语际嬗变叙事的（代表）例证，还是作为间断性的特殊个案？例如，与旨趣、媒介相近包天笑所选用之"实验谈"间的互动情况如何，还是更多仅限于背景铺陈性的罗列。

  总结而论，若继续以上变换福尔摩斯的喻体层级，将之代回笔者层面，陈蝶仙"tinker"亦不失为一种参考：同较于自嘲性质的"学术民工"，是选择依托既定学术工业或知识集群的"螺丝钉"，还是另辟蹊径在材料遨游中寻找自己的（咨询）侦探与"捣鼓"取径；林郁沁一书在此意义上提供了启发性的方法指南，沉潜于个案又不失在全球史、科学史以及出版史等各脉络中的延伸，结成细密的知识生产蛛网。③

---

① Shen Guowei, "Science in Translation: Yan Fu's Role," in Jing Tsu and Benjamin A. Elman, eds., *Science and Technology in Modern China, 1880s–1940s*, Leiden: Brill, 2014, pp.93-113. 相较沈国威注重的词汇维度，不可忽视另有现象与理念的交叠：就理念层面，密尔通过重新界定deduction相较induction的外延内涵（将狭义演绎解为ratiocination）以回应同时期逻辑学者陷于演绎推证似无法拓展新知的困境，而严复对逻辑概念对译的不断修正便是体现了密尔创见在中国接受过程中的回响，此方面议题在甘进教授未刊稿中有所评述；而就现象层面，同样不应停留在科学技术层面的引入、在地与迂回抵抗等叙述，笔者（Through the Constellation of "Shiyan" in Fin-de-Siècle Sinophone: On *Discours des Médicaments: pour bien conduire leur «expérimentation», et chercher l'efficacité dans les «pratiques»*）将透过康德之先验哲学在日本接受的环流来审视实验—试验二者如何在引入科学知识手段之余、暗渡承载科学精神意味的反思，在此过程中，试验与实验两词之意味实则发生某种意义上的倒转，试验由晚清传教士为区分东亚儒学语境之"实验"而对应于化学等学科的分析检验操作，尔后在日本经对康德的转接、理论化学与工业化学的职业界定而引入自反性，即此处重塑之实验已相较试验另凸显了理论载荷，并随清末留学生回流中国，故陈蝶仙的语用可能需置于此延长线上之星丛（取胡适实验主义与科玄论战为后续转折点）来理解。

② Eugenia Lean, "Proofreading Science: Editing and Experimentation in Manuals by a 1930s Industrialist," Tsu and Elman, eds., *Science and Technology in Modern China*, pp.185-208.

③ "He is the Napoleon of crime, Watson. He is the organizer of half that is evil and of nearly all that is undetected in this great city. He is a genius, a philosopher, an abstract thinker. He has a brain of the first order. He sits motionless, like **a spider in the center of its web**, but that web has a thousand radiations, and he knows well every quiver of each of them..." (The Final Problem, 1894)

对两篇书评的回应

■ 文/林郁沁　译/张婧易

我要感谢两位书评人对《美妆帝国蝴蝶牌：一部近代中国民间工业史》一书细致而全面的解读。他们都捕捉到了研究的细微之处，并提出了颇具洞见的意见与问题。我想借此机会对他们的一些观点做出回应。

一位书评人提出，在检视民间工业主义（vernacular industrialism）[①]时，是否需要从历史与史学角度对技术与科学进行明确区分。他认为，本书没能这样区分，故而无法从民间工业主义的角度为写作技术的历史（the history of technology）提供一种更具批判性的方法。

该书评人在自己的论述中部分地回答了这个问题，他指出实际上本书的一个关键目标就是模糊"科学"与"技术"的边界。的确，推动本书分析的一个关键假设是，"科学"—"技术"的二元对立是历史建构的，而本研究的主人公陈蝶仙的活动恰恰就发生在中国界定"科学"与"技术"两个范畴的时刻。需要补充的是，也正是在此时，这两个概念在中国（乃至世界）开始出现所谓的等级关系，即科学被视为更抽象、更普遍，而技术则更偏应用、更本土化。在这一语境下，陈蝶仙诸如在女性杂志上发表制作配方等民间活动，就显得尤为重要。例如，他在《申报》的

[①] 本文对"vernacular industrialism""tinkering"等概念的翻译均参考自林著中译本《美妆帝国蝴蝶牌：一部近代中国民间工业史》，上海：上海光启书局，2023年。林郁沁在中译本序言中对"vernacular"的译法做了说明；该书译者陶磊也对"tinkering"的译法做了解释，详见第19页注释。——译者注

"家庭常识"专栏中采用了兼容并蓄方法，呈现异质多元的内容，无视科学与技术之间的等级区别，也不顾引进的技术指南与民间知识和中药学之间的等级区别。所有形式的知识都并列在专栏中。正是这一认识论逻辑使他有别于当时涌现的专家们，后者试图将某些引进的知识称为正规的科学，而将其他看似日常的本土物质实践视为纯技术。在专家们争夺"科学"和"技术"的所有权——或者说在两者之间做出明确区分时的定义权的时期，陈蝶仙拒绝在这两者之间划界，而是将各种不同形式的知识和信息作为"常识"与读者分享。他的知识生产、博通的业余主义以及不拘一格、充满趣味的制造实践，不仅打破了科学与技术之间的对立，也抵制了正规专业化的趋势。

这位书评人还表示，本书本可以在史学意义上对"科学"和"技术"进行更明显的区分。他暗示，因为没有如此区分，本书没能为技术史（technological history）的写作带来批判性的新方法。我当然愿意接受比这更有力的批评性意见，但我想强调的是，事实上《美妆帝国蝴蝶牌》的导论已然明确指出，本研究的目的之一是将现有的史学叙事复杂化。本书是近来科学史和技术史领域修正主义研究的一部分，这些研究力图将持续存在的地理想象去中心化或者地方化（provincialize），即认为科学革命与工业革命发生在"西方"，并且只有随着这些"革命"而出现的知识与实践才被输出到包括中国在内的世界其他地区。本书借鉴了全球史的方法，从根本上挑战了现代科学兴起的单一起源（singular origin）说，并与修正主义研究保持一致。后者认为，构成我们现在称为"科学"的知识与药学传统，是在现代帝国主义的接触地带里出现的。此类知识的形成主要来自殖民世界的知识，依赖于中间人和译介者的工作。事实上，本书中"Vernacular"一词灵感的来源之一是海伦·蒂利（Helen Tilly）的《作为活的实验室的非洲：帝国、发展与科学知识的问题，1870—1950》（*Africa as a Living Laboratory: Empire, Development, and the Problem of. Scientific Knowledge, 1870–1950*）。该书研究了她称为"民间科学"（vernacular science）的殖民科学（colonial science）如何主要依赖本土知识。与之类似，《美妆帝国蝴蝶牌》也是一例，说明非西方社会如何在帝国主义的背景下，以出人意料且与西方迥然相异的方式实现工业化。在中国，像陈蝶仙这样的民间工业家从国外吸收了包括化学在内的技术和知识，也借鉴了本土传统和做法。

本书还对"分流"（divergence）的说法提出质疑，这种叙事认为现代科学和工业化推动了西方和现代世界的崛起，导致中国和其他非西方世界落后。这种"分流"说法意味着当西方以前所未有的方式实现现代化，与其他世界历史轨迹分流时，非西方国家在工业化方面的任何实质性革新发展都会戛然而止。① 通过"民间工业主义"这一概念，本研究对这种叙事提出质疑，说明即使在现代西方与中国之间出现任何所谓的"分流"之后，中国本土的创新仍然在面临艰巨挑战的情况下继续蓬勃发展。尽管19世纪末至20世纪初，中国在帝国主义面前政治上被削弱，并且经历了严重的资源短缺、国家投资不足和巨大的社会动荡，但工业的发展和独创性还是出现了。像陈蝶仙这样的民间工业主义者们能够翻译和改造来自世界其他地区的科学知识和技术，同时还能利用本土资源和现有知识，为工业化做出种种灵活多样的努力。

我还需要补充的是，本书借鉴了技术史领域的最新发展，并略作修改。例如，我不但使用了"玩创"（tinkering）这一概念来描述陈蝶仙为工业建设而从事的神通广大的活动，而且用"改造"（adaptation）这一框架来把握陈蝶仙如何从国外引进技术，并稍加变通以适应本地条件与用途。这两个概念的灵感都来自大卫·伊格尔顿（David Edgerton）的"使用"（use）。"使用"是指技术在向全球南方旅行的过程中，不仅仅是被动地被采用，而是被巧妙地使用，并被创造性地重新利用，以满足当地的需求。② 因此，我们可以看到陈蝶仙的"玩创"以及对西方制造配方的改造，是如何有目的性地、有意识地重塑翻译过来的技术。他本人清楚地认识到，中国要建设本土工业，要靠"仿制"。仿制并非一味复制，而是包括研究和测试在内的战略性模仿和改造，这样才能有所改进。《美妆帝国蝴蝶牌》还强调了这种战略性模仿与创新如何互不排斥，并且事实上总是需要独创性和才智。其他研究技术的学者也沿着这一思路，关注维护、修理或逆向工程的实践。他们也展现了那些参与维护、修理或逆向工程或技术再利用者，虽然不是明确地为了"发明"，但如何经常依靠聪明才智与创造力使技术发挥作用，并在这一过程中带来新的东西（例如文塞尔与拉塞尔的《创新者的迷思》③）。与这部最近作品一样，民间工业主义（包括改造与复制）对长期以来主导技术史的纯发明（pure invention）叙事提出质疑，并展示了可能是技术演变与发展的更具代表性的方式。

这位书评人提出的第二个观点是，《美妆帝国蝴蝶牌》并没有将民间工业主

---

① 例如，见 Kenneth Pomeranz, *The Great Divergence: China, Europe and the Making of the Modern World Economy* (Princeton, N.J., 2000) 等研究。
② Edgerton, D., *The Shock of the Old: Technology and Global History since 1900* (Oxford: Oxford University Press, 2007).
③ Vinsel, L. and Russel, A., *The Innovation Delusion: How Our Obsession with the New Has Disrupted the Work That Matters Most* (New York: Penguin Random House, 2020).

义视为一种"另类的现代性"。我完全同意这一评价。本书避免以这种方式来形容民间工业主义，因为"另类的现代性"一词本身就存在问题。首先，"另类"这一形容词意味着中国的现代性某种程度上有别于所谓的现代性的标准形式，而后者必然位于西方。"另类的现代性"还强化了根深蒂固的二元论观念，无论是"手工的—机械的""本土—国外"，还是中国"本土"与"普世"或"西方"或"全球"现代性的对立。最后，另类现代性的框架也有将陈蝶仙的工作仅仅描述为"原始工业化"（proto-industrialization）的危险，这种描述是目的论的，它假定陈蝶仙的活动必将带来中国的工业化。相反，该研究的大部分内容考虑的是，陈氏所从事的一些活动如何很好地发挥了其他历史功能，包括定义城市品味和区隔——这是目的论式解读无法认识到的。换言之，本书试图找出地方和全球层面的偶然的历史条件，它们决定了陈蝶仙的活动何时以及如何成为正规工业化的基础，以及它们何时可能显现出不同的历史意义。

　　第二位评论者提出了关于"实验"概念的一些见解，以及一个关于我如何在本书中使用"实验"一词的具体问题。第一，他指出在书的前两部分中，我在某种程度上可互换地使用了"experimenting"和"tinkering"来表示"实验"。不同于第三部分，尤其是第六章，这一章检视了"实验"是如何获得"亲自动手实验"（hands-on empirical verification）的特定含义。确实两个部分对该词的处理有所不同，但这并非偶然。在第六章中，我特别关注了"实验"一词在陈蝶仙《家庭常识汇编》这一出版物中的内涵，该书汇编了他在20世纪20年代长期发表于《申报》同名副刊中的条目。在《家庭常识》中，"实验"的含义是"通过现实或实践来验证或确认某事"，并非指形成假说后付诸实践以检验该假说的科学实验。[①] 而在本书前半部分，我并没有专门讨论《家庭常识汇编》，而是可互换地使用"tinkering"与"experimenting"这两个英文词。在那里我将它们用作分析范畴，从这个意义上说，英文的"experiment"（中文译作"实验"）一词与其说是"科学实验"，不如说更类似于把玩或捣鼓某物的意思。因此，不同部分之间并不相互矛盾。

　　最后，我要感谢两位评论者对我的书进行的全面细致的评价。他们的提问与见解让我对研究中提出的议题进行了更仔细的思考，并帮助我进一步完善了论点。希望我的书能够继续引发对中国和全球史重要问题的这样实质性的讨论。

---

① 林郁沁：《美妆帝国蝴蝶牌：一部近代中国民间工业史》，第259页。

作者简介

战玉冰　复旦大学
肖映萱　山东大学
贺予飞　中南大学
史建文　复旦大学
梁钺皓　复旦大学
刘天宇　华东师范大学
徐天逸　复旦大学
贾行家（姜帆）　作家
傅光明　首都师范大学
金理　复旦大学
毕胜　上海文艺出版社
张新颖　复旦大学
岳雯　《文艺报》社
何同彬　《扬子江文学评论》社
曾攀　《南方文坛》社
张定浩　《上海文化》社
康凌　复旦大学
黄德海　《思南文学选刊》
木叶（刘江涛）　《上海文化》社
黄平　华东师范大学
项静　华东师范大学
刘欣玥　上海师范大学
方岩　《思南文学选刊》社
李琦　复旦大学
吴天舟　复旦大学
李伟长　上海文艺出版社
周嘉宁　作家
吴雅凌　上海社会科学院
李煜哲　威斯康辛大学（University of Wisconsin-Madison）
汪炀　复旦大学
林郁沁　哥伦比亚大学（Columbia University in the City of New York）
张婧易　光启书局

《文学》稿约启事

陈思和、王德威两位先生主编《文学》系列文丛,每年推出两卷,每卷三十万字,力邀海内外学者共同来参与和支持这项工作,不吝赐稿。

《文学》自定位于前沿文学理论探索。

谓之"前沿",即不介绍一般的理论现象和文学现象,也不讨论具体的学术史料和文学事件,力求具有理论前瞻性,重在研讨学术之根本。若能够联系现实处境而生发的重大问题并给以真诚的探讨,尤其欢迎;对中外理论体系和文学现象进行深入思考和系统阐述,填补中国理论领域空白,尤其欢迎;通过对中外作家的深刻阐述而推动当下文学创作和文学理论发展,尤其欢迎。

谓之"文学理论",本文丛坚持讨论文学为宗旨,包括中西方文学理论、美学、中国现当代文学及外国文学的研究。题涉中国古代文学研究者,如能以新的视角叩访古典传统,或关怀古今文学的演变,也在本文丛选用之列。作家论必须推陈出新,有创意性,不做泛泛而论。

《文学》欢迎国内外理论工作者、现当代文学的研究者将倾注心血的学术思想雕琢打磨、精益求精、系统阐述的代表作;欢迎青年学者锐意求新、打破陈说和传统偏见,具有颠覆性的学术争鸣;欢迎海外学者以新视角研究中国文学的新成果,以扩充中国文学繁复多姿的研究视野。

《文学》精心推出"书评"栏目,所收的并不是泛泛的褒奖或针砭之作,而是希望对所评议对象涉及的议题,有一定研究心得和追踪眼光的专家,以独立品格与原作者形成学术对话。

《文学》力求能够反映前沿性、深刻性和创新性的大块文章,不做篇幅的限制,但须符合学术规范。论文请附内容提要(不超过三百字)与关键词。引用、注释务请核对无误。注释采用脚注。

稿件联系人:金理;

电子稿以 word 格式发至:wenxuecongkan@163.com;

打印稿寄:上海市邯郸路 220 号复旦大学中文系 金理 收 200433。

三个月后未接采用通知,稿件可自行处理。本文丛有权删改采用稿,不同意者请注明。请勿一稿多投。欢迎海内外同仁赐稿。惠稿者请注明姓名、电话、单位和通讯地址。一经刊用,即致薄酬。

《文学》主编 陈思和 王德威

图书在版编目(CIP)数据
世纪之交的风景与记忆/陈思和,王德威主编.
上海：复旦大学出版社,2024.9. --(文学).
ISBN 978-7-309-17579-0
Ⅰ.I106
中国国家版本馆 CIP 数据核字第 20247HA576 号

世纪之交的风景与记忆(文学第十九辑)
陈思和　王德威　主编
责任编辑/杜怡顺

复旦大学出版社有限公司出版发行
上海市国权路 579 号　邮编：200433
网址: fupnet@fudanpress.com　http://www.fudanpress.com
门市零售：86-21-65102580　团体订购：86-21-65104505
出版部电话：86-21-65642845
常熟市华顺印刷有限公司

开本 787 毫米×1092 毫米　1/16　印张 17.25　字数 309 千字
2024 年 9 月第 1 版
2024 年 9 月第 1 版第 1 次印刷

ISBN 978-7-309-17579-0/I·1412
定价：78.00 元

如有印装质量问题,请向复旦大学出版社有限公司出版部调换。
版权所有　侵权必究

听梦
——韦苇童诗集

韦苇 文 唐筠 图

Ting Meng

复旦大学出版社

序

学问家、翻译家与他的童诗

朱自强

认识韦苇先生是在上个世纪八十年代末。1986年8月，韦苇先生出版了《世界儿童文学史概述》，这是国内学者撰写的第一部较为系统地介绍、论述世界儿童文学的著作。对于已经开始探头向国外张望的中国儿童文学界来说，这部著作无疑打开了很大的一扇窗口。1989年10月8日，韦苇先生在这部著作上题字"愿我们携手共进"，将其寄赠予我。从此，《世界儿童文学史概述》成了我经常翻阅、参考的专业书籍。

在我的理解中，韦苇先生的"愿我们携手共进"这一赠语含有特殊的意味。当时，正值我第一次日本留学归来不久，已经尝到了学习、研究外国儿童文学的甜头，所以体会出韦苇先生的赠语里，既有共同研究好外国儿童文学的意思，也有通过第一手资料，汲取外国儿童文学的资源，把儿童文学理论以及中国儿童文学研究做得更好、更到位的意味。的确，对于中国儿童文学研究者来说，没有儿童文学的国际视野，很容易陷入误打误撞的窘境，这也是有1980年代的历史来作证的。

本是为韦苇先生的童诗集作序，却大谈外国儿童文学研究的重要性，这是有缘由的——韦苇先生的童诗创作，与他在外国儿童文学方面的深厚学养有着血脉联系。正如韦苇先生的童诗集后记的标题所示，他的童诗创作，是在"汇入世界童诗潮流"。

《听梦——韦苇童诗集》的突出特点在于拟儿童的口吻，生动地抒发"儿童"的心声。我在"儿童"上加了引号，意在表示，童诗里的儿童的心声，其实是诗人在感受儿童生活的基础上创造出来的。正是在能否创造性地建构"儿童"的心声上，分出了诗人的高下，分出了童诗的高下。

韦苇的童诗，有不少在我们通常读到的童诗里找不到的童趣。

《咕，呱》一诗，写的是一个叫"咕"，一个叫"呱"的青蛙捉迷藏，他们说好了在荷叶"上"捉迷藏，可是，"呱是个机灵鬼，／他趁咕转身不注意，／吱溜躲进了荷叶下。"在荷叶"上"找不到"呱"的"咕"，与"呱"有了这样的对话："呱—呱，你躲哪儿啊？／咕—咕，我藏这儿呐！／这儿是哪儿？／哪儿在这儿！／这儿是哪儿？／这儿在这儿！""咕！／呱！／咕！／呱！"在这个世界上，能够分清"咕呱"叫的青蛙哪个是"咕"，哪个是"呱"，也许是韦苇的独家本领。有了这样的本领，韦苇才发现了未曾有人发现的一个"青蛙"的世界——诗的世界。

对儿童现实生活中的童趣，韦苇也有独家发现。比如《接电话》这首诗。一个孩子在给另一个孩子家里打电话，"汪——！／汪—汪！／汪—汪—汪！"听到电话那边这声音，打电话的孩子问了："喂，喂喂，／你听见我的电话吗？／汪汪汪的，／是你在叫，／还是狗在叫？"接电话的孩子（他是个顽皮得会学狗叫的孩子吧）急了："哎，你别叫，／宝贝，别叫，你，／没见我在接同学的电话吗！／你这个坏东西……"结果那边不让了："你说什么？／你说我是坏东西？／你在我的书上画鬼脸，／我都没说你是坏东西！"这边赶忙解释，我没说你是坏东西，我说的是我的狗，然后历数小狗的劣迹。对方不想听："你跟我说这些做什么，／我是问你，／这汪汪汪的，／是狗叫还是你叫？""是我让狗叫的吗？／如果我是狗／我早不叫了，／如果你是狗，／啊呀……我都说些什么了！／我没有说你是狗……"嗐，还是求求自己的狗吧："别叫了，宝贝！／我求您了，／我叫你大爷行吗！／你没见我在接同学的电话呀？／我接电话你来凑什么热闹哇！"你瞧，"您"也上来了，"大爷"也上来了，可是——"汪——！／汪—汪！／汪—汪—汪！"小狗似乎叫得更来劲儿了。

　　一定会有人问，这也叫童诗吗？是的，这与我们通常读到的童诗很不一样。可是，谁知道"童诗"是什么？"童诗"有一个可以被某人拿在手里的固定不变的标准吗，就像拿着一块石头一样？和这块"石头"不一样就不是童诗？我只知道，《接电话》给了我新奇和愉悦，我对"这边""那边"以及凑热闹的小狗怀着喜爱，再有就是希望集子里的这类诗作再多一些，尽管我知道这样的要求近于苛刻。

　　我们再来看《喂，南瓜》这首诗——

　　　　我种了一棵南瓜。
　　　　它是个淘气鬼，

不声不响
往隔壁院子里爬,
看样子
要在那边安家……

喂,南瓜,
你给我回来!
谁让你自作主张,
这样自说自话?

　　这首诗对童趣的表现,就不像《接电话》的童趣表现那样,令读者感到那么陌生。不过,它依然能反映出韦苇以童诗表现童趣的艺术灵性。我还读到过他的《长大了》一诗,觉得也属于抒发"儿童"心声,表现童趣这一脉,很是喜欢,可是,在《听梦——韦苇童诗集》中却没有找到,不知是出于疏漏还是别的什么原因。于是,我将其列在下面,以免可能的遗珠之憾。

　　夏天来了,／赶紧把剥下的绒衣／,随手扔在一旁。

　　夏天小树长得很快,／一天能长几片新叶;／新笋长得还要快,／下雨天,／它们一激动,／就嘎叭嘎巴嚷着往上冲。

小男孩着急了，／自己总是不长，总是不长，／昨天和今天看不出有什么两样。

春天生的小狗，／到秋天都有小男孩齐腰高了，／还会去叼来爷爷要看的报纸；／春天生的小猫，／到秋天都离开妈妈／自己去学爬树了。

小男孩更急了，／自己总是不长，总是不长，／昨天和今天咋看不出有什么两样？

天凉了，／赶紧拿出绒衣／套在自己身上。呀，这裤子怎么了——／裤管短得露出了一截脚秆？／妈妈，你快来看，／我长大了！／我长大了！

由《咕，呱》《接电话》《喂，南瓜》《长大了》这样的诗，我想到作为教授的韦苇的研究著述中的儿童文学的审美价值观，想到他的童诗观。在《就童诗事答记者问》一文中，韦苇这样说："童诗切忌堆砌书卷语。这在我国的历史上是有诸多教训的。上世纪50—60年代的童诗里，多的是'明丽''斑斓''轻捷''婉转''耀眼''幽静''明澈''深情''倾心''温婉''寒风凛冽''暮色苍茫''姹紫嫣红''寒气袭人''沧海桑田''威武雄壮'等等。怎么会这样？然而彼时的童诗名家们确实就是这样给孩子写诗的。这类书卷语的指义是凝固的、板结的，不能给读者以舒展想象的广阔空间；这种僵硬的词语堆砌多了，诗必然就没有了诗文体所殊需的自由和灵动，丧失了同时特别需要的口语清纯美和鲜活美，从而使作品变得概念化和成人化。"在该文中，韦苇归纳了他对童诗艺术特征的理解：一是运用"提炼过的口语"，二是具有叙事性，"即有一定的故事性"。由此可见，韦苇的上述童诗所具有的明显的口语性和叙事性，一方面是在反叛"上世纪50—60年代的童诗"传统，一方面是在践行自己的童诗创作主张。

  在感受、思考韦苇的童诗创作的艺术特色的时候，不能忘记他的翻译家的身份（也让我们联想一下任溶溶）。我本人像韦苇先生一样，既从事外国（日本）儿童文学研究，也从事儿童文学翻译，同时，近年也开始了儿童文学创作。以我的感受而论，也许与学者韦苇的研究相比，翻译家韦苇的翻译，使他与世界上优秀的童诗传统走得更近。

  中国儿童文学需要走向世界，为此，人们常说的一句话是，中国的才是世界的。这话没有错，但是，它不是完整的论述。不仅是中国的，而且还是世界的，如此，才能"汇入世界童诗潮流"。

2014年8月5日

（朱自强，儿童文学学者、翻译家、作家，中国海洋大学教授、博士生导师、儿童文学研究所所长）

目 录

第一辑　扑鼻家香

家香　2
爸爸妈妈和我　4
我是一棵会结果的树　5
醉炊烟　6
男子汉　8
弓　10
梦开花　11
甩红袖　12
看湖随想　14
瓜和花　16

第二辑　荷塘听梦

春　18
小小鸭　19
唱在春风里的摇篮曲　20
倒扣的花杯　22
鸟家　23
青蛙的童话　24
小荷叶　26
听梦　27
小调皮　28
这米粒儿　30
我们是红莓果　31
大惊喜　32
喂，南瓜　34
柿灯　35
邻居家的小猫　36
小蝌蚪　37
那一桠荔枝——1994年夏天纪事　38

第三辑　鸽哨声声

六月的祝福　40
走！到乡间去　42
我们去采集种子　44
天空蓝蓝　46
坐在白云上　47
尾巴伞　50
晨歌　52
雨下起来　53
有雨　54
大雁飞来　55
让路　56

第四辑　种植歌声

"巢"字　58
我走进树林　60
我喜欢鸟　61
牛背白鹭　62

红白童话　64
我们和鱼儿　65
老树又年轻　66
仙鹤回来了　67
救急　68
海滩听见　70
早上好！　71
窗下的鹭鸟　72
美丽的一闪　74
月色中的母鹿　76
死了吗，锯了吗　78
山痛　80
会叫的帽子　82

第五辑　花脖长长

狼种树　84
浪的童话　85
咕，呱　86
接电话　88
牙疼专家　91

方蛇　92
国脚　94
不可以　95
伴手礼　96
小鸟对我说　98
黑发好看　99
就当你生的是只鸡　100

第六辑　鸡听鸭话

人　102
鹰　103
听话　104
如果我是一只蝴蝶　106
花和鸟　107
灯　108
自行车　109
谢谢　110
过去的一年　111
椅子腿和小树　112

一个胡桃落下来　113
水想的是流淌　114
睡在瀑布上　116
方瓜　118

第七辑　绿色声音

太阳，你好　120
小松鼠，告诉我　122
腊月：北方大地的梦　124
谁在地下听见了太阳的呼喊　125
兰兰的春天　127
绿色的声音　129

后记　汇入世界童诗潮流　131

第一辑

扑鼻家香

Pubi JiaXiang

家　香

奶奶，
你灰白的鬓发里，
我给你插上一枝
金金的桂花。

妈妈，
你乌黑的鬓发里，
我给你别上一枝
银银的茉莉。

我伸开左臂，
左手搂住奶奶，
我伸开右臂，
右手抱住妈妈。

太阳从窗口
探出头来，
笑嘻嘻地，
一下一下抽动着鼻子说：

哦，好香啊，
今天这一家！

第一辑 扑鼻家香

爸爸妈妈和我

爸爸是山,
妈妈是湖,
我是山落在湖里的一个影。

爸爸是云,
妈妈是雨,
我是横在天边的一道彩虹。

爸爸是树冠,
妈妈是树根,
我是开在树上的一朵花儿。

爸爸是船,
妈妈是帆,
我是穿飞在船帆间的一只海燕。

我是一棵会结果的树

我把五个指头
都叉开
把两只臂膀
向上举起来
我就是一棵树

我把五个指头
都收拢
紧紧捏成一个拳头
树枝梢头
就结出两个果

妈妈
看我是一棵会结果的树
那甜甜的灿烂
就是她脸上的笑

醉 炊 烟

迎着落山的太阳
我从山坡上走下来
妈妈烧出来的炊烟袅袅
袅袅飘进我的鼻孔
我一闻就醉了

我醉炊烟
同爸爸醉酒不一样
爸爸一喝醉酒
就倒在草地上
呜啊、呜啊像母猪
不停地打哼哼
还嘟哝着要去摘月亮
摘下月亮拿给我玩

我闻着妈妈的炊烟
很快就迷糊了
哪是妈妈的容颜
哪是天边的晚霞
我再也分不清了

第一辑 扑鼻家香

男 子 汉

爸爸登上飞机前，
拉着我的手，对我讲：
"我走了以后，
你就是家中唯一的男子汉。
男子汉是什么意思，
你知道吗？"

男子汉，
就是蒙面强盗从窗口跳进来
我也不像兔子一样吓破胆，
就是奶奶突然晕倒时
我躬身背到楼下送进医院，
就是妈妈拎米袋吃力时
我赶快跑过去争着往楼上扛……

爸爸从外地回来，
果真来查我是怎样做的男子汉，
强盗、晕倒的事都没发生，
妈妈也没有买米、买面、买粮，

这男子汉……这男子汉……
憋了半天，突然，
我终于有话可讲：
"妈妈烧菜时我替妈妈接电话……
妈妈忘了关煤气时我替妈妈关上……
奶奶出门时我提醒她别忘了带钥匙……
我叮嘱奶奶过街千万要走斑马线……"

爸爸点头点头又点头，
抓住我的手，
满脸笑吟吟，
"小伙子，这就对了，
蒙面强盗不来，
你也要当个像样的男子汉！"

弓

爷爷的背,
不是生来就驼。
那是日子——
从生命树上飘落下来的纷纷扬扬;
那是血爱——
在长年流淌的脉管里淙淙涓涓;
那是光溜溜的锄把和弯弯的山路——
是铁皮般的手面和脚掌。
无泪的坚韧,
把自己做成了一张弓,
将儿孙
一个一个
　　　　嗖嗖地
　　　　　　射出去。

梦 花 开

一家人心里想说的
今天都填进了爆竹里
嗵——腾起
嘭——迸裂
过大年
我们让山村吉祥的梦
在咚咚啪啪的声响中
一朵一朵的开花

看哟！
夜空中一闪一闪的
不全是我们地上的欢乐吗？

甩 红 袖

你看那个北国小姑娘
在长长的秧歌队伍里
大模大样摆动双臂
唿唿的，把红袖抛向空中
一下吊住了一串音符
一下又缠住了一弯旋律

小姑娘甩红袖
就那么甩呀甩呀那么甩
一下揽住了一声唢呐的高音
一下又绕住了一阵急促的鼓点

在初放的华灯下
小姑娘的红袖
把一条街
把一座城市
把中国的北方
把整整一大个东方民族
都甩得喜气洋洋

第一辑 扑鼻家香

看潮随想

钱塘江,
在东海面前
是瘦小的。
然而瘦小的钱塘江
却是东海的母亲。

母亲把一切都献出来,
她是无私的,
她毫无保留地献给自己的儿子
所有的一切,
一切的一切。

秋来,
东海再也压抑不住对母亲的思念,
于是他疾步向母亲奔来,
于是他一头扎进母亲怀里,
他用震天动地的轰鸣声,
倾情诉说着,
诉说着他一年的海上见闻,

他不停地诉说着,
诉说着,诉说着,
他诉说不完他对母亲的眷恋。

第一辑 扑鼻家香

瓜 和 花

你家的阳台
有我家挂下去的葫芦瓜,
我家的阳台
有你家开上来的凌霄花。

街上的车看多了,
你回家正好看看我家的瓜,
路上的人看多了,
我回家正好看看你家的花。

城市里最好的风景,
正是这样分享美丽呀!
瓜不说话,
花不说话,
交缠的藤蔓,
传着我家对你家的情意,
递着你家对我家的牵挂。

荷塘听梦

第二辑

HeTang TingMeng

春

草芽儿,
细细的,
尖尖的,
它是从泥土里钻出来的一个春。

蝌蚪儿,
黑黑的,
扭扭的,
它是从池塘里游过来的一个春。

燕子儿,
轻轻的,
闪闪的,
它是从屋檐下飞出来的一个春。

小 小 鸭

小狗,小狗,你知道吗,
这些在地上歪歪摆摆的小鸭,
今天起就和你是一家,
它们白生生的样子,
一朵一朵在青青草丛中,
你看像不像跑动的菊花?

小狗,小狗,你别叫呀,
你的个儿生来就比它们大,
你的样子它们一瞧就害怕,
它们一只赛一只的雪雪白,
可它们就是个个胆儿小,
小小鸭子经不住你叫声吓!

唱在春风里的摇篮曲

掏呀,掏呀,
我们来给小树做摇篮。

漂亮的总是少女的秀发。
尼姑的头上
簪不住一片花瓣。

掏呀,掏呀,
我们来给小树做摇篮。

只有绿能滋润鸟的歌喉。
今天种下我们的欢笑,
明天收获群鸟的繁喧。

掏呀,掏呀,
我们来给小树做摇篮。

大地是可以信赖的。
树枝上萌发的抒情曲,

一定能唱出我们的梦想。

掏呀,掏呀,
我们来给小树做摇篮。

第二辑 荷塘听梦

倒扣的花杯

"渴呀,渴呀,给我水喝呀!"
小鸟把嘴撑得大大,
整个儿喉咙红红的,
像火烧着它的嘴巴。

"渴呀,渴呀,给我水喝呀!"
小鸟的喊声叫碎了妈妈的心哪,
鸟妈妈该从哪儿找水喂娃娃?
鸟妈妈抬头看见一朵蓝蓝的花。

啊,有了,鸟妈妈有办法了,
它抬爪一下就把花枝扳下,
扳下的花枝倒扣了花杯,
花杯里滴下了晨露——嗒-嗒!

两滴晨露滋润了小鸟的喉咙,
鸟妈妈头上开的还是那朵花,
小鸟闭上眼睛安安生生睡去了,
再听不到奶声奶气的"渴呀—渴呀"。

鸟 家

村头这棵大枫树上,
你数数托着几个鸟窝?
一,二,三,四,五,
五个鸟家有几个鸟孩?
这个秘密大树从来不说。

村头这棵大枫树里
藏着多少支鸟歌?
数不清鸟歌数树叶吧,
从春到秋,鸟儿天天唱,
鸟歌应比树叶多!

青蛙的童话

夜晚荷塘里,
咕哩呱啦,
咕哩呱啦,
青蛙们夜夜讲童话。

青蛙们讲的童话,
有的童话出版成荷花,
　(红红的,笑笑的)
有的童话出版成莲藕,
　(一段接一段,一节连一节)

最好的童话出版成珠子,
荷塘一大早
就用一个个翡翠盘子
把珠子稳稳地端着,
高高地托着,
"给你!孩子,
这圆圆的、亮亮的,
是青蛙们夜里讲的童话中
最好看的童话!"

Qing Wa De Tong Hua

第二辑 荷塘听梦

小荷叶

小荷叶,
从水里钻出来。
该长成什么样儿呢?
一条儿,
像宽宽的腰带?
细尖尖,
像松针一样撑开?

太阳向它笑,
月亮向它笑。
小荷知道了
长成圆圆的,多好!

太阳是金的。
月亮是银的。
小荷是翡翠的。

听　梦

荷花苞蕾的嘴尖儿上，
一只蜻蜓静静地停在那里。
它一准是在偷听荷花的梦了。
荷花梦的清香里
咯咯咯的
是荷花仙子的笑声吧？
看得出蜻蜓是让梦香给裹住了，缠住了，
压根儿动弹不得了——
你瞅它那着迷的样子！
你瞅它那发痴的样子！
你瞅它那呆愣的样子！
身子翘得高高的，
眼睛瞪得大大的，
翅膀展得挺挺的。

小 调 皮

母鸡做妈妈，
实在不容易，
找到虫子给小鸡，
自己常常饿肚皮，
还要当心老鹰来，
老数鸡娃齐不齐，
从这边数往那边，
一二三四五六七，
从那头数向这头，
七六五四三二一。

哪里有"一"？
"一"在哪里？
啊呀啊呀，
我的宝贝小东西，
你可是妈妈的心肝儿啊！
我的宝贝你在哪里？

鸡妈妈,
你别急,
你的背上站的谁啊——
它正就是你找的那个小调皮!

第二辑 荷塘听梦

这米粒儿

嫦娥的小女儿
在天上撒了几把米,
说是喂天鸡。

米粒儿倒是白,
还亮,
可惜的是,
天鸡也是一擦黑就都进了圈,
连头也不回。

这不,
米粒儿
宝石似的,
布满了夜空,
就不见跑出来一只找食的天鸡。

我们是红姜果

夏天,
一阵大雨过后,
我们像红红的大水珠,
挂在细细的草茎上,
沉甸甸的
在太阳下发亮。
孩子们笑着,
走到我们身旁,
采呀,摘呀,
忽然叫起来:
"哎呀,
忘了带个提篮!"

大惊喜

蘑菇们在地下,
一定开过会,
共同商量好:
等到星期六,
或是星期天,
那个嘴边凹着酒窝的小姑娘
一走进林子来,
咱们一、二、三
就一齐冲出地面去,
白生生的一片,
白生生的一片,
呵,
白生生的一片,
给她大大的一个大惊喜!

第二辑 荷塘听梦

喂，南瓜

我种了一棵南瓜。
它是个淘气鬼，
不声不响
往隔壁院子里爬，
看样子
要在那边安家……

喂，南瓜，
你给我回来！
谁让你自作主张，
这样自说自话？

柿　灯

秋野里，
一树树的扁灯，
点亮了人们的欢喜。
闹闹的鲜亮里，
一圆罐一圆罐的蜜汁，
才多少日子，
就甜遍了家乡的大地。

柿枝向地面这样垂去垂去，
几根竹竿
能撑得住这满树的丹红吗？

邻居家的小猫

邻居家里
来了一只小猫
只听见喵喵、喵喵
天天叫
长成啥模样？
我很想知道
我爬上
家里的樱桃树
往邻居院子里瞧
只见大丽菊
一朵一朵
对着我笑！

小 蝌 蚪

你妈妈青蛙的模样
你迟早总会知道。
池塘是你宽阔的运动场，
小溪是你长长的跑道，
没有妈妈的日子里，
你就自个儿加紧游水，
春天时光正好，
你莫让它空空溜掉。
做青蛙不容易呢——
如今你学会快快的游，
将来你才能高高的跳！

那一桠荔枝

——1994 年夏天纪事

在台湾,
我们的车泊靠在一个加油站。
在明亮的阳光下,
一桠荔枝从墙里静静地红出来,
压住墙头,
看来是存心要把墙头压歪。

荔果那么饱胀,
个挨个的挤搡,
繁茂在绿叶丛中,
诱人的丰盛多半儿留在庭院,
往墙外只甩出来这么一枝,
又藏又露,
让我
想不尽咱宝岛的富饶和美丽。

鸽哨声声

第三辑

Geshao Shengsheng

六月的祝福

六月,我的歌
像一群鸟儿,
带着我的祝福
飞向你们。

我希望
你们上学的时候,
头上有蔚蓝的天空,
声声鸽哨
被阳光镀亮;
你们回家的时候
走过翠绿的树丛,
有流水
汩汩的
向你们说再见。

我希望
一束束投向你们的
热切期待的目光,

在你们身上
都能酿成
一首首的诗
和一个个的故事,
新鲜,
美丽,
精彩
而又动人。

六月,我的歌
像五色的花瓣,
带着我的祝福
撒向你们。

第三辑 鸽哨声声

走！到乡间去

走！
到乡间去！
去开阔咱们的天空
到山水间
去宽敞咱们的心胸
我们抬头
地平线忽然变得遥远
我们仰望
繁星像礼花
亮晶晶
满天空的开放
高耸的楼群
不再能挤窄我们夜晚的梦
我们头上的天空
不再小得像一溜儿灰灰的纸片
是啊，是有蝉们的聒噪和蚊虫们的叮咬
却也总还有萤火虫们的闪
蟋蟀们的吟
青蛙们的唱

有春草夏荷们

给我们幽幽翠翠的香

第三辑 鸽哨声声

我们去采集种子

山坳,
　溪边,
　　田头,
　　　路旁,
花的种子,
树的种子,
等着我们去采摘。

也许种子很小,
也许种子很轻,
但是采摘到手中,
我们就会感觉到
它们贮满了沉甸甸的爱,
殷切切的期待,
还有对土地的深情,
还有梦,
还有对春天的呼唤,
还有大鸟小鸟的歌,

伴着阳光，
　　伴着流水，
　　　　伴着风，
　　　　　声声地唱……

第三辑　鸽哨声声

天空蓝蓝

天空蓝蓝,
天空蓝蓝,
我们的风筝,
飘在天上。

港湾闪闪,
港湾闪闪,
我们的脚印,
留在沙滩。

天上的风筝,
有红,有绿,有黄……
地上的脚印,
一串,一串,一串……

坐在白云上

妈妈,
不准你说打雷,
不准你说扯闪,
不准你说下冰雹,
也不准你说风流云散。

我要草原上空那朵白云,
我要去坐到那朵白云上,
天空无边的蔚蓝,
白云在蓝天悠悠地飘动,
那就是我轻轻摇晃的船。
我从云端往下看,
会看见咱家河边饮水的马群。

妈妈,
不准你说你害怕,
不准你说你心慌,
不准你说我不敢抬头看,
也不准你说你摔下来我不管。

我会把书包带上白云,
书包里有许多图画故事,
我坐在飘动的白云上看书,
看完一本又看一本。
要是忽然飞来一只鸟,
飞来停在我的身旁,
我就给鸟讲我看过的故事,
讲完一个又讲一个,
一直讲到太阳落向西边。

到那会儿,
太阳会在我的白云四周
镶上一条弯弯的金边。
我该去赶咱家的马群回厩了,
妈妈你不用担心我怎样从云上下来,
也不用让爸爸扛梯子去接我,
我自己能从天上一步跨到地面。

第三辑 鸽哨声声

尾巴伞

夏天的傍晚,
松鼠妈妈去散步,
小松鼠们在妈妈身后
紧紧跟着,
一边走一边开心地笑。

忽然,哗的一阵暴风,
雨点立刻像石子
叭叭叭、叭叭叭,
打得小松鼠们
一个个又是哭又是叫。

"喂,孩子们,
妈妈给你们生着伞呢!
尾巴翘起来,
盖住头,
把身子整个儿遮住!"

小松鼠们学着妈妈的样子,

雨过了，
毛绒绒的身子，
依旧是干爽爽的。
松鼠的尾巴，
就是松鼠随身携带的伞。

第三辑 鸽哨声

晨 歌

太阳才醒来呢,
谁,这么早
就在松树上
敲得笃笃响?

那是啄木鸟唱晨歌。
啄木鸟唱歌
用嘴壳子,
不用舌头不用嗓。

雨下起来

雨下起来
天空和大地
就开始说话
沙沙，沙沙
滴答，滴答
哗啦，哗啦
都说些啥呀
去问花
花张开嘴
只笑
不答话
去问树
树正忙哩
又要伸根
又要抽芽
去问鸟
鸟说：雨后请来听我的歌声
是不是更脆了
更亮了
更甜润了

有 雨

有雨,
我家门前的小河
就欢欢地笑了。

有雨,
我家院子的小树
就一棵棵都胖了。

有雨,
我家后面的小山
就一坡坡都绿了。

有雨,
小小的我们
就都变成花蘑菇了。

大雁飞来

秋风
在我们抬头仰望的时候,
铺开一片
湛蓝湛蓝的纸。
大雁飞来,
在上头
写一首
长翅膀的诗。

第三辑 鸽哨声声

让 路

冬天来了，
梧桐树叶
一片一片黄了，
一张一张枯了，
纷纷落下来，
荡在寒风里。

冬天来了，
梧桐树叶落光了。
它这是给阳光让路呢——
看见冬阳下打盹的花猫了吗？
它歪躺着，
惬意，
舒坦，
太阳一眼就看出
它的梦是暖洋洋的。

种植歌声　第四辑

Zhongzhi Gesheng

"巢"字

"巢"字当中的那个"田",
画成圆圈就是个碗状的鸟巢。
窝必定是搭在树木上,
上头那三拐就是一家子鸟。

我们的先辈人造字
想得可真是巧妙:
树木长在了山腰,
树枝托住了鸟窝,
鸟家就是树上一个巢。

叽叽叽,叽叽叽。
啾啾啾,啾啾啾。
那鸟窝儿,
你可以仰望,
像仰望天庭上挂着的一个花环,
你可以欣赏,
像欣赏汲水姑娘肩上的一个陶罐,
你还可以怀着朝圣的心情

向它走近，
轻轻的，
一步一声问候。

第四辑 种植歌声

我走进树林

我走进树林,
小鸟就来为我唱歌,
小溪就来为我弹琴。

歌声是绿色的,
琴声是绿色的。
种树就是种音乐,
种树就是种歌声。

种一片树,
造一个音乐厅。

我喜欢鸟

鸟喜欢飞，
我把鸟养在天空。

鸟喜欢树，
我把鸟养在森林。

鸟喜欢水，
我把鸟养在河边。

我喜欢鸟，
我走哪里，
鸟儿都唱歌给我听。

牛背白鹭

一只白鹭,
一条水牛。

白鹭站在牛背上,
白鹭成了黑墙上头的一个白点。

像穿白衫的小妞妞,
坐在黑衣爸爸宽阔的肩膀上。

像沉沉夜色中,
有人把亮灯举过头顶。

像弄潮儿的一片白帆,
冲到了怒涛狂卷的浪尖上,

像一面深赭色的岩壁上,
跑着一只洁白的小羚羊。

白鹭站在牛背上,
大自然交响曲中一个奇妙的和弦。

第四辑 种植歌声

红白童话

小姑娘穿上红袄,
走出了家院,
一步一步,
踏上了雪坡,
一步一步。

她左手握着一把谷米,
她右手抓着一把麦粒,
她在积雪上铺开一张大纸;
她挥挥左手,
她摆摆右手,
米粒儿,麦粒儿,
在纸面上匀匀地撒开。

开饭罗!
开饭罗!
鸦雀们应声飞来,
飞向小姑娘——
飞向雪地上红红的一朵玫瑰。

我们和鱼儿

我们有双腿
笑着跑着
把风筝
从地上
放上了天空

鱼儿没有腿
转着游着
把小气球
从水里
放到了水面

我们有我们的快乐
鱼儿有鱼儿的快乐
我们让鱼儿快乐了
鱼儿就会给我们快乐

老树又年轻

校园里一棵老树,
只长了几片叶子,
眼看就要活不成了。
忽然飞来一只啄木鸟,
在老树肚里下了一窝蛋。
树肚里热闹起来了,
唧唧喳喳,唧唧喳喳,
老树像是植进了一颗年轻的心脏
很快就焕发了生机。

一只啄木鸟,
一窝鸟蛋,
一个重又蓬勃的生命——
校园里一片翠生生的云。

仙鹤回来了

仙鹤回来了，
仙鹤回来了。
河湾水又清，
河湾草又盛，
仙鹤回来了。

仙鹤回来了，
仙鹤回来了。
河湾柳又垂，
河湾霞又艳，
仙鹤回来了。

仙鹤回来了，
仙鹤回来了。
没有枪口对准它，
孩子见它就问好。
仙鹤回来了。

救 急

啊……
小姑娘的一声惊叫，
引来几个围观的，
还有几个同学也赶到。
原来是从树上鸟窝里
掉下两只小鸟，
一只已经死了，
一只还在吱吱叫，
这光身子的肉疙瘩，
连眼睛都没有睁开哩，
眼看是命难保。

"我知道，
应该向消防队报告，
他们有一种长臂升降车，
可以把这小东西送回鸟巢！"
"不用报告，
我来吧，
为这事去找救火车？
不好！"

一个肤色黝黑的男生,
一把摔下外套,
把包在纸巾里的鸟娃,
轻轻往脖子上拴好,
展开双臂往树杆一抱,
一缩一伸,一伸一缩,
三下五除二,
就上到了树梢,

鸟妈妈围着他直兜圈,
唧唧唧唧叫得真揪心,
直到男生把鸟娃放回窝巢。
树下有人拍响了巴掌。
他叫什么名字呀?
他是哪个班的呀?
他打哪儿来呀?
没有人知道!

海滩所见

"玛莎,
这样,
要这样!"
俄罗斯一位年轻的母亲,
教自己的小女儿玛莎
用脚趾钳住垃圾,
从海滩的浅水里
使劲儿一下一下摔到岸上。

她们走过的地方,
大海有了最洁净的呼吸,
均匀,安详,
透明,酣畅。

她们爱中国蔚蓝色的大海,
难道是因为她们眼睛如大海般蔚蓝?
这海滩本来就应该是清洁的呀,
就像是自家的庭院里,
不愿意人家来扔下一堆破烂。

早上好!

窗外松树上,
住着我的一个朋友,
早上我打开窗户,
它准在那条树枝上蹲守。
嗨!
我用手向它轻轻抛出一个吻,
它呼噜一下扔过来一个松球,
它小小的亮眼看着我,
它没有说"嗨"
只晃动了一下蓬松的大尾巴,
算是回答我的问候……

第四辑　种植歌声

窗下的鹭鸟

飞来了一只鹭鸟，
停到我家的窗下，
站在我家窗下的湖边
一只脚勾着
一只脚伫着
一会儿看看这边，
一会儿看看那边。

从此我读书总会分神，
两次，三次，
多少次探头朝窗外望，
怕它飞走了，
飞走了从此不再回还。

盼它去带了伴儿来，
盼它去带了家眷来，
我们湖边的树丛已经够密，
我们湖里的鱼虾已经够多，

盼它再来时能成群,
盼它再来时能结队,
一来就不再离开,
就在我们的湖边做窝!

鞭炮我们早已禁放,
汽车喇叭我们也早已禁鸣,
如果我上学的脚步声惊扰了它,
我可以从此不走过它的身边。

飞来了一只鹭鸟,
美好故事的头由它来开,
接续的篇章应该很长很长,
我等来的可别是连页的空白!

第四辑 种植歌声

美丽的一闪

分明我已经醒了,
好像我又还睡着,
迷迷糊糊的,
我看见一头美丽的小鹿,
在窗外雪地上散步。

点点的白花撒满它全身,
细细的长腿,
叉叉的嫩角,
是它,是小鹿,
应该不会有错。

"小鹿,你真好看,
我来和你一起做伴!"
小鹿直直竖起尾巴,
眨眼间就跑得没了影。

我和小鹿,
只是在梦里相见的?

窗外雪地上这些蹄印

难道不是小鹿跑开时留下的？

也许，美丽本来就如同流星，

美丽忽忽地现，

美丽匆匆地隐，

就只为在我心中刻下一道美丽的闪！

第四辑 种植歌声

月色中的母鹿

孤孤单单的一只母鹿,
躺卧在树下夜色中,
它已经很老很老,
它已经十分衰弱,
它的灵魂就要离开它的躯体了,
可它却很想重新站起来,
在丛林里奔跃。

它仰望着月亮,
求月亮再给它一次青春,
它是多么想活啊。
它哭泣,它流泪,
它哀哀地轻声诉说,
它不能忘记太阳给过它的温暖,
它不能忘记月亮守护过它梦的快乐。

月亮只有纯洁的柔光,
月亮不能又一次把生命给这母鹿。

母鹿黎明前死在了树下的月色中，
月亮想留住它的生命，
唉，可惜就是留不住……

第四辑 种植歌声

死了吗，锯了吗

"死了，锯了！"
蝉
整天这样叫。

烈日把我们的院子架到火炉上烤，
有的树叶卷了，
有的树叶开始发焦。
树真的都要死了吗？
树真的都得锯了吗？

太阳一落，
爸爸带上我从屋里冲出去，
救火一般，
给树浇水，
一桶一桶，
一盆一盆，
一瓢一瓢。

爸爸浇大树,
我浇小树。

爸爸说:
蝉说"死了"——就真死了吗?
树喝上水就死不了!
蝉说"锯了"——就该锯了吗?
树活得好好的干吗锯了?

山　痛

树，
是连着山体的生命。

树砍光了，
山的心就痛，
痛得崩裂，
血浆从崩裂的创口
喷溅出来，
稠浊的，
浑黄的，
哗哗地流成了山洪。

这时，山就不只是轻轻地呻吟了，
它要用咆哮——
用这种极端的方式，
用这种毁坏一切的方式，
今天，不能是明天，
更不能是将来的哪一天，
就在今天，

就在此刻，
湍急的，
暴怒的，
流尽它的血，
吐尽它的苦，
诉尽它的哀伤，
唱尽它的悲歌。

第四辑 种植歌声

会叫的帽子

班上没人知道我有这秘密。
大家听老师讲课正安静呢,
忽然我头顶上叫起了"咪咪"。
"谁学猫叫——再叫一声试试!"
看得出来讲台上的老师很生气。
"老师,小猫要吃奶呢!"
"你是猫呀,你怎么知道猫要吃的不是鱼?"
"它还不会吃鱼呢,老师。"
我把帽子往上一提,说:
"老师你自个儿瞧,
它很小,还不会吃鱼,真的!"

花脖长长

第五辑

HuaBuo Changchang

狼 种 树

猴子来种树,
是为了能上树摘山果。

松鼠来种树,
是为了树上可以建洞屋。

喜鹊来种树,
是为了枝桠上头好做窝。

蜜蜂来种树,
是为了将来树上开花朵。

那么,狼来种树
又究竟图的什么?

狼是怕哪天被人捶断了脚秆,
撅根树枝就能当个拐棍拄。

浪的童话

大象和狮子
在海底打斗，
象群不好惹的，
狮群更狂暴，
它们越打越火爆。

大海被搅起高高的巨浪，
浪峰冲到天空的乌云，
把乌云一块一块撞下来，
有变成大白鲨的，
不变成鲨鱼的就都变成了虎头鲸。

咕，呱

青蛙咕和青蛙呱，
说好在荷叶上捉迷藏，
咕来捉，
呱来藏。

呱是个机灵鬼，
他趁咕转身不注意，
吱溜躲进了荷叶下。

咕东找西找，
找遍了三张荷叶，
找遍了七张荷叶，
找遍了十张荷叶……
呱像是一下蒸发出了荷塘。

呱 - 呱，你躲哪儿啊？
咕 - 咕，我藏这儿呐！
这儿是哪儿？
哪儿在这儿！

这儿是哪儿?
这儿在这儿!

咕!
呱!
咕!
呱!

第五辑 花脖长长

接 电 话

汪——！
汪～～汪！
汪—汪—汪！

喂，喂喂，
你听见我的电话吗？
汪汪汪的，
是你在叫，
还是狗在叫？

哎，你别叫，
宝贝，别叫，你，
没见我在接同学的电话吗！
你这个坏东西……

你说什么？
你说我是坏东西？
你在我的书上画鬼脸，
我都没说你是坏东西！

我没有说你是坏东西，
我说的是我的狗，
昨天悄悄跑进厨房，
偷吃了菜碗里的香肠，
还把我给它穿上的裤子，
撕了个稀巴烂，
给它洗澡，
它在澡盆里蹦跶，
好好的木地板
一下成了水函函……

你跟我说这些做什么，
我是问你，
这汪汪的，
是狗叫还是你叫？

是我让狗叫的吗？
如果我是狗
我早不叫了，
如果你是狗，

啊呀……我都说些什么了!
我没有说你是狗……

别叫了,宝贝!
我求您了,
我叫你大爷行吗!
你没见我在接同学的电话呀?
我接电话你来凑什么热闹哇!

汪——!
汪~~汪!
汪—汪—汪!

牙疼专家

又该跟老师玩牙疼了,
就扯一团棉花塞进自己的嘴巴。
装起牙疼进课堂,
就可以对谁都不说话,
老师问到没准备的题,
站起来就指指自己的脸颊,
一个字儿也不用回答。

装牙疼装瘆了左边,
疼右边只需舌头一拨拉。
这会儿是右边儿脸肿了,
拨到右边的棉花,
立刻就让右颊鼓起个大疙瘩。

老师见他两边牙齿轮流疼,
就说世界上的牙有两种疼法:
只疼一边的谁都会,
能两边换着疼的
才是了不起的牙疼专家。

方　蛇

我们村里有位大叔，
他说他见过一条大蛇，
宽处起码有十丈，
长度至少有百丈。

人家能信他说的吗？
他感到故事不好往下讲。
他赶紧赶紧往下减，
他心里一慌，
只减长度不减宽，
从一百减到五十，
从五十减到三十，
从二十减到十丈。
"十丈，我不再减了，
真的就是十丈！"

"十丈宽，
十丈长，
你见的准是一条方蛇吧，

正正正正一大方!"
大伙儿开怀爽笑,
哈哈哈哈散了场。

"方蛇?
这方蛇钻进圆洞,
可是有点儿麻烦!"
我们村里的这位大叔,
又挠头皮又憋眉,
自言自语自喃喃。

国　脚

小弟弟，
他在妈妈肚子里
就想要当国脚，
一下比一下踢得有力。

该到小弟弟练国脚时，
他的脚已经很有功夫，
一下
把足球踢进了街坊家的窗户，
哐啷一声，
玻璃窗成了一个黑黢黢的窟。

窗口伸出一个大爷的头：
"喂，小子，你瞄我脑门儿踢，
我给你当陪练，
你当国脚，
功劳好赖有我一份是不？"

不可以

街口那警察,
笔挺的制帽,
笔挺的制服,
笔挺的站立。
你以为他是假人吗?
你往他裤腿儿上粘张糖纸试试,
他马上就会告诉你:
大人到埃及国的金字塔上刻字留念,
你小子到我身上来贴糖纸,
可以吗?
不可以!

伴 手 礼

我生日那天,
你一定得来,
伴手来的礼,
多少轻重,
我不会在意,
不过说是这么说,
最好你能让我得个惊喜。

你生日那天,
我一定会去。
我到非洲买上一头长颈鹿,
带上它去为你的生日祝福。
不过,为了接受我的礼物,
你得先把你家头顶的楼板拆了,
再还有,你得问问你楼上那户人家,
愿不愿意让你从楼下伸上去
一根长长的花里胡哨的脖?

第五辑 花脖长长

小鸟对我说

妈妈,
一大早,
这鸟对着我
吱吱喳喳,
叫什么呀?

娃儿,
你没听出来吗?
它是说:
喂,小懒虫,
你该起床了!

黑发好看

野山的狐狸是红毛的好看,
中国的妈妈是黑发的好看。
妈妈,你好好的黑发不要染成红的。
红发的妈妈睡在我身边,
半夜里,
我懵懵懂懂的,
会弄不清我抱着的是妈妈,
还是野山的狐狸。

就当你生的是只鸡

妈妈,
我考不到第一,
你就冲我横发脾气,
对我发脾气你就发吧,
可别气得上班时算不清 7+5 等于几!

妈妈,
最近的电视广告说啥来着?
说是有家公司,
(叫什么公司?
我一时想不起。)
正出售一只一斗就赢的公鸡,
你去买了它,
就当是你没有生过一个我,
你十年前生的就是一只鸡,
你把鸡拿到伦敦奥运会上去比,
比回个冠军来,
你就是冠军他妈咪!

鸡听鸭话

第六辑

Ji Teng Ya Hua

人

小东西睡觉,
爱把双腿往两边叉开,
他还不会说话呢,
可已经在告诉妈妈,
他不是一只小狗,
他不是一只小猫,
他也不是一只小鸟,
他是"人"。

鹰

在长空驾驭天风
翅尖擦着云边
你向远方拐去
扔下一道黑色的弧旋

从群山那边回来
从海湾那边回来
你柔云拭过的眼睛
敢对视耀眼的太阳

有多少自由
有多少快乐
看你平展的翅膀
看你随意的滑翔

听 话

老母鸡,
抱小鸡,
抱出一只小鸭鸭。

小鸭鸭,
呷呷呷,
漂在河里,
直叫妈妈。

鸡妈妈,
去救它,
"我教你刨地,
你总不听话,
现在你看,
遭淹了吧!"

小鸭鸭,
只管划,
"妈妈,妈妈,

下水来呀,
干吗尽去刨地,
河里有鱼有虾!"

鸡说鸡话,
鸭说鸭话,
哦哟什么叫听话?
你说什么叫听话?

第六辑 鸡听鸭话

如果我是一只蝴蝶

如果我是一只蝴蝶,
我就不在花丛里飞,
花没有蝴蝶
一样很美丽。

如果我是一只蝴蝶,
我就飞上一根枯枝,
枯枝会很喜欢我
去做它的一朵花儿。

如果我是一只蝴蝶,
我就飞上一块岩壁,
石头上开一朵花儿,
那才叫了不起!

花 和 鸟

鸟也想要开出香香的花,
鸟也想要把人群引来自己的身边。
那么,鸟也就得往地里扎根,
和泥土结成永久的联盟。

让鸟扎根鸟可不愿意,
鸟不愿意自己的双腿栽进土壤。

生根开花不是鸟的事。
飞翔是鸟的生命,
天空是鸟的爱情。

灯

村里，
路边上的灯
是猫头鹰的眼睛，
夜里睁着的，
天一亮
就闭上了。

村外，
林子里的灯
是猫头鹰的眼睛，
白天闭着的，
天一黑
就睁开了。

自 行 车

在速度中求得平衡。
不前进就要翻倒,
阻绊后来的行人。

如果你要远行,
就请把气鼓足——
前进,需要浑身是劲!

谢 谢

（小孙子问爷爷：
"白眼狼"是一种什么狼？）

有一个人
爬山，
又渴又累，
就走到路边的一泓清泉边，
连连捧喝了几大口，
然后抹抹嘴角，
临走，
他躬身对着泉眼
说了声"谢谢"。

"谢谢"？
是的，谢谢。
他说这是俄国一位有名的老师说的：
人不是狼，
只有狼才不懂得感谢。

过去的一年

大家都在盼新年,
我却留恋着昨年。
过去了的一年永远不会再有了!
我想想心里有点儿酸。

对过去的一年我已经很有感情。
过去的一年我第一次看见了大海,
还学会在浅海里游泳,
虽然是狗爬式的,
但是身子漂在水面我觉得很有成就感;
过去的一年我第一次看见了草原,
我拔草喂过马了,
我还骑上了马背,
虽然我是怯生生地死死抓住马鬃,
但是骑在马上我一下就高大了。

大家都在盼新年,
我却留恋着昨年。
过去了的一年不再回来了,
我真觉得心里有点儿酸。

椅子腿和小树

被弃在草丛里的一条椅子腿,
很羡慕旁边的一棵小树,
小树能接受阳光和雨露,
会一年年长成大树,
总会有一天能养一窝喜鹊,
住几只松鼠,
快快活活地在树上生活。

"椅子腿,你不用难过,"
小树劝慰它说。
"说不定哪天一个孩子走来,
弯腰捡了你去,
带到海滩,
把你投进晚会的篝火,
你的光就能把夜色驱逐,
然后照亮孩子们的舞姿,
托起他们的歌声,
告诉城市里的妈妈们:
'孩子们在海边
有比家里多得多的快乐。'"

一个胡桃落下来

有一个人憩息,
躺在胡桃树下;
近处的斜坡上,
绿叶丛中结着南瓜。
细细的藤,
长着个头大大的瓜;
粗粗的树,
小小的果儿往下挂。

"这壮壮的树杈,
正耐得住胖墩墩的瓜;
这细细的青藤,
果子再小也没人说话。"

一个胡桃落下来——吧嗒!
砸得他脑门鼓起了一个大疙瘩,
"哟,好在这胡桃树上,
结的不是沉沉的南瓜!"

水想的是流淌

水想的是流淌。
一潭死水
是蚊蝇孳生的地方，
谁曾听过它的歌唱？

花想的是结果。
你看葫芦花谢了，
圆溜溜的瓜儿
一门心思长出最美的模样
在藤上挂了一串。

翅膀想的是飞翔。
志在远方的鸟儿，
总能恒久地、有节奏地
鼓扇着双翼，
让奋进的信念
自如在空阔的云天。

车轮想的就是奔驶。

静止的胶轮
分辨不出它们背负的车身
是一个强有力的机体，
还是一堆废钢，
若要造就高速路上的风景，
就唯有呼呼地飞旋。

船舰想的是远航。
既非花纸裱糊而成，
何必畏惧大海风浪！
且看拍天狂涛的那一面
是谁在向你致敬，为你鼓掌？

睡在瀑布上

孩子，我比你早生七十年
我就来得及做一回在黄果树瀑布上方住宿的客人
头枕着倾落的银河睡觉
那一夜的睡梦都汪着水
湿漉漉的
那一夜的睡梦就不断声
潺潺潺的
分明是顺山流来的宽宽一条河
却眨眼间
却不由分说地
就那么跌下去
就那么落下去
就那么跳下去
直到深深的谷底

鸡鸣声中
我清早起来看瀑布
瀑布不见了
峡谷间只有滚卷的云

仿佛是云和云的击撞
迸出了隆隆的轰鸣
声浪把群山摇撼——
喂,大山,醒来!
客人要走了
你不站起来送别
总也得跟他道一声"再见"!

方 瓜

圆圆的西瓜
只知道圆圆的太阳
是自己的爸爸。
有人怎么怪怪地要西瓜长成方的,
还在它身上弄出个"福"字说是福瓜,
西瓜正着急爸爸要找不到他儿子了,
还哪门子福呀!
"爸爸,
有人硬把我捣鼓成方的,
我是你在地上的方儿子呀,
你在天上看到我要哭了吗?"

绿色声音

第七辑

Lü Se Shengyin

太阳，你好

太阳在天上行走。他看见的东西最多了，他听说的故事最多了，他知道的事情最多了。

他知道小朋友们喜欢到河边游玩，就放出光来，放出温暖来，把山巅的积雪融化，让清亮亮的水在河里哗哗流淌。

他知道小朋友们喜欢到树林里去游玩，就放出光来，放出温暖来，叫树木舒青、发芽，让大地铺满绿，活跃起新的生命。

他知道小朋友们爱吃水果，就放出光来，放出温暖来，叫瓜田长出了蜜，果林挂满了甜。

他知道小朋友们喜欢花儿，就放出光来，放出温暖来，叫花儿开放，让大地处处飘散着清香。

他知道小朋友们喜欢鸟儿，就放出光来，放出温暖来，当阳光和温暖滋润了鸟儿的歌喉，它们就把自己满心的爱，都注入了赞美大自然的歌唱。

太阳，全世界每个角落他都到了。全世界好的一切他都看见了，全世界坏的一切他也看见了；全世界美的东西他都看见了，全世界丑的东西他也看见了。

太阳爱善良的人们。

太阳爱勤劳的人们。

太阳爱智慧的人们。

太阳爱创造的人们。

太阳爱勇敢的人们。

太阳最爱的，是孩子们。一切到太阳下来的孩子，他全都爱，爱白皮肤的孩子，也爱黄皮肤的孩子，爱黑皮肤的孩子，也爱棕色皮肤的孩子。因为，他在孩子身上，可以寄托人类理想的希望。

"太阳，你好！"亚细亚的孩子向太阳问候；

"太阳，你好！"欧罗巴的孩子向太阳问候；

"太阳，你好！"阿非利加的孩子向太阳问候；

"太阳，你好！"亚美利加的孩子向太阳问候。

"孩子们，你们好！"小朋友们，你们听见太阳的声音了吗？你们听见太阳的问候了吗？

太阳微笑着，行走在天上。

小松鼠，告诉我

小松鼠，你背上这三条竖纹，黑黑的，长长的，是你妈妈给你描上的吧？

小松鼠，你这根大尾巴，蓬松的，轻盈的，是你妈妈生给你跳远的吧？

小松鼠，你这双小眼睛，黑闪的，机敏的，是你妈妈生给你找松果的吧？

你的脖子上，一定挂过妈妈为你编织的花环，那野花编成的五彩花环，一定鲜艳过苍郁的松林。你自由自在，你蓬开你的尾巴，你闪转你的黑眼睛，把你花花的背影，留在密密的松林里。

然而，你佩过花环的脖子上，今天被套上了铁丝挽成的小圈圈，圈子上系着一条长链子，链子的另一端拴在一个男人的手里，这个男人站在大街的一侧，站在立交桥的脚边。

我们的城市很美丽。我们的城市到处写着Welcome! 就是"欢迎"，欢迎五大洲的朋友到我们的城市来，把我们城市的美丽带到世界各地去。可是把你带进我们的城市来，我感到我的心在阵阵发紧，我的嗓子眼儿仿佛有什么哽着，堵得慌。当我想到你的妈妈为了找你，正急得四处团团乱转,急得发疯,就想哭,想当街大声喊叫:不!

这里有太多的人。

这里有太多的车。

这里有很多很多商店,却没有一家商店出售松果;这里有很多很多街树,却没有一棵街树结着松果!

这里闻不到松脂的清香。

这里嗅不到大森林的气息。

这里看不到最蓝的天空……

小松鼠,你从哪里来?远方的哪片松林,是你的家乡?远方的哪只松鼠,是你的妈妈?小松鼠,告诉我!我知道你的声音很小,但是我的耳朵听不见的声音,我的心能听见!

第七辑　绿色声音

腊月：北方大地的梦

如果你往北走，你会看到，整个北方都裹在白雪里。北方大地做着一个很长很长的梦。北方的大地，喜欢蒙在积雪里做梦。雪越厚，它的梦就越甜。你要看北方大地的梦，都是什么样儿的吗？那么

你转过身来，往南走。

这时候的南方浴在一片花海里。涌动的花海，彩色的浪波摇漾着春天的气息。你从这边看，你从那边看，左看，右看，你看花了眼，你看醉了心。你的爱不够用了。红的花分了你的爱，紫的花分了你的爱，清香的花，奇特的花……都来分一份你的爱。可是，你还得留一份你的爱，给昆明翠湖里的红嘴鸥。在冬天看过满翠湖的红嘴鸥，你才算知道，世界上什么是最美丽的。

现在，你已经看到了北方大地的梦。

在梦里，北方大地听到了南方大地的喧闹声。

谁在地下听见了太阳的呼喊

白雪像一床厚厚的棉被,铺盖在大地上。雪被下面,在土层深处,有一颗雪莲花的种子睡得正香。

春天来了。春天的太阳暖融融的。太阳对大地喊:"哎,雪莲花种子,醒醒了,你应该最早在大地上开出花朵来。"可是,雪莲花种子一点动静也没有,因为隔着厚厚一层白雪哪,雪莲花种子听不见太阳对它的呼喊。

太阳照着,照着,把雪被的表层渐渐化成了水。一丝雪水钻进了土层,渗透到雪莲花种子身边。

雪莲花种子被惊醒了。

"你是谁呀?我睡得正香哩,你干吗来打搅我?"听得出来,种子心里有些不高兴。

"我是一丝雪水,来帮助你到大地外面。大地外面的世界很明亮,你出去看看吧。"雪水友好地说。

"是吗?你是来叫我去看大地外面的世界吗?"种子听了雪水的话,觉得浑身舒爽。"可是,我没有那么大的力气,钻出土层呀。"

"哦,没有关系,有太阳帮助你呢。我本来也只是一片雪花,就是太阳把我化成了水,我才能钻到地底下来帮助你呢。"

雪水说这话的时候,太阳的光芒透过白雪,顺着雪水浸湿的泥土,把一股暖流送到了种子身边。种子顿时觉得浑身充满了力量。于是它就蹬啊,踹啊,钻啊,爬啊,把头上的石子给挤开,把坚硬的土层给拱破,把覆盖的白雪给推开,就在它觉得眼前一亮的时候,又把身子尽力一抖,啊,一朵雪莲花开放了。

雪莲花小铃铛似的花朵开始摇响,好像在说:"哎,花姐妹们,春天来了。"

听到了雪莲花的呼唤,紫罗兰、蝴蝶花都醒来了,它们开始伸展着的时候,大地上响起了吱吱嘎嘎地一片轻轻细细的声音……过了几天,郁金香也冒出了绿叶。

春天的伙伴都开了花,哦,可热闹了。

兰兰的春天

兰兰的家搬到了一个新地方。这里楼前有一个湖。湖水很清,要是在湖畔都种上花,这湖就更可爱了。

兰兰想到自己来种花。

兰兰的外公是个种花的行家。开春时节,她就到外公那里去要了好些花籽,种在了湖边。

兰兰天天来看,看她下在地里的花籽儿出来没有。

兰兰是个好孩子,谁都愿意来帮助她。

太阳愿意来帮助她。太阳微笑着。太阳的微笑是暖融融的。太阳用他的微笑,来唤醒兰兰种在地里的花籽。

雨愿意来帮助她。雨从高高的天上洒下来。清新的雨,渗进地里,花的种子感觉到滋润,就一天天胖起来,发开了芽,像孩子刚醒来那样子,伸伸胳膊,又伸伸腿——兰兰的种子要站起来,要钻出地面了!

蚯蚓愿意来帮助她。蚯蚓在土壤里钻来钻去。他这是在松土哩。肥沃的土地于是更松软了,花的根须就更容易伸展开来。根深才能叶茂,花茎才能长得健壮。

布谷鸟愿意来帮助她。布谷鸟把来咬花叶的害虫统统都吃了。他一天能吃很多很多害虫。害虫没有了,花叶才不会遭害,花枝才能放放心心地生长。

蝴蝶愿意来帮助她。当兰兰等不及要看到花枝长出花朵来的时候，蝴蝶就飞到花枝上，让兰兰从楼上往下看她的花地，就以为已经开花了。一只蝴蝶一朵花，千百只蝴蝶千百朵花。千百朵花开在花地里，这花地就万紫千红了。

　　还有，蜜蜂也愿意来帮助她。他们来采花蜜，传花粉。嗡嗡嗡，嗡嗡嗡。春天哪，就在蜜蜂的嗡嗡声中让我们闻到了一种醉人的香味。

　　兰兰站在湖畔，觉得今年的春天特别的亲昵，特别的鲜美。这种亲昵和鲜美的感觉，是兰兰用自己的双手、用花籽儿种出来的。除了兰兰的爸爸妈妈，很少有人知道，这花湖畔的许多花是兰兰种的。但是有兰兰的花点缀着这春天，而这有花的春天属于大家，属于来到湖畔的每一个人，这就已经够了，这就已经很好了。

绿色的声音

春天到来的时候,龙龙的爸爸说要做一间小小的小木屋。

"给谁住呀?"

"白头翁,一种春天的鸟,"龙龙的爸爸回答说,"它不久就要从南方飞回来了。刚来那几天,它们会有点怕冷的。它们还要生蛋,还要孵小鸟。它们一来就要找一个暖和些的地方。哪里暖和些呢?它们忽然看见咱们树上挂着一间小小的小木屋,就会从圆圆的窗口钻进去,休息好了,就开始孵小鸟。"

龙龙的爸爸锯木板的时候,龙龙在一旁扶着;龙龙的爸爸敲钉子的时候,龙龙在一旁递钉子。

龙龙的爸爸一边做小木屋,一边对龙龙讲,白头翁这种春天的鸟又快活又聪明,早晨唱起歌来好听极了,还会把菜园里的害虫,把果园里的害虫全都吃光。

爸爸把小屋顶钉上,小鸟屋就做成了。但这没有完,爸爸向妈妈要了个旧的棉衣袖子,把它剪成一小块一小块的,从小圆窗里塞进去,铺平。

一切弄定当了以后,爸爸和小儿子一起,把小鸟屋挂上树。龙龙家阳台前,正好长着一棵高高的白杨树,小鸟屋呢，就挂在白杨树上。

春天的鸟儿啊，聪明的鸟儿啊，快到我们给你们做的小屋里来住吧！快来吧！

绿色的风，呼呼地吹来。绿色的声音，快活地传来……

后记
汇入世界童诗潮流

我们这个以诗美的无限为自豪的民族,诗潮的降落本该是我们起而追求物质富有阶段暂时的文学现象。童诗显然在回潮中。童诗的复兴无疑是我国童子的一个福音。

我国童诗脱离世界童诗潮流太久。这当然首先是因了我国太久地自我封闭在文艺普世评价标准体系之外,我国文学太久地停滞在只有自我认同、自我赏识的非人性氛围中。中国新诗在上世纪长达三分之一的时间里,其遭遇是那样的不堪回首,童诗因为读者对象的原因堪可一读的篇章可能比主流新诗要多些,却也无能完全独立于当时强大意识形态语境之外,而洁身自好,而独善其身。

我们的童诗丧失了许多可以追赶世界潮流的岁月。用任溶溶先生的话说,那是我们一个"很吃亏"的不短的时段。

山不转水转。转拐的时机终于历史地来到我们面前。

然而,当我们无需心怀悸惶来追赶世界童诗潮流时,我们又不像许多欧美国家那样有泰斗级的诗巨擘来出手支援童诗。曾卓是我国的一支诗大椽。那首《悬崖边的树》后来频频被童诗选家们攫来作为我国新时期的童诗圣典,说来倒并无不可,但那毕竟不是为孩子阅读而写,其诗行间藏含了太多血泪。它是我国当代最见亮度的一颗诗星斗,但即使少年读者要读懂它、要理解它也是非常困难的。童诗需要的是新诗大家对儿童全心全意的完美转身,为我国的童诗创造足资楷模的华章,而且是成批量的。

　　创造与世界童诗对话的资格,还得靠我国童诗界自己的努力。幸好台湾有从成人诗界转身而来的诗家,如林焕彰者流,他们的童诗由于合拍于世界童诗的潮流,他们的诗所以早已就走出岛外,更可喜的是它们的"走出去"并非缘于当局"文化输出"的努力。他们的童诗本来就是世界童诗诗潮的一个部分,是世界童诗诗潮潮头里迸溅的朵朵浪花。"五四"开始的诗流在他们那里有过曲折却不曾中断,他们那里的文学河床始终与"五四"接续着,也自然就与世界童诗的潮流接续着,一脉而相承。把杨唤奉为他们童诗的一代诗宗,就是他们承接"五四"以来优良诗风的一个极具象征意义的标志。林焕彰们是我国童诗走上纯淳童诗诗路的排头兵和领路人。

　　总结童诗写作的经验,就让我懂得了:力争与世界童诗潮流同步、不脱离"五四"新诗河床是何其重要乃尔。那么,我就来试做两件事:一件是,竭尽我之所能通过翻译引进世界性的典范童诗;另一件是,我自己姑妄来作童诗操练,在童诗多样性方面做一些愿景性的投石问路。

韦苇

2014.7

图书在版编目(CIP)数据

听梦——韦苇童诗选/韦苇文;唐筠图.—上海:复旦大学出版社,2014.9
ISBN 978-7-309-10833-0

Ⅰ.听… Ⅱ.①韦…②唐… Ⅲ.儿童文学-诗集-中国-当代 Ⅳ.I287.2

中国版本图书馆 CIP 数据核字(2014)第 158885 号

听梦——韦苇童诗选
韦苇文 唐筠图
责任编辑/谢少卿

复旦大学出版社有限公司出版发行
上海市国权路 579 号 邮编:200433
网址:fupnet@fudanpress.com http://www.fudanpress.com
门市零售:86-21-65642857 团体订购:86-21-65118853
外埠邮购:86-21-65109143
浙江新华数码印务有限公司

开本 787×960 1/16 印张 9.25 字数 77 千
2014 年 9 月第 1 版第 1 次印刷

ISBN 978-7-309-10833-0/I·852
定价:38.00 元

如有印装质量问题,请向复旦大学出版社有限公司发行部调换。
版权所有 侵权必究